中国职业技术教育学会自动化技术类专业教学研究会推荐教材
国家职业教育课程资源开发和质量监测评估中心研发成果
“2012年全国职业院校技能大赛”高职赛项教学资源开发成果
教育部信息化试点“基于技能赛项成果，机电类综合实践教学”共享资源

Intelligent Elevators Assembly Testing & Maintenance

智能电梯装调与维护

吕景泉　汤晓华　主　编
蒋正炎　陈永平　副主编

中国铁道出版社有限公司
CHINA RAILWAY PUBLISHING HOUSE CO., LTD.

内 容 简 介

本书是中国职业技术教育学会自动化技术类专业教学研究会规划并指导开发的教学资源的组成部分，也是第八套基于工作过程导向、面向全国职业院校技能大赛、服务于高职高专机电类职业能力培养的立体化的综合教学资源的组成部分。

本书内容沿着三条主线展开："虚拟实训线"，即基于能力源工程实践创新课程套件的智能电梯搭建；"高仿真实训线"，即将THJDDT-5高仿真电梯实训装置安装与调试的工作过程，分解为若干个由简单到复杂的任务进行循序渐进的阐述；"真实装备实训线"，即将实际工程案例融入项目中，紧扣"准确性、实用性、先进性、可读性"原则。诙谐的语言、精美的图片、卡通人物、实况录像及过程仿真等的综合运用，将学习、工作融于轻松愉悦的氛围中，力求达到提高学生学习兴趣和效率，以及易学、易懂、易上手的目的。

本书适用于高职高专机电类专业相关课程和综合实训教学，并可作为相关工程技术人员研究智能电梯的参考书。

图书在版编目（CIP）数据

智能电梯装调与维护 / 吕景泉，汤晓华主编. —北京：中国铁道出版社，2013.6（2024.1重印）
中国职业技术教育学会自动化技术类专业教学研究会推荐教材
ISBN 978-7-113-16838-4

Ⅰ. ①智… Ⅱ. ①吕… ②汤… Ⅲ. ①智能控制-电梯-安装-高等职业教育-教材②智能控制-电梯-调试方法-高等职业教育-教材③智能控制-电梯-维修-高等职业教育-教材 Ⅳ. ①TU857

中国版本图书馆CIP数据核字（2013）第129089号

书　　名：**智能电梯装调与维护**
作　　者：吕景泉　汤晓华

策　　划：秦绪好　　　**编辑部电话**：（010）63549458
责任编辑：祁　云
编辑助理：绳　超
封面设计：付　巍
封面制作：白　雪
责任印制：樊启鹏

出版发行：中国铁道出版社有限公司（100054，北京市西城区右安门西街 8 号）
网　　址：http://www.tdpress.com/51eds/
印　　刷：番茄云印刷（沧州）有限公司
版　　次：2013 年 6 月第 1 版　2024 年 1 月第 7 次印刷
开　　本：787 mm×1092 mm 1/16　**印张**：12.5　**字数**：290 千
印　　数：10 401 ～ 11 600 册
书　　号：ISBN 978-7-113-16838-4
定　　价：42.00 元（含盘）

作者简介

主　编

吕景泉，教授，职业技术教育博士，正高级工程师，天津中德职业技术学院原副院长，现任天津市教育委员会副主任、国务院特贴专家、国家级教学名师，国家级机电专业群教学团队负责人，主持完成国家级教学成果特等奖1项，主持完成或参与完成并获国家级教学成果一等奖1项、国家级教学成果二等奖4项，获全国黄炎培职业教育理论杰出研究奖。2006—2012年教育部高职自动化类教学指导委员会主任。全国职业院校技能大赛工作委员会成果转化工作组主任委员。专注职业教育理论“中观”和“微观”研究12年，从事企业“现场”技术改造和升级服务跨度12年，专注国际和国内技能赛项研发8年。

主　编

汤晓华，天津机电职业技术学院副院长，教授；天津市有突出贡献专家，全国电力职业教育教学指导委员会委员，新能源专委会副主任，中国职教学会自动化技术类专业研究会副主任；曾在德国、日本、新加坡以及中国香港等大学访学；国家级精品课程“水电站机组自动化运行与监控”负责人；省级精品课程“可编程控制器应用技术”负责人；公开发表学术论文30篇，主编教材8部，其中《工业机械人应用技术》《风力发电技术》等5部教材立项为“十二五”职业教育国家规划教材；获国家教学成果奖3项，省市级教学成果奖4项；主要参与3项国家级、省市级教育科学规划课题，获得省级科技进步奖项2项，主持企业技改项目10余项，获专利8项；2008—2014年参与全国职业院校技能大赛裁判工作，任赛项专家组成员；2015年任全国职业院校技能大赛专家组组长。

副主编

蒋正炎，常州轻工职业技术学院电子电气工程系副主任，副教授。中国职教学会自动化技术类专业教学研究会委员，江苏省第六届青年科协委员，常州市第十届青联委员，江苏省“青蓝工程”年轻骨干教师培养对象。主要参与完成国家精品课程“轻工自动机电气系统调试与维护”，作为指导教师获得第二届全国职业院校“亚龙杯”自动化生产线安装与调试大赛一等奖（第1名）、第三届全国职业院校“亚龙杯”自动化生产线安装与调试大赛一等奖（第2名）、全国“三菱电机杯”大学生自动化创新与应用大赛获得1项一等奖和4项二等奖，国家“十一五”规划教材《电动电热器具原理与维修》副主编、江苏省精品教材《可编程控制器及网络控制技术》副主编。

副主编

陈永平，上海电子信息职业技术学院副教授。中国职教学会自动化技术类专业教学研究会委员，全国机械职业院校人才培养优秀教师；全国机械职业教育优秀校本教材一等奖主编；2011年全国职业院校现代制造及自动化技术教师大赛一等奖；教育部高职高专自动化技术类专业教学指导委员会规划教材《工程实践创新项目教程》副主编；上海市精品课程“自动化生产线安装与调试”负责人；上海市级教学团队核心成员；上海仪电控股集团青年岗位能手。

参　编

艾光波，浙江天煌科技实业有限公司工程师。主要从事机电一体化、先进制造与自动化、工控网络、现代物流等技术领域教学产品的研发与技术指导。研发的产品获得10余项实用新型专利，2010年研发的一种机电一体化综合实训考核装置获得发明专利。参编相关专业教材2部，主导开发的电梯控制技术教学装备入选全国职业院校技能大赛指定设备。

参　编

张文明，常州纺织服装职业技术学院机电工程系主任，教授、高级工程师。中国职教学会自动化技术类专业教学研究会副主任委员，入选江苏省“333高层次人才培养工程”。主持“工控系统安装与调试”国家级精品课程建设，主持“可编程控制器技术”和“工控组态与触摸屏技术”省精品课程建设，主编教材有《组态软件控制技术》、《嵌入式组态控制技术》、《可编程控制器及网络控制技术》等。

参　编

范其明，天津中德职业技术学院教师，硕士研究生。主要从事自动控制理论、电气传动技术、PLC控制技术等方面的教学与研究。参编相关专业教材2部，发表专业论文2篇，先后3次指导学生参加全国及天津市高职院校技能大赛，并获全国职业院校技能大赛一等奖1次、天津市高职院校技能大赛一等奖2次。

—中国职业技术教育学会自动化技术类专业教学研究会推荐教材—

编审委员会

FOREWORD 前言

本书是中国职业技术教育学会自动化技术类专业教学研究会规划并指导开发的教学资源的组成部分，是面向全国职业院校技能大赛、服务高职机电类专业，培养学生综合实践能力和创新能力的立体化教学资源的组成部分，也是第八套以全国职业大赛赛项成果为载体，服务职业院校教师和学生日常教学，集纳全国课程建设团队和行业企业工程技术人员智慧和经验，坚持技能赛项引导职业教育教学改革，引领职业院校专业和课程建设、发挥技能赛项在培养技术技能人才的服务、示范作用的共享型教学资源的组成部分，更是课程建设团队的又一次坚持。

2012 年全国职业院校技能大赛由教育部联合天津市政府、工业和信息化部、财政部、人力资源和社会保障部等 22 个单位、部门、行业共同主办。本次大赛活动是迄今全国职业教育规模最大、规格最高、专业覆盖面最广、类别最齐全的大赛，形成了"普通教育有高考，职业教育有技能大赛"的局面。它是我国教育工作的一项重大制度设计和创新，也是新时期职业教育改革与发展的重要推进器。

2012 年的大赛硝烟未散，2013 年的大赛又将拉开序幕，由吕景泉教授牵头组织，赛项的技术执裁人员、院校骨干教师、行业企业人员组成的开发团队，在中国天津海河教育园区内，进行了深度交流，经过一次次碰撞和无数个不眠之夜，一套立体化、围绕工作任务、系统选择实践载体、精心设计的教学资源终于和大家见面了。

设计原则

依据全国职业院校技能大赛"三结合"的定位，即"技能赛项要与专业教学改革相结合，技能赛项组织要与行业企业相结合，技能赛项注重个人能力与团队协作相结合"，项目开发团队针对机电类专业的专业技术、技能综合应用环节进行构思，旨在将"赛项策划好"、"组织实施好"、"成果推广好"、"教学服务好"、"赛项完善好"的宗旨落到实处。该教学资源开发突显以下特点：

(1) 符合教育部专业指导目录中高职机电类专业的培养目标，并将该专业的核心技术技能进行了综合，为高职院校校内生产性实训基地建设提供了新选择，为教学团队培养学生专业技术综合应用能力提供了新平台，为基于工作过程的课程开发、行动导向教学的实施找到了新载体。

(2) 选择基于 2012 年全国职业院校技能大赛高职组教育部指定的"智能电梯安装与调试"竞赛专用设备"THJDDT-5 高仿真电梯实训装置"为平台，开发团队同行业企业技术人员共同开发实训项目与教学资源，工程实施能力、职业素养的培养针对性强、体现广泛。

(3) 教学资源开发选择以检验高职学生的团队协作能力、计划组织能力、智能电梯的安装与调试能力、交流沟通能力、效率、成本和安全意识为目的，并将团队学习、团队训练、团队精神融入其中。

教材特点

教材的编写沿着三条主线展开："虚拟实训线"，即基于能力源工程实践创新课程套件的智能电梯搭建；"高仿真实训线"，即将 THJDDT-5 高仿真电梯实训装置安装与调试的工作过程，分解为若干个由简单到复杂的任务进行循序渐进的阐述；"真实装备实训线"，即将实际工程案例融入项目中。

教材编写紧扣"准确性、实用性、先进性、可读性"原则。诙谐的语言、精美的图片、卡通人物、实况录像及过程仿真等的综合运用，将学习、工作融于轻松愉悦的氛围中，力求达到提高学生学习兴趣和效率，以及易学、易懂、易上手的目的。

基本内容

本套教材（教学资源）由彩色纸质教材、多媒体光盘和教学资源包（www.gzhgzh.net）三部分组成。为使基于工作过程的教学理念能在高职院校得以有效推广，教材在教学中的作用不容忽视，本教材就如何编写基于工作工程的立体化教材进行了有益的尝试，将对今后教材的编写体例、内容等方面起到一定引领示范的作用。

纸质教材共由七部分组成：为了更好地让高职院校的教师使用本教学资源，在教材的最前面增加了第零篇教学设计，由吕景泉教授编写；第一篇为"项目开篇"，主要介绍了电梯的发展史及电梯技术在高职院校中的教学应用，由汤晓华副教授、吕景泉教授编写；第二篇为"项目备战"，主要针对典型智能电梯应具备的核心"知识点、技术点、技能点"进行了综合讲解，由蒋正炎副教授、陈永平副教授编写；第三篇为"项目演练"，介绍了虚拟智能电梯的构建，由陈永平副教授编写；第四篇为"项目实战"，重点介绍了高仿真智能电梯的安装与调试，由陆磊工程师、艾光波工程师、范其明助教、蒋正炎副教授、陈永平副教授共同编写；第五篇为"项目挑战"，介绍了高仿真电梯的维护、故障诊断，由蒋正炎副教授、陆磊工程师、艾光波工程师共同编写；第六篇为"项目拓展"，主要介绍智能电梯发展趋势、先进技术的运用及未来发展设想，由汤晓华副教授、陈永平副教授、张文明教授、姚吉副教授编写。

多媒体光盘含项目相关的视频，项目元件清单及详细说明文档（含图片）、教学工作任务单、项目的程序、教学课件、教学组织场景（典型的视频、图片）、赛项现场实况、智能电梯安装调试步骤、元器件实物图片及设备运行过程仿真等。为实施典型智能电梯实训设备教学的院校师生提供了直观、便捷、立体的教学资源包，为读者提供了极大方便。

教学资源包（www.gzhgzh.net）将在教育部首批教育信息化试点项目“基于全国高职技能赛项成果，机电类综合实践教学共享资源”平台上发布。

课程教学资源的开发也是“国家职业教育课程资源开发和质量监测评估中心”的研发成果，得到了中国天津海河教育园区管委会的全面指导和大力支持。

全书由吕景泉教授与汤晓华副教授策划、系统指导并统稿。

本教学资源在开发过程中，得到了浙江天煌科技实业有限公司、天津中德职业技术学院、上海电子信息职业技术学院、常州轻工职业技术学院、常州纺织服装职业技术学院等单位领导和同仁的大力支持，得到了全国职业院校赛项专家组、相关行业企业和职业院校的鼎力支持和配合，在此表示衷心的感谢！

由于编者的经验、水平以及时间的限制，书中难免存在不足和缺漏，敬请专家、广大读者批评指正。

编　者

2013年5月18日

CONTENTS 目录

第零篇 项目引导——教学设计

第一篇 项目开篇——智能电梯简介

第二篇 项目备战——智能电梯的核心技术

第三篇 项目演练——虚拟智能电梯的搭建

第四篇 项目实战——高仿真智能电梯的安装与调试

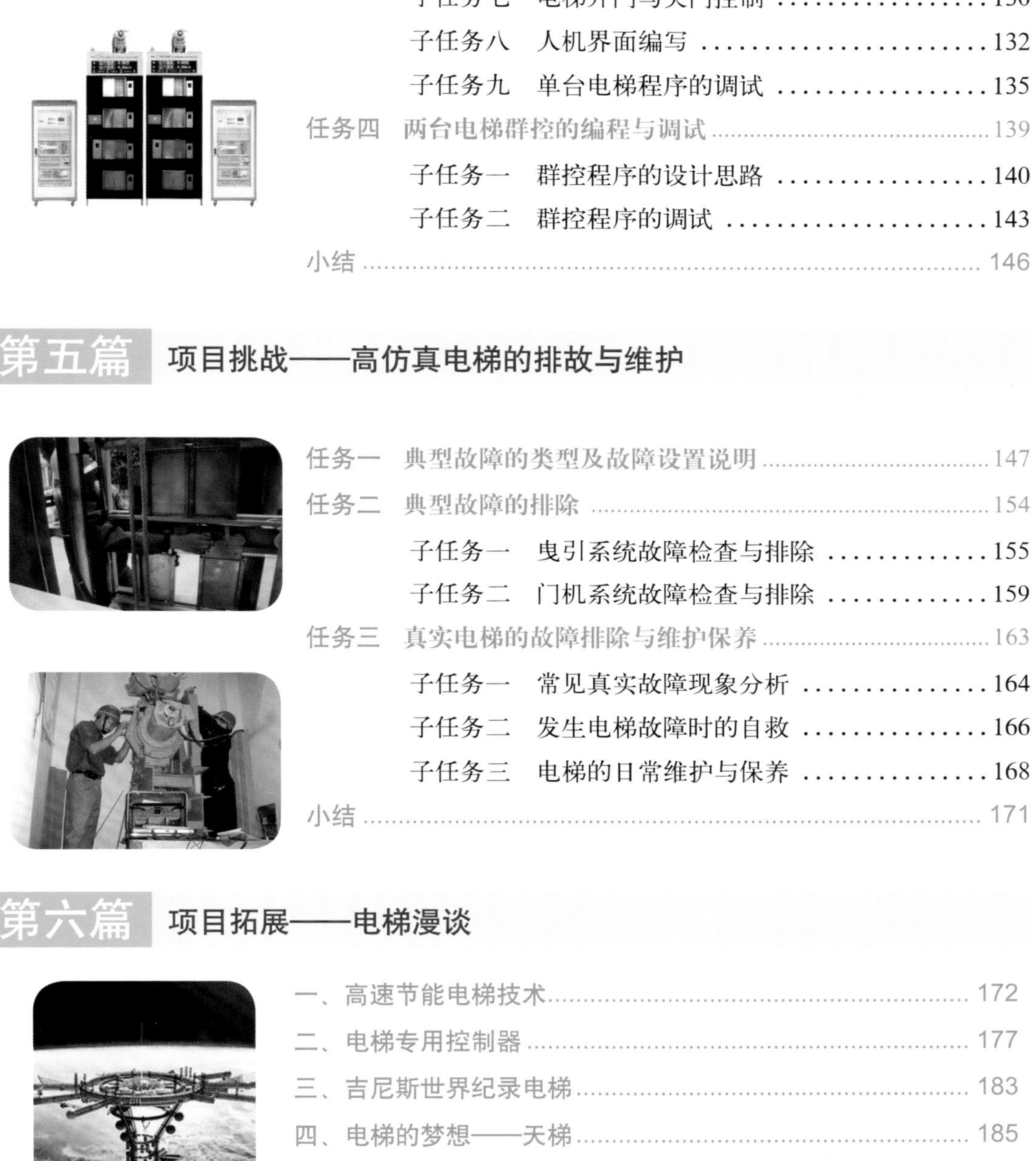

第零篇

项目引导——教学设计

综合实践教学是高职学生获得实践能力和综合职业能力的最主要途径和手段，如何设计技能实训课，如何设计专业综合技能实训教学，引发学生自主学习兴趣，训练学生熟练运用所学知识应用于生产实践，是学生走向工作岗位时能够胜任岗位要求、获得可持续发展能力的保证。

一、指导思想

将专业核心技术一体化建设模式引申到课程设计和教学实施，围绕课程核心知识点和技能点，创设专业核心技术四个一体化（参见图0–1），适应行动导向教学需求，提升学生岗位综合适应能力，培养“短过渡期”或“无过渡期”高技能人才。

该课题获2009年国家教学成果二等奖

专业核心技术一体化：针对专业培养目标明确若干个核心技术或技能，根据核心技术技能整体规划专业课程体系，明确每门课程的核心知识点和技能点（核心知技点），形成基于工作过程导向的教学情境（模块），实施理论与实验、实训、实习、顶岗锻炼、就业相一致，以课堂与实验（实训）室、实习车间、生产车间四点为交叉网络的一体化教学方式，强调专业理论与实践教学的相互平行、融合交叉，纵向上前后衔接、横向上相互沟通，使整体教学过程围绕核心技术技能展开，强化课程体系和教学内容为核心技术技能服务，使该类专业的高职毕业生能真正掌握就业本领，培养“短过渡期”或“无过渡期”高技能人才。

——摘自吕景泉教授关于《高职机电类专业“核心技术一体化”建设模式研究与实践》

该课题获2005年国家教学成果二等奖

行动导向教学：从传授专业知识和技能出发，全面增强学生的综合职业能力，使学生在从事职业活动时，能系统地考虑问题，了解完成工作的意义，明确工作步骤和时间安排，具备独立计划、实施、检查能力；以对社会负责为前提，能有效地与他人合作和交往；工作积极主动、仔细认真、具有较强的责任心和质量意识；在专业技术领域具备可持续发展能力，以适应未来的需要。

——摘自吕景泉教授关于《行为引导教学法在高职实践教学中的应用与研究》

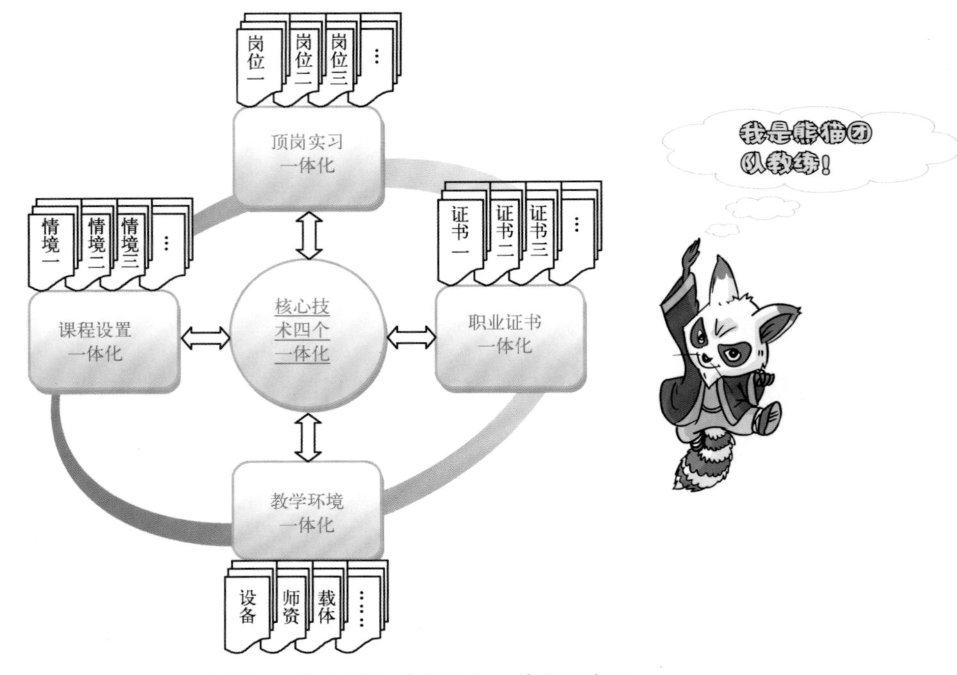

图 0–1　专业核心技术四个一体化示意图

二、教学设计

基本要求：应具备智能电梯实训装备，典型的智能电梯机械平台，各机构具有机械技术、电气技术的综合功能等。能体现“核心技术一体化”的设计理念，为实践行动导向教学模式搭建平台。

师资要求：具有楼宇智能化工程、电气自动化技术、机电一体化技术专业综合知识，熟悉智能电梯技术，有较强的教学及项目开发能力。

教学载体：以智能电梯安装与调试训练平台为例，实现核心技术一体化课程建设思路（参见图 0–2），单梯调试、双梯联调工作任务综合涵盖了机、电专业核心知识点，可综合训练考评学生核心技术掌握及综合应用能力，对培养学生技术创新能力有很好的作用。

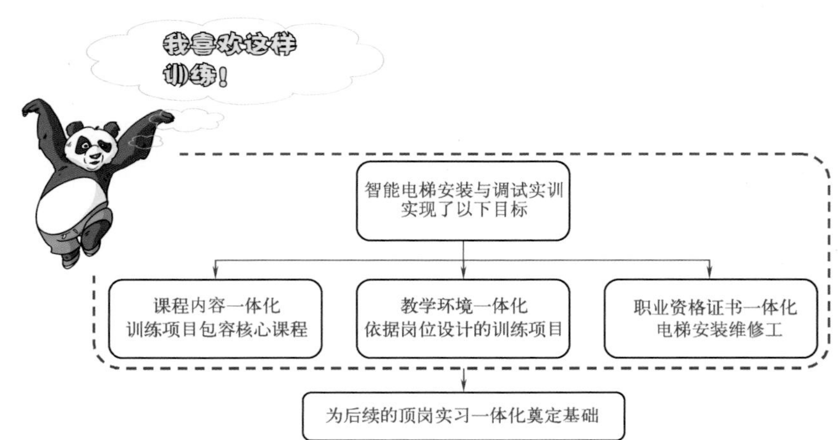

图 0–2　智能电梯安装与调试实训、核心技术关系示意图

训练模式：三人一组分工协作，完成智能电梯中单梯、双梯的安装、调试等工作任务。也可结合各院校专业教学要求的不同进行有机选择。不同的工作内容对各种专业技术技能的要求程度不同。

训练内容：项目任务融合了机械工程与电子工程的核心技术，主要包括机械设计、制造工艺、机械装配、部件安装；控制线路布线安装；PLC 应用与编程；变频器控制技术应用；运动控制技术应用；机电安装、连接、故障诊断与调试等。

获取证书：训练内容包含了国家劳动和社会保障部颁发的职业资格证书“电梯安装维修工”等的标准要求。

组织大赛：依托全国性的高职技能大赛，营造“普通教育有高考，职业教育有技能大赛”的局面，通过智能电梯安装与调试大赛，提高高职各院校机电类专业学生能力水平。

三、五个重点

利用本教学资源进行教学实施，突出五个重点“赛、教、虚、仿、实”。

“赛”：通过对全国职业院校技能大赛“智能电梯装调与维护”赛项的贯穿描述、赛场视频体验、场景氛围呈现、装备载体演练、竞赛技术提炼、行业标准融入，风趣化地将赛项内容引入教学，服务教学，丰富教学。

“教”：通过对智能电梯的曳引系统、轿厢系统、门系统、平衡系统、导向系统、安全系统、传感系统、电气控制系统、通信网络等核心技术遴选，从核心技术在电梯中的应用入手，逐步演进到项目实战，即电梯安装、编程和调试；再到项目挑战，即电梯排故、维护和保养；最终，项目拓展到天梯，即空间电梯。本教学资源给出了一个崭新的智能电梯技术的“教”与“学”解决方案。

“虚”：通过利用能力源创新课程套件设计、搭建仿真智能电梯，仿真电梯的轿厢、曳引系统、导向系统、驱动系统、电气控制系统（操纵箱、召唤盒、平层装置）等，加深智能电梯系统的工作原理和核心技术的理解。

“仿”：通过在 THJDDT-5 高仿真电梯实训装置上的实战训练，围绕电梯的安装、编程、调试、排故、维护和保养，进行了全面介绍和仿真。

“实”：通过曳引系统、轿厢系统、门系统、平衡系统、导向系统、安全系统、传感系统、电气控制系统、通信网络等技术的学习，引入电梯单控到电梯联控，电梯运行监控与信息显示，特别是用汇川品牌的专用电梯控制器，将智能电梯技术较全面地展现给学习者。

小　结

现代化的智能电梯的最大特点是它的综合性和系统性。综合性指的是将机械技术、电工电子技术、传感器技术、PLC 控制技术、接口技术、驱动技术、网络通信技术等多种技术有机地结合，并综合应用到智能电梯设备中；而系统性指的是，智能电梯的传感检测、传输与处理、控制、执行与驱动等机构在 PLC 的控制下协调有序地工作，有机地融合在一起，如图 0-3 所示。

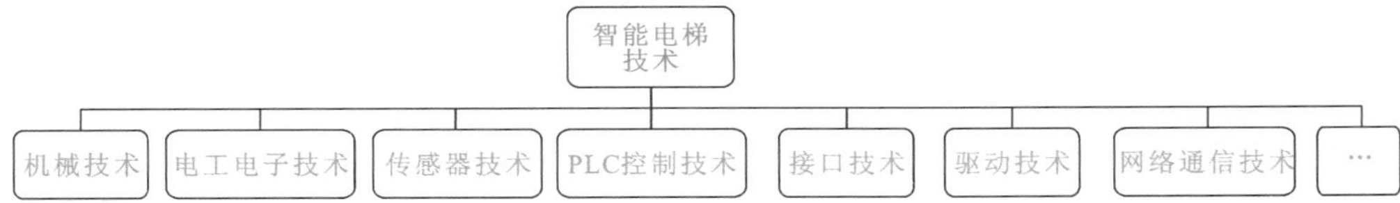

图 0-3　智能电梯技术

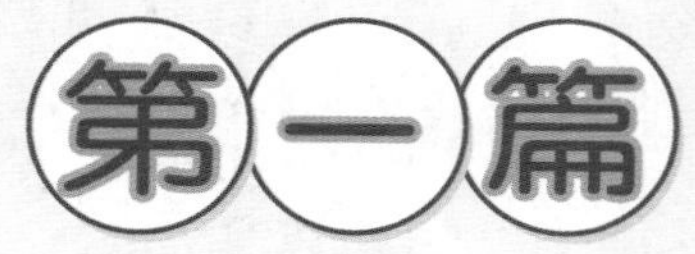

第一篇

项目开篇——智能电梯简介

一、聚焦电梯“事故”

- 2011 年 7 月 5 日，北京地铁 4 号线动物园站发生电梯事故，致 1 死 30 伤；
- 2011 年 7 月 7 日，上海一部载有十多名乘客的电梯突然从 4 楼如自由落体般“直坠”底楼；
- 2011 年 7 月 10 日，深圳地铁 4 号线清湖站的上行扶梯突然发生意外，造成多名乘客受伤；
- 2012 年 9 月 13 日，武汉市一个建筑工地发生重大安全事故，一台施工电梯升至 100 m 处时发生坠落，19 条人命瞬间消亡……

近年来，北京、上海、深圳、武汉、杭州等地相继发生了多起因电梯故障导致的安全事故，频频上演的“电梯惊魂”（见图 1–1、图 1–2）让人们开始对城市生活中亲密接触的电梯产生了各种担忧，甚至是“恐惧”。作为连接高层与地面的“交通工具”，电梯已经普遍应用在住宅、商场、写字楼等各种场所，没有电梯的工作和生活是不可想象的。截至 2012 年 7 月底，各地共检查电梯 231 306 台，发现存在隐患的电梯 11 896 台，占检查总数的 5.14%。这就意味着，全国平均每 20 台电梯中就有 1 台电梯存在安全和故障隐患。

图 1–1 “电梯惊魂” 1

我国电梯行业近年来增长势头迅猛，2007 年各种电梯产量达 21.6 万台，2008 年达 23.4 万台，2009 年超过 30 万台，2011 年、2012 年连续递增后，接近 40 万台，每年保持 10% 以上的增长速度。来自国家质检总局的数据显示，截至 2010 年底，全国在用电梯总数已经达到 162.8 万台，保有量和年增长量均为世界第一。这意味着，每年新增电梯的数量在40万台以上，这占到全球每年新增电梯总量的一半以上。从2005年开始，我国平均每年发生电梯事故约40起、死亡人数为40人左右，2011年呈加速上升趋势，2012年悲剧还在上演（见图1–3）。

图1–2 “电梯惊魂”2

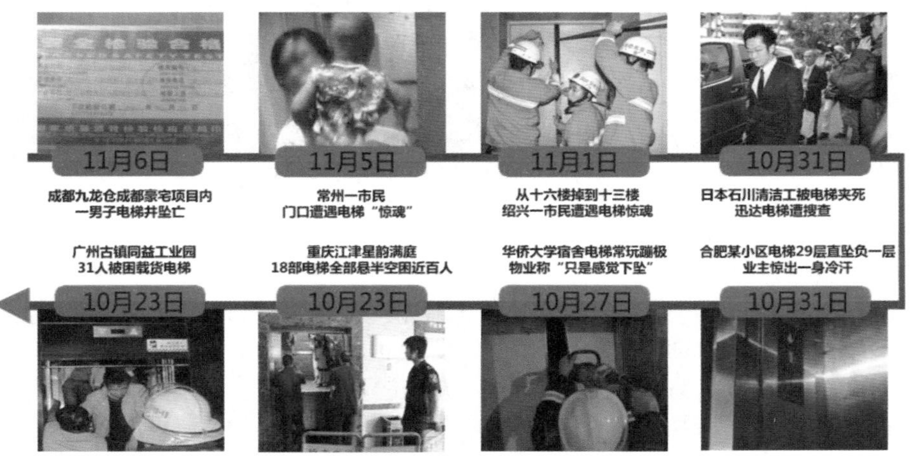

图1–3 2012年15天内发生的8起事故

电梯已与每个人的工作和生活息息相关。国家规定每15天检修保养一次，并要由持证上岗的检修保养技术人员负责，同时还需进行一年一次的年检。中国电梯行业技能高级鉴定师李志弘说，业内的统计数据显示，全国电梯从业人员的缺口在50万以上，严重时多达百万，维修技术人员占近2/3。电梯装调维护人员技能水平亟待提高，从业人员需加快培养。

二、回眸全国“大赛”

2012 年 6 月，由教育部联合天津市人民政府、工业和信息化部、财政部、人力资源和社会保障部、住房和城乡建设部、交通运输部等 22 个部委、行业主办的 2012 年全国职业院校技能大赛高职组“智能电梯装调与维护”比赛在天津鸣锣开赛（见图 1–4）。此项比赛以团队方式进行，每支参赛队由 2 名选手组成，全国省、市和自治区代表队共有 40 支队伍参赛。

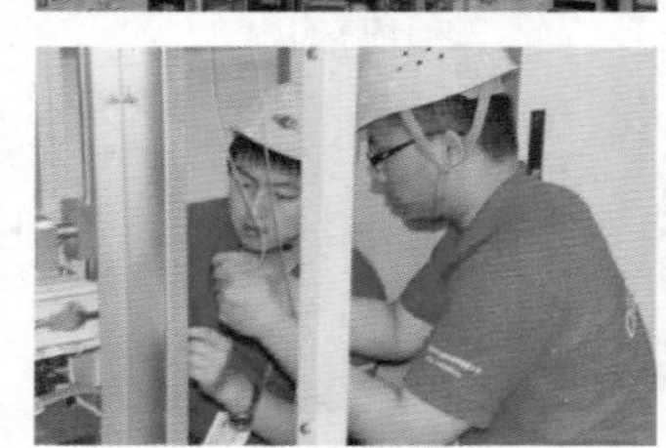

图 1–4 2012 年全国职业院校技能大赛高职组“智能电梯装调与维护”比赛现场

1．体现电梯主流技术

此项比赛除考核电梯控制系统中可编程控制器、变频器、传感器、电机传动、低压电气等核心技术应用外，同时考核视频监控、消防、电话呼叫等方面内容，并可实现按钮控制、信号控制、集选控制、人机对话等功能，可进行智能群控、远程监控、故障设置、诊断检测等，与现代电梯主流技术发展高度吻合，服务于电梯行业对装调与维护技术技能人才的需求。

2．关注电梯安全技术

电梯安全是当今社会关注的热点和焦点问题，在本赛项技术平台中设置了终端极限开关安全保护系统、超速安全保护系统、门安全触板、门光幕安全保护、门机力矩安全保护、缓冲器保护等多种电梯安全系统和设施，强化了电梯安全技术和相关装调和维护能力的培养。

3．唤醒节能环保意识

赛项技术平台采用变频驱动技术，实现传动控制节能；通过群控功能进行召唤响应路径优化并设置多种响应模式，实现响应策略节能；通过检测电梯运行功耗，对电梯配重进行检测和调节，实现能量消耗最小化；轿厢照明采用LED灯，实现照明节能等，进一步强化电梯节能与环保意识及相关能力培养。

现场真的好壮观，电梯装备的仿真度真高！嘿，同日常见到的一样！

目前，很多职业院校开设的“电气自动化”、“机电一体化”、“电梯工程技术”、“楼宇智能化工程技术”、“建筑电气工程”等专业均包含电梯项目在内的课程或模块，但就职业院校对学生的技术技能与实践教学内容来看，主要还是针对一些简单、单一的任务进行训练，如电梯排故、传感器安装等，而针对开展电梯装调与维护技术技能的综合训练、专业核心技术技能的强化训练、现场实际装备的应用训练等方面还存在不足之处。如何培养“电梯技术”专业技术技能人才，满足岗位需求，解决各种机械设备、电气设备和电气系统的安装调试、运行维护、维修、技术改造等技术技能人才需求，已经引起企业界和很多职业学校的高度关注。

“智能电梯装调与维护”赛项所涉及专业的岗位面向包括电梯设备的制造、安装、改造、调试、维修、保养及外围设备保障的操作及维护，所针对的职业工种为电梯安装维修工，其职业编码为13−036（A），该职业共设五个等级，分别为国家职业资格五级、四级、三级、二级和一级。

通过竞赛推动全国职业院校自动化技术类相关专业的建设，提升专业服务产业、服务社会的能力，通过竞赛为全国职业院校提供了一个电梯装调与维护技术交流的平台，引领高职院校“电气自动化”、“机电一体化技术”、“电梯工程技术”、“楼宇智能化工程技术”、“建筑电气工程”等相关专业综合实训教学改革的发展方向，促进工学结合人才培养模式的改革与创新，培养学生的可持续发展能力，培养满足社会需求的掌握电梯技术的人才。

嗯，太好了，电梯技术人才培养不仅有职业标准、专业、还有大赛！我们一起了解一下电梯的发展史吧！

三、翻开电梯“史话”

电梯包括垂直运行的电梯、倾斜方向运行的自动扶梯、倾斜或水平方向运行的自动人行道。有了电梯，摩天大楼才得以崛起，现代城市才得以“长高”。据估计，截至2002年，全球在用电梯约635万台，其中垂直电梯约610万台，自动扶梯和自动人行道约25万台。电梯已成为人类现代生活中广泛使用的人员运输工具。人们对电梯安全性、高效性、舒适性的不断追求推动了电梯技术的进步。

很久之前，人们就使用一些原始的升降工具运送人和货物。公元前1100年前后，我国古人发明了辘轳，它采用卷筒的回转运动完成升降动作，因而增加了提升物品的高度。公元前236年，希腊数学家阿基米德（Archimedes）设计制作了由绞车和滑轮组构成的起重装置。这些升降工具的驱动力一般是人力或畜力。历史上电梯的雏形如图1−5所示。

图1−5 历史上电梯的雏形

19世纪初，在欧美开始用蒸汽机作为升降工具的动力。1845年，威廉·汤姆逊研制出一台液压驱动的升降机，其液压驱动的介质是水。尽管升降工具被一代富有革新精神的工程师们进行不断改进，然而被工业界普遍认可的升降机仍未出现，直到1852年世界第一台安全升降机诞生。

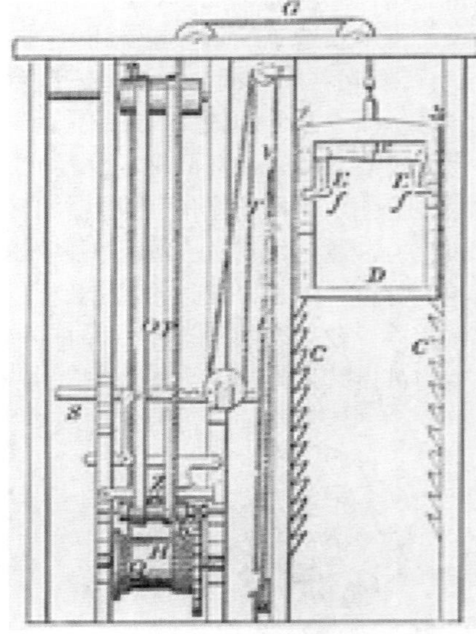

图1−6 奥的斯发明的世界第一台安全升降机的原理图

1852年，美国纽约杨克斯镇（Yonkers，现康涅狄格州法明顿）的机械工程师奥的斯先生（Elisha Graves Otis）在一次展览会上，向大众展示了他的发明，从此宣告电梯的诞生。其安全升降机的原理图如图1−6所示。

1889年，升降机开始采用电力驱动，真正出现了电梯。电梯在驱动控制技术方面的发展经历了直流电动机驱动控制，交流单速电动机驱动控制，交流双速电动机驱动控制，直流有齿轮、无齿轮调速驱动控制，交流调压调速驱动控制，交流变压变频调速驱动控制，交流永磁同步电动机变频调速驱动控制等阶段。奥的斯公司第一台电力驱动升降机如图1−7所示。

19世纪末，采用沃德－伦纳德系统驱动控制的直流电梯的出现，使电梯的运行性能明显改善。20世纪初，开始出现交流感应电动机驱动的电梯，后来槽轮式（即曳引式）驱动的电梯代替了鼓轮卷筒式驱动的电梯，为长行程和具有高度安全性的现代电梯奠定了基础。20世纪上半叶，直流调速系统在中、高速电梯中占有较大比例。第一台信号控制电梯如图1−8所示。

1967年，晶闸管用于电梯驱动，交流调压调速驱动控制电梯出现。

1983年，变压变频控制的电梯出现，由于其良好的调速性能、舒适感和节能等特点迅速成为电梯的主流产品。

图 1-7 奥的斯公司第一台电力驱动升降机

图 1-8 第一台信号控制电梯

1996 年，交流永磁同步无齿轮曳引机驱动的无机房电梯的出现，使电梯技术进行了又一次革新。由于曳引机和控制柜置于井道中，省去了独立机房，节约了建筑成本，增加了大楼的有效面积，提高了大楼建筑美学的设计自由度。这种电梯还具有节能、无油污染、免维护和安全性高等特点。芬兰通力电梯公司发布的无机房电梯系统如图 1-9 所示。

1996 年，奥的斯公司推出 Odyssey 系统（见图 1-10），这是一个集垂直运输与水平运输的复合运输系统。该系统采用直线电动机驱动，在一个井道内设置多台轿厢，轿厢在计算机导航系统控制下，能够在轨道网络内交换各自运行路线。

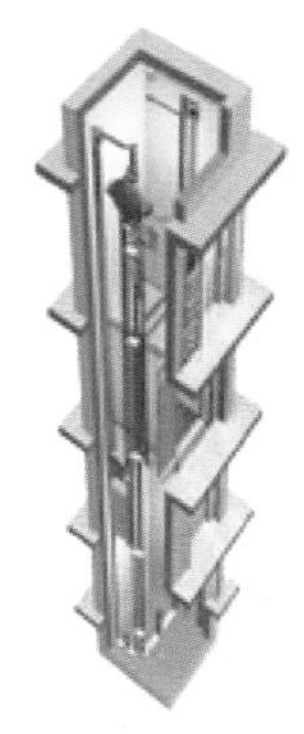

图 1-9 芬兰通力电梯公司发布的无机房电梯系统

图 1-10 奥的斯公司推出 Odyssey 系统

同年，迅达电梯公司推出 Miconic10 系统目的楼层厅站登记系统（见图 1-11）。该系统操纵盘设置在各层站候梯厅，乘客在呼梯时只需登记目的楼层号码，就会知道最佳的乘梯方案，从而提前去该电梯厅门等候。待乘客进入轿厢后不再需要选层。

20 世纪 90 年代末，富士达公司开发出变速式自动人行道。这种自动人行道以分段速度运行，乘客从低速段进入，然后进入高速平稳运行段，再进入低速段离开。这样提高了乘客上下自动人行道时的安全性，缩短了长行程时的乘梯时间。2000 年 5 月，迅达电梯公司发布 Eurolift 无机房电梯（见图 1-12）。它采用高强度无钢丝绳芯的合成纤维曳引绳牵引轿厢。每根曳引绳大约由 30 万股细纤维组成，是传统钢丝绳质量的 1/4。绳中嵌入石墨纤维导体，能够监控曳引绳的轻微磨损等变化。

2000 年，奥的斯公司开发出 Gen2 无机房电梯（见图 1-13）。它采用扁平的钢丝绳加固胶带牵引轿厢。钢丝绳加固胶带（外面包裹聚氨酯材料）柔性好。无齿轮曳引机呈细长形，体积小、易安装，耗能仅为传统齿轮传动机器的一半。该电梯运行不需润滑油，因此更具环保特性。Gen2 无机房电梯成为业界公认为的“绿色电梯”。

图 1–11 迅达电梯公司推出 Miconic10 系统目的楼层厅站登记系统

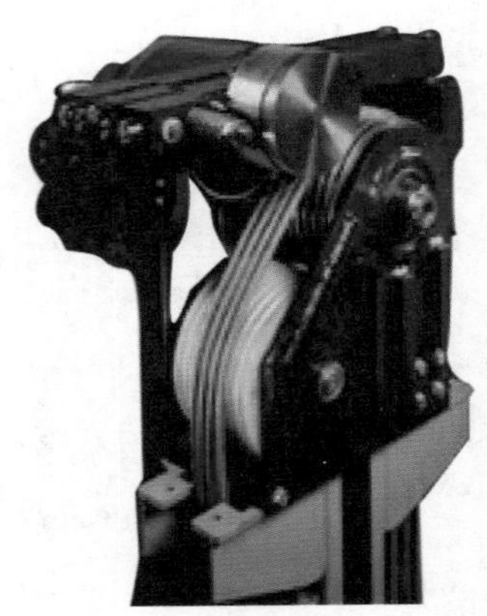

图 1–12 Eurolift 无机房电梯

2002 年 4 月 17 日至 20 日，三菱电机公司在第 5 届中国国际电梯展览会上展出了倾斜段高速运行的自动扶梯模型，其倾斜段的速度是出入口水平段速度的 1.5 倍。该扶梯不仅能够缩短乘客的乘梯时间，同时也提高了乘客上下扶梯时的安全性与平稳性。

2004 年竣工的中国台北市国际金融中心大厦（台北 101 大厦），如图 1–14 所示。楼高 508 m，地上 101 层，底下 5 层。英文名称 Taipei 101，除代表台北，还有“Technology、Art、Innovation、People、Environment、Identity”（技术、艺术、创新、人民、环境、个性）的意义，其使用世界最高速度的电梯：从 5 楼直达 89 楼的室内观景台只需 37 s，电梯攀升的速度为每分 1 010 m，是世界最快的电梯，其长度也是世界第一。

图 1–13 Gen2 无机房电梯

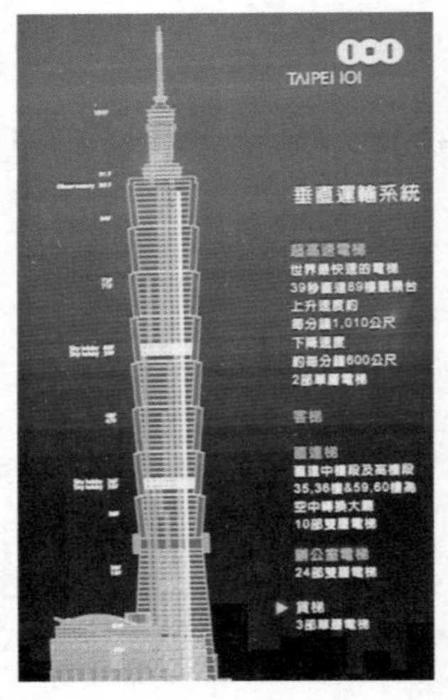

图 1–14 中国台北市国际金融中心大厦（台北 101 大厦）

生活在继续，科技在发展，电梯在进步。电梯的材质由黑白到彩色，样式由直式到斜式，在操纵控制方面更是步步出新——手柄开关操纵、按钮控制、信号控制、集选控制、人机对话等，多台电梯还出现了并联控制，智能群控；双层轿厢电梯展示出节省井道空间，提升运输能力的优势，变速式自动人行道扶梯大大节省了行人的时间；不同外形的扇形、三角形、半菱形、圆形观光电梯则使身处其中的乘客的视线不再封闭。

从电梯史话中，不难发现电梯的驱动系统、轿厢及对重装置、层门 / 轿门及开关门系统、导引系统、安全保护系统、传感系统、电气控制系统总在不断创新中发展变化，向着安全、便捷、舒适、节能、高效发展。

看电梯走过的历史足迹，真好！电梯和我们的生活紧密相关，我们要好好学习。

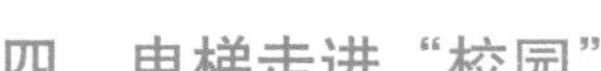

四、电梯走进“校园”

师傅，我现在就想自己搭建一个智能电梯，可以吗？

没问题，看他们就在用“能力源创新课程套件”搭建自己设计的电梯呢（见图1–15）！

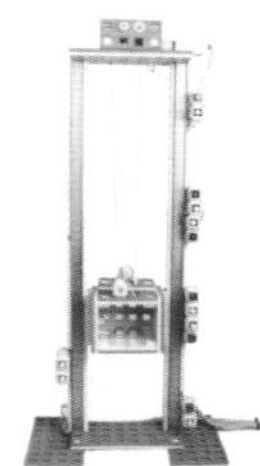

图 1–15 使用“能力源创新课程套件”搭建自己设计的电梯

“能力源创新课程套件”是一种全新的集工程、实践、创新为一体的综合训练平台，它由80 多种、1 000 多个各类高精密结构件、连接件、传动件和电气组件组成。“能力源创新课程套件”涉及机械、电子、传感器、计算机软硬件、控制等各方面的专业知识和技术技能，采用项目式教学，以小组的形式，通过实施一个个精心设计的由浅入深的电梯工程实践创新项目，可以在了解、学习真实电梯工程项目的基础上，学习电梯的核心技术。

2012 年 6 月，在全国职业院校技能大赛期间，在天津中德职业技术学院举办了“自动化工程实践创新国际研讨会”和“启诚 · 能力源自动化工程实践创新国际挑战赛”，来自东盟、非洲的多国师生、教育机构带着浓厚兴趣参与了以“能力源创新课程套件”为平台的国际挑战赛（见图 1–16）。

图 1–16 “启诚 · 能力源”工程实践创新国际挑战赛现场

新加坡老师和学生讲，这样的学习让人有兴趣、有终生难忘的感觉。这种学习面对工程、亲手实践、体味创新、围绕项目，它是一种自动化的工程教育、实践教育、创新教育、项目教育。

2012 年的全国职业院校技能大赛，“智能电梯装调与维护”是其中的一个重要赛项。其竞赛设备（见图 1–17）THJDDT–5 高仿真电梯实训装置根据智能建筑中升降电梯的机构按照一定的比例缩小设计，所用设备、器件与实际电梯高度一致，机械系统由驱动系统、轿厢及对重装置、导向系统、层门和轿门及开关门系统、机械安全保护系统组成。电气控制系统主要由拖动控制部分、使用操作部分、井道信息采集部分、安全防护部分等组成；控制系统包含了可编程控制器、变频器、传感器、电机传动、低压电气等。同时具有视频监控、视频显示、消防、电话呼叫等功能，能实现按钮控制，信号控制，集选控制、人机对话等，并可进行智能群控、远程监控、故障设置、诊断检测等。

图 1–17 THJDDT–5 高仿真电梯实训装置

THJDDT–5 高仿真电梯实训装置包含电梯全部要素，电梯为四层，高度 3.0 m，装置采用透明结构设计，电梯内部结构、运行过程一目了然。能够很直观、透彻地了解、掌握电梯的结构及其动作原理。装置包含二座四层群控电梯，每部电梯系统均由一台 PLC 控制，PLC 之间通过通信模块交换数据，电梯外呼统一管理，接近现实中的楼宇电梯控制。其他的性能指标见光盘中的《THJDDT–5 型使用手册》。

通过 THJDDT–5 高仿真电梯实训装置的操作训练可考核学生掌握智能电梯的装调与维护综合能力，如电梯呼梯盒的安装、井道信息系统的安装、平层开关检测位置调整、门机机构调整、电气控制柜的器件安装、接线、变频器参数设置、PLC 编程与调试、电梯群控功能调试、电梯故障排除、运行维护等。

师傅，我想练本领，我想去参赛！

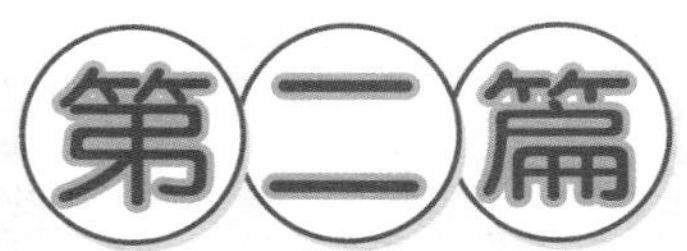

项目备战——智能电梯的核心技术

要参赛，得备战，先掌握电梯的核心技术

电梯是典型的机电一体化产品，其机械部分好比是人的躯体，电气部分相当于人的神经，控制部分相当于人的大脑，机械部分和电气部分通过控制部分调度、密切协同，使电梯可靠运行。群控电梯如图 2–1 所示。

图 2–1 群控电梯

本篇将从电梯的曳引系统、轿厢系统、门系统、平衡系统、导向系统、安全系统、传感系统、电气控制系统、通信网络等方面详细剖析电梯的各组成部件，学习电梯的核心技术，掌握基本的本领、技能。

任务一 认识电梯的整体结构

任务目标

1. 理解电梯的定义、分类及型号；
2. 能准确说出电梯的四大空间组成部分和八大结构组成部分；
3. 清晰地理解智能电梯各部分的功能。

大家都乘过各种各样的电梯，你能说说有多少种类型的电梯吗（见图2—2）？

(a) 乘客电梯

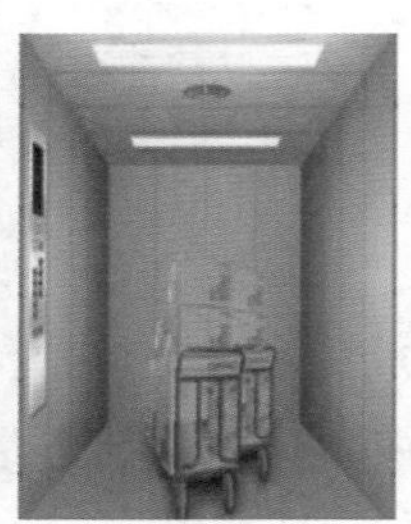

(b) 载货电梯

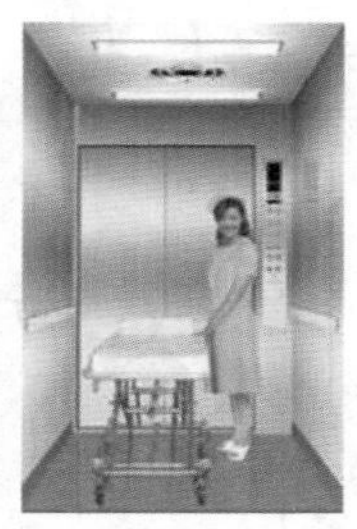

(c) 医用电梯

(d) 杂物电梯

(e) 观光电梯

图 2–2 各类电梯

电梯是一种以电动机为动力的垂直升降机构，装有箱状吊舱，用于多层建筑乘人或者载运货物，服务于规定楼层间的固定式升降设备。也有台阶式，踏步板装在履带上连续运行的电梯称为自动电梯。

日常生活中见到的电梯有两大类：一类为垂直电梯，指垂直或倾斜角≤ 15° 的电梯；另一类是自动扶梯、自动人行道，指水平或有微倾斜角用以输送乘客的电梯。

电梯的种类各种各样，我们给它分分类吧！

电梯的分类

(1) 按驱动方式分类（交流、直流、液压、齿轮齿条、螺杆螺母、滚轮驱动、直线电动机、气动）。

(2) 按用途分类（乘客、载货、医用、观光、汽车、船用、冷库、电站、防爆、防暴、矿井、消防、消防员、杂物梯等）。

(3) 按速度分类（低、中、高、超高速）。

(4) 按操作方式分类（有司机、无司机、有 / 无司机）。

(5) 按操纵控制方式分类（手柄开关、按钮、信号、集选、并联、群控）。

(6) 按机房分类（上置式、下置、侧置、有 / 无机房）。

(7) 按轿厢分类（单或双轿厢）。

(8) 按载重量分类（大吨位、小吨位）。

师傅，你能给我解释一下TKZ1000／1.6—JX电梯型号的含义吗？

电梯的型号

电梯的型号由类、组、型、主要参数（额定载重量、额定速度）和控制方式等三部分组成，如图 2–3 所示。第一部分是类、组、型和改型代号，类、组、型代号用具有代表意义的大写汉语拼音字母（字头）表示，产品的改型代号按顺序用小写汉语拼音字母表示，置于类、组、型代号的右下方。类别代号见表 2–1，组别代号见表 2–2，拖动方式代号见表 2–3。第二部分是主要参数代号，其左上方为电梯的额定载重量，右下方为额定速度，中间用斜线分开，均用阿拉伯数字表示。第三部分是控制方式代号，见表 2–4，用具有代表意义的大写汉语拼音字母表示。其中第二、第三部分之间用短线分开。

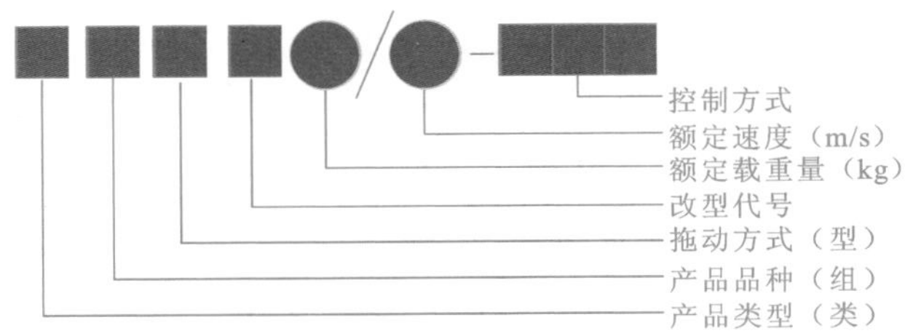

图 2–3 电梯的型号表示

表 2–1 类别代号

产品类别	采用型号
电梯	T
液压梯	

表 2–2 组别代号

产品类别	代号	产品类别	代号
乘客电梯	K	杂物电梯	W
载货电梯	H	船用电梯	C
客货（两用）电梯	L	观光电梯	G
病床电梯	B	汽车用电梯	Q
住宅电梯	Z		

表 2–3 拖动方式代号

拖动方式	代号	拖动方式	代号
交流	J	液压	Y
直流	Z		

表 2–4 控制方式代号

控制方式	代表汉字	代号	控制方式	代表汉字	代号
手柄开关控制，电动门	手、自	SZ	信号控制	信号	XH
手柄开关控制，手动门	手、手	SS	集选控制	集选	JX
按钮控制，自动门	按、自	AZ	并联控制	并联	BL
按钮控制，手动门	按、手	AS	梯群控制	群控	QK

知道TKZ1000／1.6–JX电梯型号的含义了吗？它表示直流乘客电梯，额定载重量1 000 kg，额定速度1.6 m／s，集选控制。再考考你，说说下面两个型号的含义：TKJ1000／1.6–JXW、THY1000／0.63–AZ。

TKJ1000/1.6–JXW：交流调速乘客电梯，额定载重量1 000 kg，额定速度1.6 m/s，集选控制。
THY1000/0.63–AZ：液压货梯，额定载重量1 000 kg，额定速度0.63 m/s，按钮控制，自动门。

电梯整体结构认识

目前使用的智能电梯绝大多数为电力拖动、钢丝绳曳引式结构，图 2–4 为常见电梯的结构图。

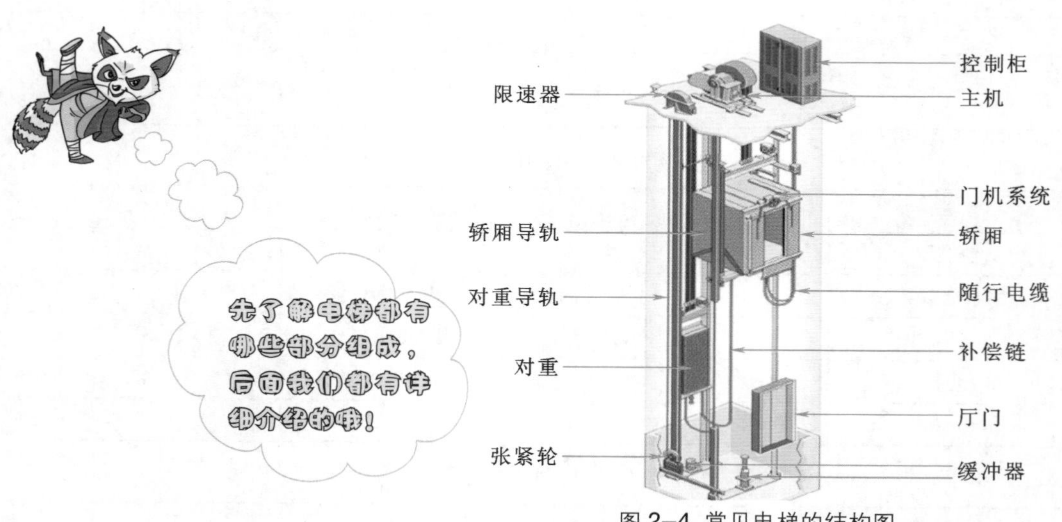

图 2–4 常见电梯的结构图

从电梯空间位置使用看，可分为四个部分：依附建筑物的机房、井道，运载乘客或者货物的空间（轿厢），乘客或者货物出入轿厢的地点（层站），即机房、井道、轿厢、层站，如图 2–5 所示。

表2–5、表2–6、表2–7、表2–8分别是电梯四部分主要组成和功能。

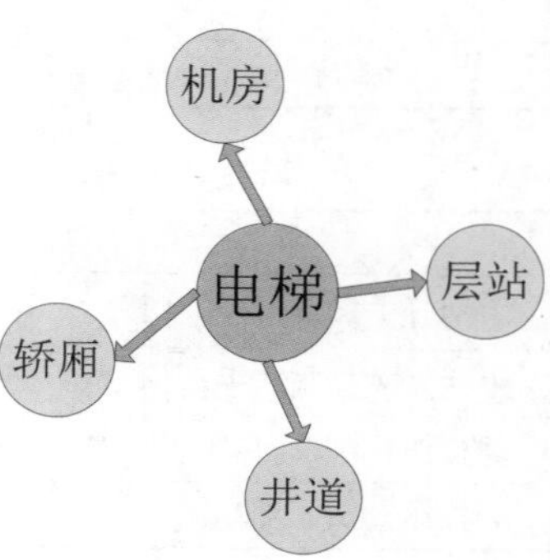

图 2–5 电梯四个组成部分

表 2-5 机房部分的主要组成和功能

名　称	英 文 名 称	说　明
控制柜（屏）	Control Panel	内置有交流接触器、计时器、各种继电器等的电气柜，是控制电梯运行速度的重要装置
曳引机(主机)	Traction Machine	驱动悬吊电梯轿厢的主钢丝绳的机械装置，分为无齿轮型和有齿轮型
曳引轮(绳轮)	Traction Sheave	悬挂主钢丝绳的驱动轮，分为直接连接于电动机驱动轴上的形式（无齿轮电梯）和连接于齿轮减速机绳轮轴上的形式（有齿轮电梯）
导向轮	Deflection Sheave	为使对重架不与轿厢接触而使主钢丝绳偏移的滑轮
电磁制动器	Magnetic Brake	装于曳引机上，在电梯停止时，以弹簧力维持驱动轴静止；而在电梯运行时，又通过电磁力克服弹簧制动力方式的制动器
限速器	Governor	当电梯的速度超出规定速度时动作，切断电梯的动力并使安全钳装置动作的装置。与限速器张紧装置配合使用
架机梁	Machine Beam	支承轿厢、载重、对重等悬垂负荷以及曳引机全部重量的梁，设置在建筑物承重梁之间

表 2-6 轿厢部分的主要组成和功能

名　称	英文名称	说　明
轿厢	Cab（Cage）	运载乘客或货物的工作室，由轿壁、顶、轿门等构成
轿顶	Car Roof	用薄钢板制成，装备有照明装置、风扇（选配安全窗）的装置
轿架	Car Frame	固定和支承轿厢的框架结构，其强度须严格保证。它由上横梁、立柱及轿底、轿底梁、轿底拉杆等部件构成
绳吊板	Hitch Plate	固定绳头锥套的固定板，安装于上横梁上
轿门	Sill	设置在轿厢出入口的门。根据开门方式，有中分式、左开式、右开式、上开式等
开门机	Door Machine	开关门的驱动装置，由电动机、控制装置、链（传动带）轮、链（传动带）构成
门安全装置	Door Safety Device	设置于轿门上的安全装置，防止进出中的人或物被夹持的装置。又称安全触板
检修开关	Inspection Switch	为了一边移动轿厢，一边可以在轿顶检查井道内的各种器械而设置于轿顶，在轿顶进行操纵的开关
安全钳	Safeties	电梯以超出规定的异常速度下降或上升时，通过限速器检测并动作而使电梯减速或停止运行的安全装置
位置检测器	Position Detector	用于轿厢运行过程中位置检测的装置。当设置于轿顶的位置检测器通过安装于井道内的电磁隔磁板时，会发出平层指令
称重装置	Load Weighing Device	为了进行对应于载重量的自动控制而测量载重量的装置

表 2-7 层站部分的主要组成和功能

名　称	英文名称	说　明
厅门（层门）	Hoistway Door	设置于厅侧层站出入口的门。与门套一样，属于电梯的重要装饰部位
门锁装置（联锁装置）	Door Interlock Device	当出入口的门未完全关闭且未锁紧时，运行回路中不会闭合的开关等装置的总称。有时也仅仅指锁紧装置的部分

续表

名　称	英文名称	说　明
门锁开关	Door Interlock Switch	当出入口的门未完全关闭且未锁紧时，运行回路中不会闭合的开关
门自动关闭装置	Door Closer	由于厅门不能以自力开闭、需以与轿门的系合作用而动作，因此，当系合脱离时，可以弹簧力或重力使门关闭的装置
门吊板（门滑轮装配）	Door Hanger	安装于门的上端、使门能够吊起运行的、具有滚动滑轮的装置
门导轨	Door Rail	设置于门套的上部框架（指层幕板）的背面、吊起门扇、在门扇开闭时引导门扇的导轨
位置指示器	Position Indicator	显示电梯在哪层的指示装置，它有设置于轿厢内的位置指示器和告知厅外乘客的厅外位置指示器
召唤箱	Hall Button	设置于厅外或其附近的墙壁上、内置有召唤按钮的装置。当配备厅外指层器时，称为带指层器的召唤箱
报站灯（到站灯）	Hall Lantern	指群控管理状态下的电梯中，表明现在哪台电梯可进行服务而设置于厅外的指示灯
监视屏	Supervisory Panel	各梯运行层楼显示和运行方向显示，对讲机，电源指示灯，运行指示灯，消防指示灯，故障指示灯，消防运行控制开关

表 2-8　井道内部件的主要组成和功能

名　称	英文名称	说　明
导轨	Guide Rail	垂直设置于井道内的供引导轿厢及对重运动的一对 T 型导轨，当电梯的速度出现异常时，会以安全钳装置夹持导轨，而使电梯停止运行
主钢丝绳	Main Rope	将钢制股线搓合而成的、悬吊轿厢的钢丝绳。速度 210 m/min 以上的电梯使用嵌填式钢丝绳，其他电梯使用密封式钢丝绳
限速器钢丝绳	Governor Rope	为了使限速器动作，而将轿厢或对重的速度传递给限速器的钢丝绳
缓冲器	Buffer	是法定安全装置的一种，可缓冲底坑与轿厢或者对重的冲击力的装置。有液压式及弹簧式
对重	Counterweight	为补偿轿厢的重量、提高驱动效率而设置于轿厢反方向侧钢丝绳下的重量铁块
张紧轮	Tension Sheave	设置于井道的底坑，以弹簧力或重力等，给钢丝绳施加张紧力的绳轮
强迫换速开关（SDS）	Slowdown Switch	当电梯接近终端层时，开始自动地减速，使电梯不至于超出行程而停止的开关
限位开关	Limit Switch	用于确保电梯在超出上、下终端层之前停止运行的，设置于井道内的开关
终端限位开关（FLS）	Final Limit Switch	用于确保电梯在明显超出上、下终端层之前而停止运行的，设置于井道内的开关
控制电缆（随行电缆）	Traveling Cable	轿厢与外部连接的电缆线。包含有照明、控制、信号以及通话等的回路
隔磁板	Magnetic Shielding Plate	对应位置检测装置而设置于井道内的装置。当设置在轿架上的位置检测器通过隔磁板时，位置检测器的舌簧触点开关动作，发出使电梯的速度降低以及停止的指令

从电梯各构件部分的功能上看，可分为八个部分：曳引系统、导向系统、轿厢系统、门系统、重量平衡系统、电力拖动系统、电气控制系统和安全保护系统，如图 2–6 所示。电梯各部分的功能见表 2–9。

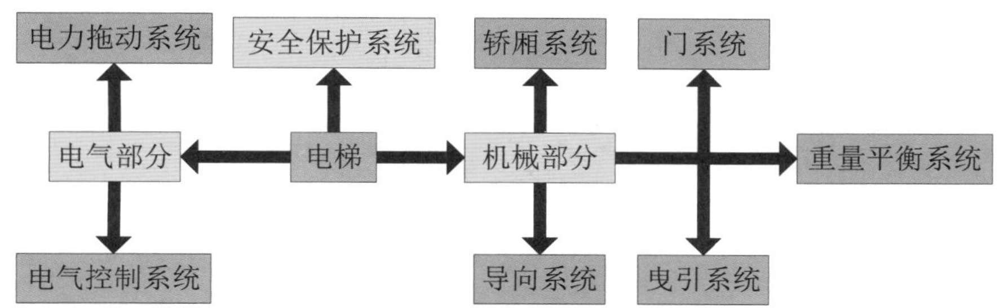

图 2–6 电梯八个系统

表 2–9 电梯各部分的功能

系　统	功　能	主要构件与装置
曳引系统	输出与传递动力，驱动电梯运行	曳引机、曳引钢丝绳、导向轮、反绳轮等
导向系统	限制轿厢和对重的活动自由度	导轨、导轨支架
轿厢系统	用以运送乘客和货物的组件	轿架、轿厢体
门系统	乘客或货物的进出口，运行时层、轿门必须封闭，到站时才能打开	轿门、厅门、门机、门锁
重量平衡系统	相对平衡轿厢重量以及补偿高层电梯中曳引绳长度的影响	对重、补偿链
电力拖动系统	提供动力，对电梯实行速度控制	电动机、供电系统、速度反馈装置、调速装置等
电气控制系统	对电梯的运行实施操纵和控制	控制柜、平层装置、操纵箱、召唤盒、操纵装置
安全保护系统	保证电梯安全使用，防止一切危及人身安全的事故发生	限速器、安全钳、缓冲器、端站保护装置、超速保护装置、断相错相保护装置、上下极限保护装置、门锁联锁装置

知识、技术归纳

电梯是典型的机电一体化产品。从空间位置使用上看，电梯由四个部分组成：机房、井道、轿厢、层站；从构件的功能上看，电梯由八个部分组成：曳引系统、导向系统、轿厢系统、门系统、重量平衡系统、电力拖动系统、电气控制系统、安全保护系统。每个系统都有不同的作用，共同保证智能电梯的正常运转。电梯的用途各不相同，用电梯型号来表示，它由类、组、型、主要参数和控制方式等三部分组成。

工程创新素质培养

利用网络资源，查找列入吉尼斯世界纪录的电梯的有关资料。

任务二 电梯机械系统认识

任务目标

1．认识电梯的机械结构组成；

2．掌握电梯的曳引系统、轿厢系统、重量平衡系统、门系统和导向系统等的技术分类、特点和常用类型；

3．能对各机械部分进行装调；

4．增强电梯安全意识。

子任务一 认识电梯的曳引系统

在认识了智能电梯的整体结构后，就要从它的机械系统开始逐一认识，机械系统就像人的身体骨骼，没有强健的身体就没有健康的体魄。智能电梯机械系统主要包含了曳引系统、轿厢系统、重量平衡系统和导向系统。电梯的机械安装、器件材料和功能设计，一定要从电梯的安全运行考虑，能够满足日常的安全运行。让我们一起来锻炼吧！

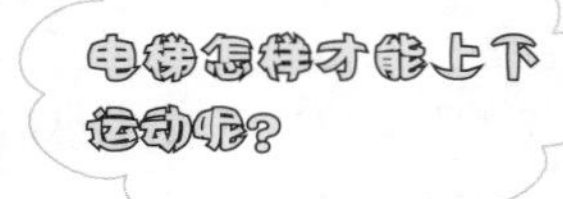

电梯常用的驱动方式有三种，知道THJDDT−5高仿真电梯用的是哪一种驱动方式吗？

1.了解电梯驱动方式

THJDDT−5 高仿真电梯的上下运动是靠一种称为曳引驱动的方式来实现的，就是在电梯最顶层有个机房，里面安置了一个驱动电动机（曳引电动机），一端连接了轿厢，另一端连接了对重装置，两头形成了平衡，然后再使电动机开始正反转，钢丝绳使轿厢和对重做相对运动，电梯就能做上升或下降的运动了，如图 2−7 所示。

图 2−7 曳引系统实物

曳引系统是电梯中的核心部件之一，它通过向电梯输送与传递动力，就能让电梯运行起来。曳引系统由曳引机、曳引绳、曳引轮、导向轮和反绳轮组成。曳引系统结构图如图 2−8 所示。

曳引驱动的电梯具有安全、平稳、舒适的特点。平时乘坐的民用电梯、高层电梯、观光电梯中都能看见。

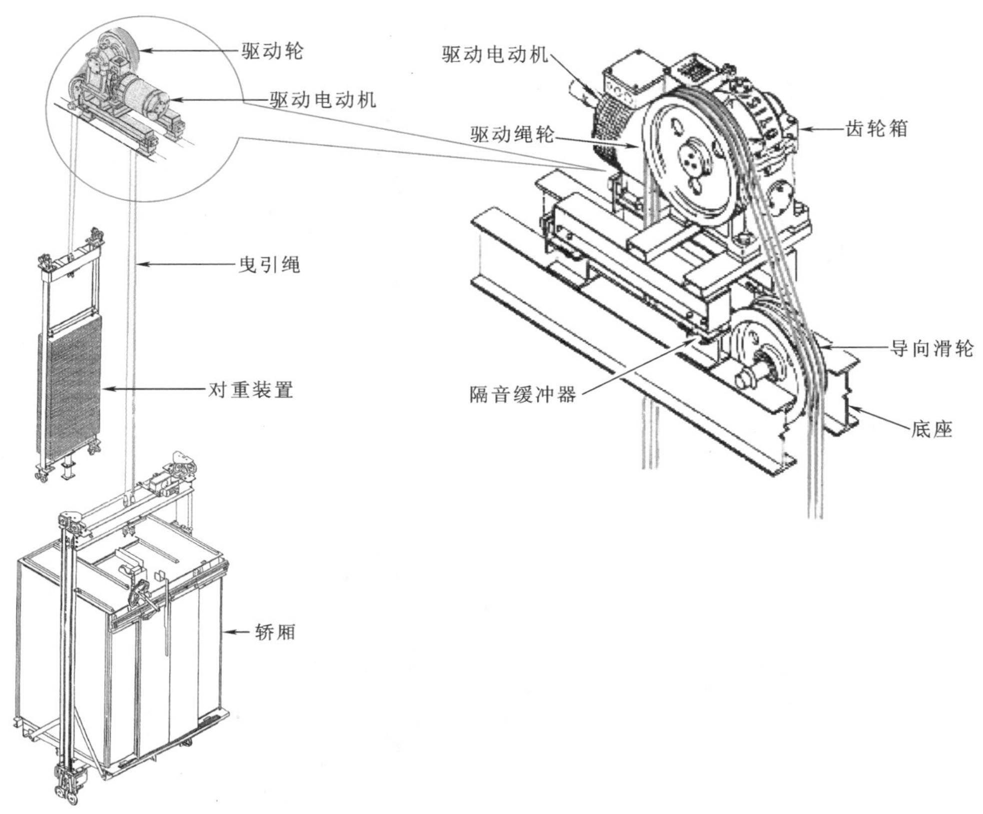

图 2–8 曳引系统结构图

师傅，曳引驱动我了解了，其他两种驱动方法是什么呢？

我们平时看到的电梯还可以用强制驱动和液压驱动！

强制驱动电梯有一个电动机带动的卷筒，将钢丝绳缠绕到卷筒上，通过滑轮来提升轿厢的运动。卷筒收卷钢丝绳轿厢就会上升，卷筒放卷钢丝绳轿厢就会下降，如图 2–9 所示。它的特点是结构简单、性能稳定可靠、成本低。主要用在建筑施工电梯、载货电梯中。

师傅，我在很多建筑工地上看到的电梯都是强制驱动方式，它也很像家用的电动晾衣架！

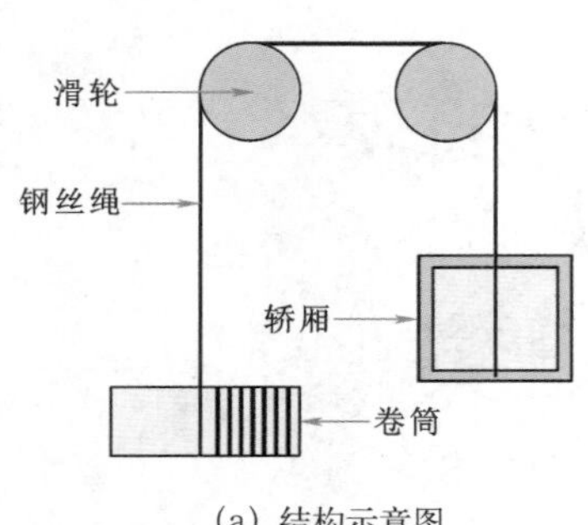

（a）结构示意图

（b）建筑电梯

图 2–9 强制驱动

液压驱动是在机房里有个液压油箱，通过油缸柱塞推动轿厢上升或下降。当油缸内的液压油返回油箱时轿厢便下降，当油箱中液压油注入油缸时轿厢便上升，如图 2–10 所示。它的特点是功率小、低耗能，低成本，结构简单、安全可靠、运行平稳。主要用在少层观光电梯、工业电梯、钢结构电梯中。

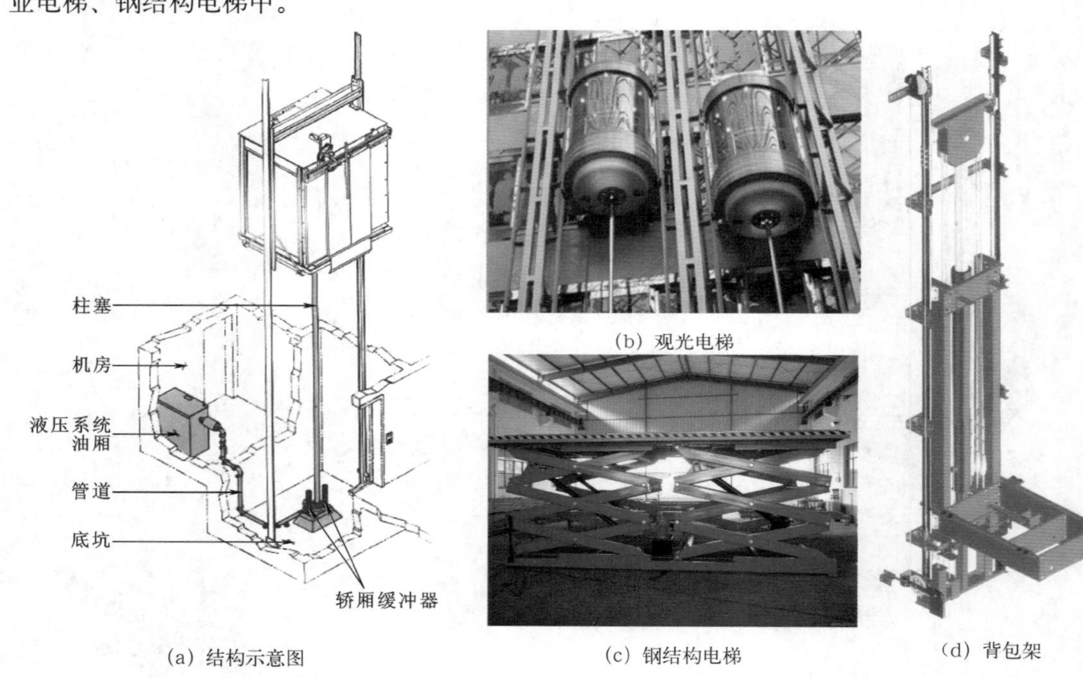

（a）结构示意图　（b）观光电梯　（c）钢结构电梯　（d）背包架

图 2–10 液压驱动

三种驱动方式中最成熟是曳引驱动，用的曳引机也有几种，也要学会如何选择曳引机！

2. 了解曳引机

曳引机按有无减速装置可分为：有齿轮曳引机和无齿轮曳引机。

THJDDT–5 高仿真电梯采用的是有齿轮交流曳引机，结构图如图 2–11 所示。这种曳引

机主要由曳引电动机、蜗轮蜗杆减速装置、制动器、曳引轮、编码器等构成。

有齿轮曳引机已经广泛用于运行速度 $v \leqslant 2.0$ m/s 的各种货梯、客梯、杂物梯。为了减小曳引机运行时的噪声和提高平稳性，一般采用蜗轮副作为减速传动装置，这种曳引机用的电动机有交流的也有直流的。

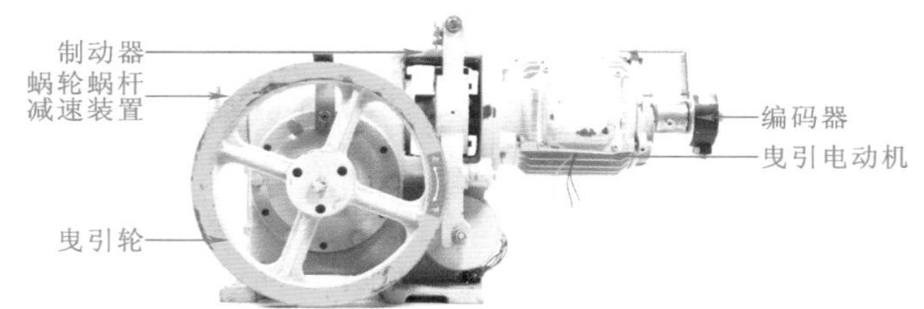

图 2-11 有齿轮曳引机结构图

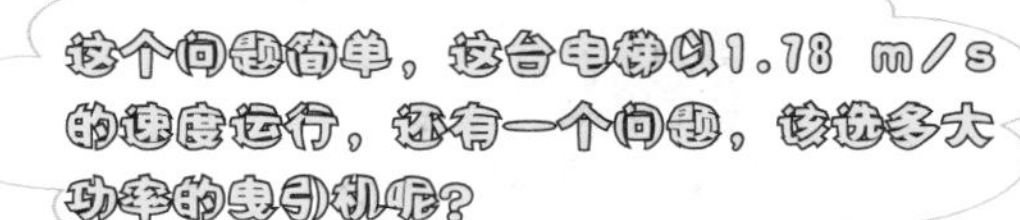

采用有齿轮曳引机的电梯，通常其运行速度与曳引机的减速比、曳引轮直径、曳引比、曳引电动机的转速之间的关系可以按式（2-1）计算：

$$v = \frac{\pi DN}{60 i_y i_j} \tag{2-1}$$

式中 v —— 电梯的运行速度，m/s；

D —— 曳引绳轮直径，m；

N —— 曳引电动机转速，r/min；

i_y —— 曳引比（曳引方式）；

i_j —— 减速比。

这个问题简单，这台电梯以1.78 m/s的速度运行，还有一个问题，该选多大功率的曳引机呢?

考一考你，如果一台电梯的曳引轮直径为0.8 m，电动机转速为1 500 r/min，减速比为53∶3，曳引比为2∶1，电梯的运行速度是多少?

电梯用曳引机是专用电动机，是让电梯上下运动的动力源。日常电梯需要频繁启动、制动、上升、下降，而且负荷变化很大。因此，要求电动机不但要能适应频繁启动、制动的要求，而且还要能满足启动电流小，启动力矩大，机械特性硬，噪声小的要求。所以在选择电梯电动机功率的计算比较麻烦，一般可以按式（2-2）计算：

$$P = \frac{G(1-a)v}{102\eta} \tag{2-2}$$

式中 P —— 曳引电动机轴功率，kW；

G —— 电梯轿厢额定载重量，kg；

α —— 电梯平衡系数；

η —— 电梯的机械总效率；

v —— 电梯的运行速度，m/s。

采用有齿轮曳引机的电梯，若蜗轮副为阿基米德齿形时，电梯机械总效率取0.5～0.55；采用无齿轮曳引机的电梯，电梯机械总效率取0.75～0.8。

一台额定载重量为2 000 kg，额定运行速度为0.5 m/s的交流双速电梯，蜗轮副采用阿基米德齿形，电动机的额定转速为960 r/min，该选功率多大的电动机呢？

师傅，无齿轮曳引机一般应用在什么场合呢？有什么特点啊？

无齿轮曳引机用于运行速度 $v > 2.0\ \text{m/s}$ 的高速电梯上，它的曳引轮紧固在曳引电动机轴上，没有机械减速装置，整机结构比较简单，也是采用具有良好调速性能的直流电动机或交流变频电动机。交流变频无齿轮曳引机结构图如图 2–12 所示。

实际上无齿轮曳引机运行所需要的制动力矩要比有齿轮曳引机大得多，因此相应的制动器也比较大。无齿轮曳引机的轮轴与其轴承的受力要比有齿轮曳引机大得多，相应的轴也做得粗大。由于无齿轮曳引机没有减速装置，所以使用寿命比较长。

采用永磁同步无齿轮拖动技术的无机房电梯正越来越多地走进电梯市场。由于无需设置机房，也无需加大井道尺寸，从而可以简化建筑设计，美化建筑造型，节约建筑成本，尤其是无机房电梯噪声低、效率高、节能明显，更提高了无机房电梯的使用价值。常用的永磁同步无齿轮曳引机外形如图 2–13 所示。

图 2–12 交流变频无齿轮曳引机结构图

图 2–13 常用的永磁同步无齿轮曳引机外形

永磁同步无齿轮曳引机的特点是乘坐舒适感好、运行噪声低、效率高、安装电气载荷低、维护方便可靠、无需换油、不存在油泄露、采用外部制动器、便于装配更换、曳引机设置和安装范围广泛。

关于无齿轮曳引机在节能方面的应用请参看第六篇第一节。

3. 了解曳引机制动器

师傅，电梯怎么能停稳啊？像汽车上的制动吗？

曳引机制动器最常用的是电磁式制动器，它由一组弹簧、带有制动衬垫的制动闸瓦、制动臂以及电磁铁组成。当电磁线圈得电时，制动器松闸 ；当电磁线圈失电时，制动闸瓦靠弹簧压

紧于制动轮而产生制动力矩。

抱闸式（鼓式）制动器通常有两个线圈，两个铁心，两个制动面，一个很坚实的制动鼓，如图 2–14 所示。

蝶式制动器通常有一个坚实的制动盘同曳引轮很坚固地连接在一起，两个线圈，两个铁心，四个制动面，如图 2–15 所示。

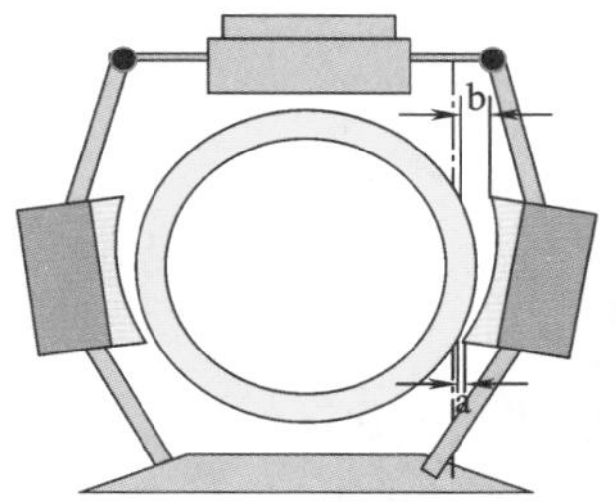

图 2–14 鼓式制动器

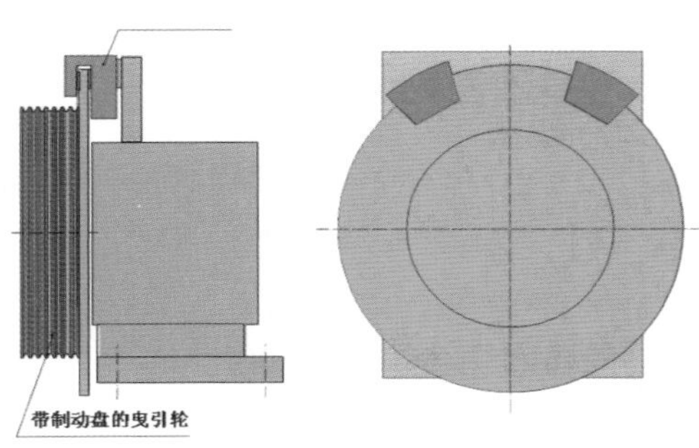

图 2–15 蝶式制动器

制动器的作用有以下几点：

（1）能够使运行中的电梯在切断电源时自动把电梯轿厢掣停住。

当电梯以 $v>1$ m/s 运行中，一般都是通过电气控制使其减速停止，然后再机械抱闸。

（2）电梯停止运行时，制动器能保证在 125% ～ 150% 的额定负载下，电梯保持静止、位置不变，直到工作时制动器才松闸。

所以，制动器的工作特点是：电梯运行即电动机通电时制动器松闸，电梯停止运行即电动机失电时制动器抱闸。

制动器是如何起到安全作用的呢？可参看安全部件之限速器——安全钳部分。

制动器的安装位置：对于有齿轮电梯，制动器装在电动机和减速装置之间（见图 2–16），即装在高转速轴上。因为高转速轴上所需的制动力矩小，这样可以减小制动器尺寸。

有齿轮曳引机采用带制动轮的联轴器，即制动器的制动轮就是电动机和减速装置之间的联轴器原盘。制动轮装在蜗杆一侧，不能装在电动机一侧，以保证联轴器破断时，电梯仍能掣停，如图 2–17 所示。

无齿轮曳引机的制动轮与曳引绳轮是铸成一体的，并直接安装在曳引电动机轴上。制动器是电梯机械系统的主要安全部件之一，而且直接影响电梯的乘坐舒适感和平层准确度。电梯在运行过程中，根据电梯的乘坐舒适感和平层准确度，可以适当调整制动器在电梯启动时松闸，平层停靠时抱闸的时间，以及制动力矩的大小等。

为了减小制动器抱闸、松闸的时间和噪声，制动器线圈内两块铁心之间的间隙不宜过大。闸瓦与制动轮之间的间隙也是越小越好，一般以松闸后闸瓦不碰擦运转着的制动轮为宜。

图 2–16 制动器的安装位置

图 2–17 联轴器

4. 了解曳引钢丝绳

钢丝绳具有强度高、自重轻、工作平稳可靠的特点，在很多场合都有应用，比如物料搬运机械中，可供提升、牵引、拉紧和承载之用，如图 2–18 所示。电梯里的专用钢丝绳称为电梯曳引钢丝绳，它一般采用圆形股状结构，主要由钢丝绳股和绳芯组成，钢丝绳股由若干钢丝绳捻成，如图 2–19 所示。

(a) 吊车

(b) 斜拉锁大桥

(c) 电动葫芦

图 2–18 钢丝绳的使用

钢丝是钢丝绳的基本强度单元，具有很高的韧性和强度，通常由含碳量为 0.5% ~ 0.8% 的优质碳钢制成。电梯曳引钢丝绳分类也有很多种，见表 2–10。

表 2–10 钢丝绳的分类

分类方式	分类情况
按电梯速度	低速电梯钢丝绳、中速电梯钢丝绳、高速电梯钢丝绳、超高速电梯钢丝绳
按耐弯次数	特级、I 级、II 级
按内部结构	点接触、线接触、面接触、多层股不旋转、三角股、多层股面接触
按钢绳规格	8 mm、10 mm、12 mm、13 mm
按绳股数目	6 股、8 股和 18 股
按表面处理	光面涂油、冷镀锌（空气中 3 年不腐蚀）、热镀锌（空气中 15 年不腐蚀）

绳芯是被绳股缠绕的挠性芯棒，起支承和固定绳股的作用，并储存润滑油。绳芯有纤维芯和金属芯两种，电梯曳引钢丝绳采用纤维芯。

使用磨损、损坏的钢丝绳是非常危险的，某工地升降机钢丝绳断裂现场模拟图如图 2–20 所示。

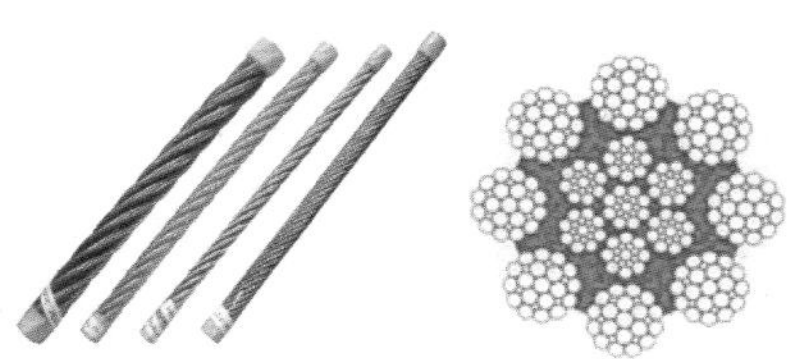

图 2–19 曳引钢丝绳

图 2–20 某工地升降机钢丝绳断裂现场模拟图

师傅，上面的图让我很害怕！
平时我一定要好好去保养！

钢丝绳使用保养的关键就是润滑。钢丝绳通常是在生产加工时被润滑的（包括表面和内部润滑），这样既可以保护钢丝绳不受腐蚀和避免内钢丝摩擦，又可润滑钢丝绳在运动时的内外表面。初次润滑可保持较长时间。当观察到钢丝绳润滑不良或者缺少润滑油时，需要及时涂油。润滑时要注意磨损程度不同所用润滑油也不同。

（1）钢丝绳在滑轮上滑动或在滚筒上滚动时，一般采用 SAE30W（非冬季润滑油），它能穿透绳的缝隙进行有效地润滑。

（2）钢丝绳严重磨损时，使用高黏度的润滑油润滑以减少机械磨损，如高黏度油或包含石墨、二硫化钼黏合添加剂的轻脂。

曳引比及绕法的不同，就会影响我们
乘坐电梯的速度！

曳引钢丝绳有三种绕法，这些绕法也可看成是不同的传动方式，不同绕法就有不同的传动速度比。电梯运行时曳引轮节圆的线速度与轿厢运行速度之比称为曳引比，如图 2–21 所示。

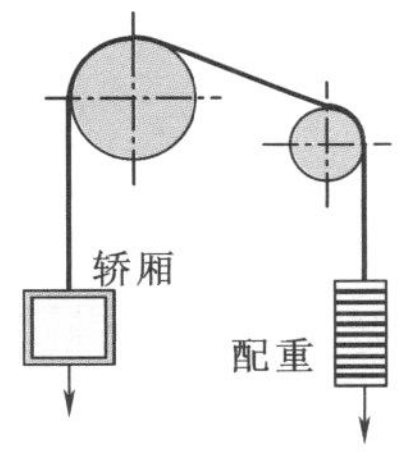

(a) 1 : 1

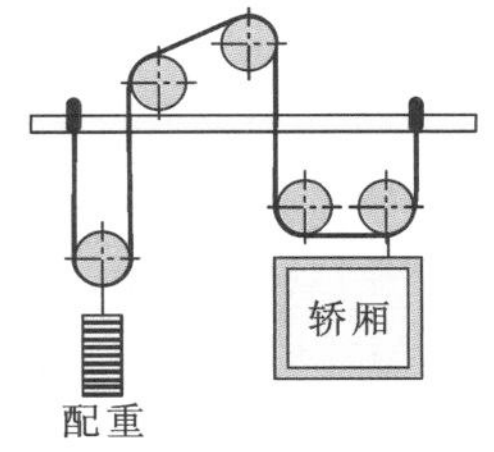

(b) 2 : 1

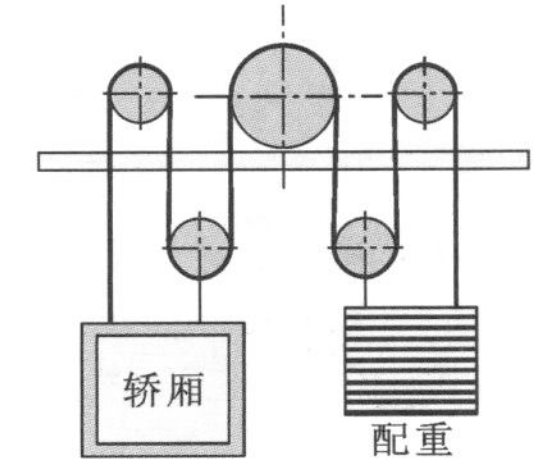

(c) 3 : 1

图 2–21 钢丝绳曳引比

电梯一旦已经确定安装好一种曳引比的绕法后，就不能再更改。不说施工的麻烦，安全隐患也会很严重。如果 2 : 1 改成 1 : 1，1 : 1 的电梯不管是主机还是控制柜等都比 2 : 1 的要先进。改曳引比，就会牵扯到主机的功率够不够，这些都要经过电梯公司的开发或者改造部门确认。另外政府验收也会存在很大问题。

5. 了解导向轮、反绳轮和曳引轮

师傅，图2–21中的圆轮是做什么用的？

图 2–21 中的圆轮实际上称为导向轮、反绳轮、曳引轮，它们都是搭载曳引钢丝绳的圆轮，由于使用场合和效果不同，名称也有区别，表 2–11 所示为三种轮的作用和安装对比。

表 2–11 导向轮、反绳轮、曳引轮的作用和安装对比

名　称	作　用	安　装	图　片
导向轮	滑轮组省力	在机房楼板上或承重梁上对准样板架上的对重中心点悬挂一铅垂线。两侧以导向轮的宽度为间距，分别悬挂两条辅助铅垂线，以这三条线为基准，对曳引轮进行安装并校正	
曳引轮（驱绳轮）	传递曳引动力	利用曳引钢丝绳与曳引轮缘上绳槽的摩擦力传递动力，装在减速装置中的蜗轮轴上。如是无齿轮曳引机，装在制动器的旁侧，与电动机轴、制动器轴在同一轴线上	
反绳轮	减小曳引机的输出功率和力矩	通常设置在轿厢架和对重框架上部的动滑轮，根据需要可以构成不同的曳引比。它不是所有的电梯中都一定安装，它不会出现在曳引比为 1∶1 电梯中，一般装在轿顶	

曳引系统给智能电梯提供了可靠、安全、节能和高效的动力源，而轿厢就是曳引驱动的对象，轿厢能在井道内安全地载运合适重量的人和货物，提供舒适的乘坐空间。

子任务二　了解智能电梯的轿厢系统

师傅，我知道电梯怎样运动了，
但像我这么重，坐电梯安全吗？

1. 了解轿厢

乘电梯时站的地方称为轿厢，它是装载乘客或者货物，具有方便出入门装置的厢形结构，轿厢由轿厢架和轿厢体组成，如图 2–22 所示。

轿厢架是轿厢的承载结构，轿厢的负荷（自重和载重）由它传递到曳引钢丝绳。当安全钳动作或蹲底撞击缓冲器时，还要承受由此产生的反作用力，因此轿厢架要有足够的强度。轿厢架一般由上梁、立柱、底梁和拉条（调节轿底水平度，防止底板倾翘）等组成。

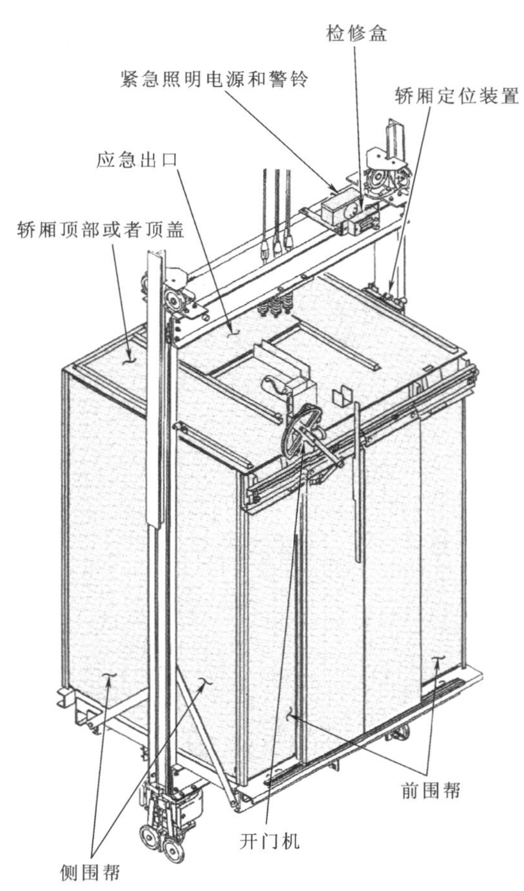

(a) 轿厢整体结构图

(b) 轿厢体内部结构

(c) THJDDT–5 电梯轿厢

图 2–22 电梯轿厢

轿厢体是形成轿厢空间的封闭围壁，有出入口和通风孔，轿厢体由不易燃和不产生有害气体和烟雾的材料组成。为了乘员的安全和舒适，轿厢入口和内部的净高度不得小于 2 m。为防止乘员过多而引起超载，轿厢的有效面积必须予以限制。轿厢体一般由轿底板、轿厢壁、轿厢顶构成。

轿顶至少应能承受 2 000 N 的垂直力而无永久变形，通常轿顶上会有一块不小于 0.12 m^2、短边不小于 0.25 m 的空间供维修人员站立，有些轿厢体设计有安全窗，如图 2–23 所示。

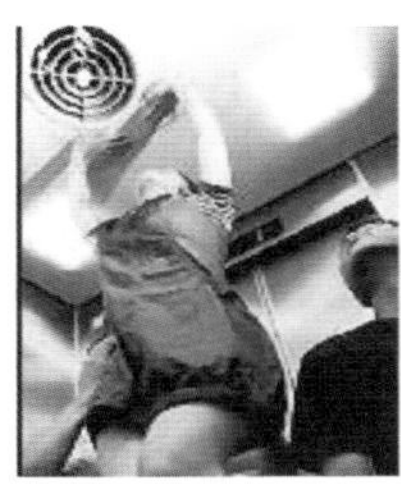

图 2–23 电梯轿顶安全窗

在电梯里，我可以从这里逃生了！

为了消音减振，在轿顶、轿壁和轿底之间，以及轿顶和立柱之间都垫有消音减振的橡胶垫。停止装置、检修运行控制装置、照明灯（见图 2–24）和电源插座、门机和其控制盒均设置在轿顶，另外为了维修安全，轿顶应该有护栏（见图 2–25）。

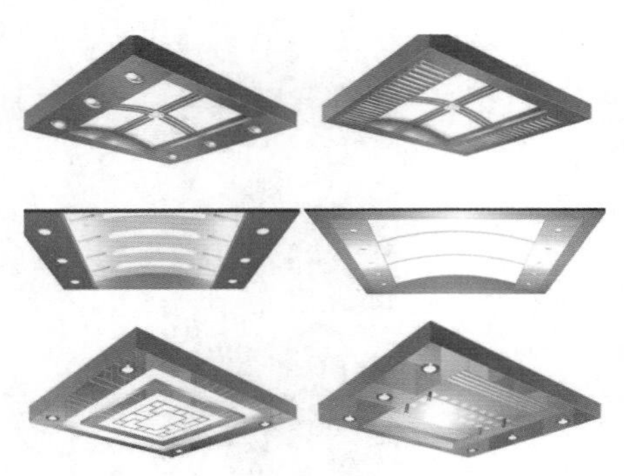

图 2–24 电梯轿顶照明灯

图 2–25 电梯轿顶护栏

2．了解轿厢的称重装置

智能电梯都有最大承载重量的技术指标，为了保证使用安全，所有电梯都设置有称重装置，轿厢称重装置一般设在轿底，也有设置在上梁绳头或者设置在机房绳头。

这就是一个检测是否超载的开关，当超载（超过额定载荷 10%）时动作，使电梯门不能关闭，电梯也不能启动，同时发出声响和灯光信号（有些无灯光信号）。

称重装置大概分为三类：微动开关称重、电子称重装置和绳头传感器。各类称重装置的功能与实物见表 2–12。

表 2–12 各类称重装置的功能与实物

分　类	功　能	实　物　图
微动开关称重	利用轿厢底板的变形触动轿底微动开关动作，从而将超载、满载、轻载等信号传递到控制系统（离散信号）	
电子称重装置	利用轿厢和轿厢底梁之间的橡胶垫（带传感器）变形压缩量来检测轿厢重量（连续信号）	
绳头传感器	轿厢的重量通过钢丝绳将绳头压缩变形来检测轿厢重量（连续信号）	

3．了解轿厢的安装

师傅教我如何安装轿厢吧！这样我既能锻炼身体减肥，又能学习技能，一举两得！

安装轿厢的准备工作：将最高层脚手架拆除，在顶层层门口对面的井道墙壁上用冲击钻凿两个 250 mm×250 mm 的孔洞，在层门口与凿好的孔洞之间放置两根截面不小于 200 mm×200 mm 的方木或具有一定承载力的钢梁作为支撑横梁。方梁或钢梁应平行，水平面应在同一水平面上，而且固定牢靠。

轿厢安装的工艺流程：

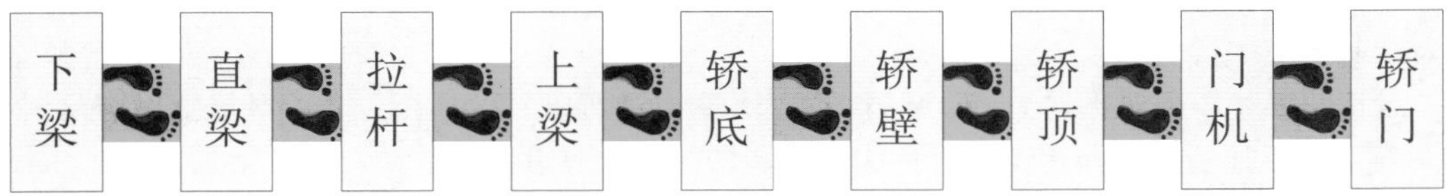

轿厢的安装方法：

(1) 将固定于墙和层门口的支撑梁找平，再将下梁放在支撑横梁上，调整其水平度偏差不超过 2/1 000，并使两端导轨端面与安全钳座间的距离一致，然后稳固。对运行速度 1 m/s 以上的电梯，应套上渐进式安全钳，将安全钳楔块与轨道侧面之间的间隙调整一致。楔块距导轨侧面的间隙一般为 2.3 ~ 2.5 mm。

(2) 将直梁与下梁连接，然后放一线锤作基准，调节直梁与横梁的垂直度，使直梁在整个高度上的铅垂度偏差不大于 1.5 mm，并不得有歪曲现象。

(3) 将上梁吊起与直梁连接，用水平仪调节水平度。上梁水平度偏差应不大于 2/1 000。上梁水平度调节完后，应再次复查直梁铅垂度。

(4) 安装轿厢的上、下导靴，并用塞片填在导轨与导靴的空隙中，将轿厢架固定。装轿安全钳和导靴轿厢架固定。

(5) 把轿厢固定底盘放在下梁上，用四组垫木垫好并校正，其平面的水平度偏差不应超过 2/1 000。

(6) 拼装轿壁，轿壁的拼装次序是先拼后壁，再拼侧壁，最后拼前壁。

轿厢的安装图如图 2-26 所示。

图 2-26 轿厢的安装图

轿厢提供了舒适和安全的乘坐空间，外部的驱动和稳固的井道基建工程安装，是电梯安全运行的保障。轿厢上的门系统也是一个独立的控制系统，也关系到乘客的安全。

子任务三　了解重量平衡系统

重量平衡系统（见图 2–27）的作用是使对重与轿厢能达到相对平衡，在电梯运行中尽管载重量不断变化，仍能使两者间的重量差保持在较小限额之内，保证电梯的曳引传动平稳、正常。重量平衡系统一般由对重装置和重量补偿装置两部分组成。

对重装置相对于轿厢悬挂在曳引钢丝绳的另一侧，起到相对平衡轿厢的作用，使轿厢与对重装置的重量通过曳引钢丝绳作用于曳引轮，保证足够的驱动力。由于轿厢的载重量是变化的，因此不可能做到两侧的重量始终相等并处于完全平衡状态，一般情况下，只有轿厢的载重量达到 50% 的额定载重量时，对重装置一侧和轿厢一侧才处于完全平衡，这时的载重量称为电梯的平衡点。但是在电梯运行中的大多数情况曳引钢丝绳两端的荷重是不相等的，是变化的。因此对重装置只能起到相对平衡的作用。

对重装置一般由对重架、对重块、导靴、压块等构，如图 2–28 所示。其中对重架用槽钢制造，其高度一般不宜超出轿厢高度，对重块一般铸铁制造，对重块安放在对重架上后，要用压板压紧，以防电梯在运行过程中发生窜动而产生噪声。

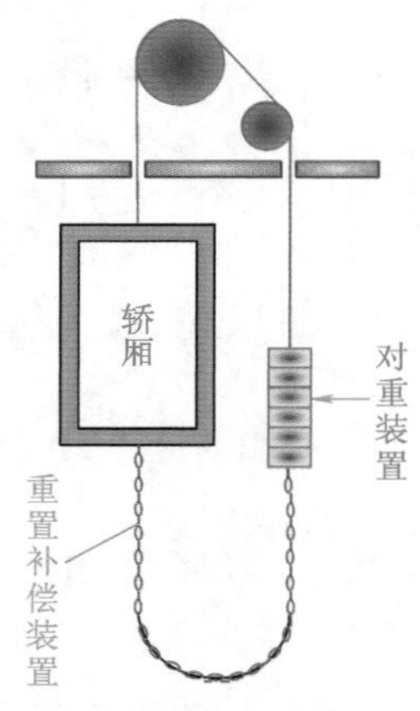

图 2–27　重量平衡系统

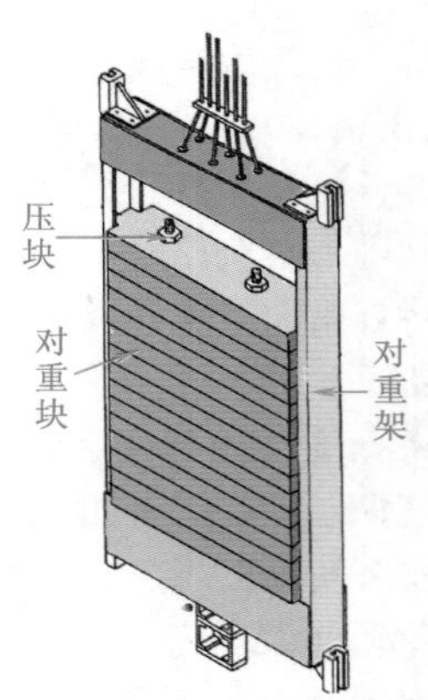

图 2–28　对重装置的构成

为了使对重装置能对轿厢起最佳的平衡作用，必须正确计算其重量。对重的重量值与电梯轿厢本身的净重和轿厢的额定载重量有关。一般在电梯满载和空载时，曳引钢丝绳两端的重量差值应为最小，以使曳引机组消耗功率最少，曳引钢丝绳也不易打滑。

对重装置过轻或过重，都会给电梯的调整工作造成困难，影响电梯的整机性能和使用效果，甚至造成冲顶或蹲底事故。

对重装置的总重量通常用下面基本公式计算：

$$\text{对重的总重量} W=G+KQ$$

式中　G——轿厢自重，kg；

Q——轿厢额定载重量，kg；

K——电梯平衡系数，为0.4～0.5，以曳引钢丝绳两端重量之差最小为好。

当电梯的对重装置和轿厢侧完全平衡时，只需克服各部分摩擦力就能运行，且电梯运行平稳，平层准确度高。因此对电梯平衡系数 K 的选取，应尽量使电梯能经常处于接近平衡状态。

对于经常处于轻载的电梯，K 可选取 0.4 ～ 0.45；对于经常处于重载的电梯，K 可选取 0.5。这样有利于节省动力，延长机件的使用寿命。

想一想，既然有了对重装置，为什么还需要重量补偿装置呢？且电梯运行高度越高重量补偿装置越重要呢？

在电梯运行中，当轿厢位于最低层时，曳引钢丝绳的自身重量大部分都集中在轿厢侧；相反，当轿厢位于顶层时，曳引钢丝绳的自身重量大部分作用在对重装置侧，还有电梯上控制电缆的自重，也都对轿厢和对重装置两侧的平衡带来变化。当电梯运行的高度超过 30 m 时，由于曳引钢丝绳和电缆的自重，使得曳引轮的曳引力和电动机的负载发生变化，重量补偿装置可弥补轿厢两侧重量不平稳。这就保证轿厢侧与对重装置侧重量比在电梯运行过程中不变。

重量补偿装置就是悬挂在轿厢和对重底面的补偿链条、补偿绳等。在电梯运行时，其长度的变化正好与曳引绳长度变化的趋势相反，当轿厢处于最高层时，曳引绳大部分处于对重装置侧，而补偿绳大部分位于轿厢侧，当轿厢处于最底层是，情况刚好相反。常见的重量补偿装置如图2–29所示。

哈哈，明白了！

图 2–29 常见的重量补偿装置

查查资料，重量补偿装置有哪几种类型，各有什么特点？

子任务四 了解门系统

电梯门有层门和轿厢门两种类型。层门设在层站入口处，根据需要，井道在每层楼设一个或两个出入口，不设层站出入口的层楼称为盲层。层门数与层站出入口相对应，轿厢门与轿厢随动。轿厢门装有门机，是主动门；层门（见图 2–30）装有电气、机械联锁装置，是被动门。只有轿厢门、层门完全关闭，电梯才能运行。门系统结构如图 2–31 所示。

师傅，为什么电梯开门时看上去像一个门，实际是两层呢？

图 2–30 井道中的层门

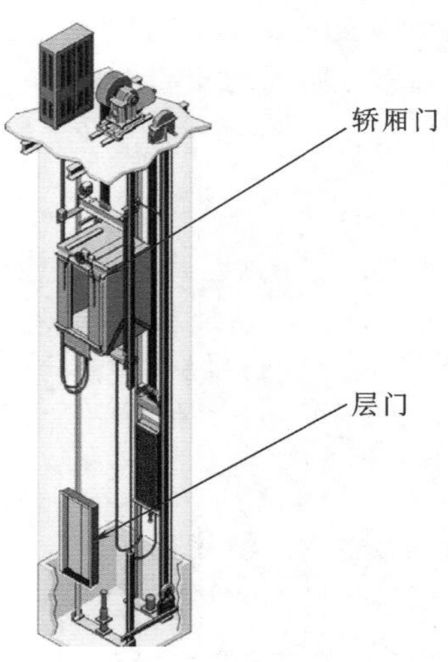

图 2–31 门系统结构

按照结构形式分，层门和轿厢门可分为中分门、旁开门、垂直滑动门、铰链门等。其中，中分门［见图 2–32（a）］主要用在乘客电梯上，旁开门［见图 2–32（b）］主要用在货梯和病床梯上，垂直滑动门主要用在杂物梯和大型汽车电梯上，铰链门在国内很少用，在国外住宅梯中采用较多。

（a）中分门

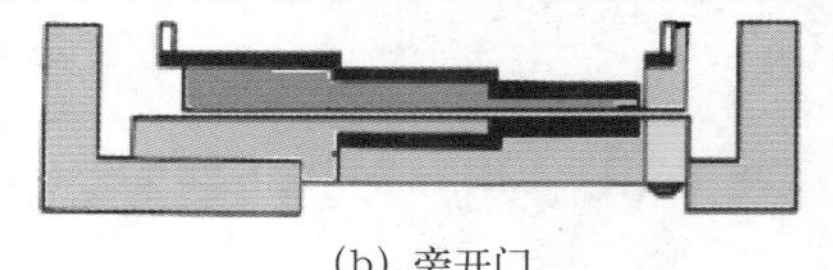

（b）旁开门

图 2–32 门结构

电梯的层门和轿厢门一般由门、导轨架、滑轮、滑块、门框、地坎等组件组成，门一般由薄钢板制成，为了使门具有一定的机械强度和刚性，在门的背面配有加强筋；为了减小门的噪声，门板背面涂贴防震材料。

层门和轿厢门是重要安全保护设施，可以防止人员物品坠入井道或轿厢内乘客和物品与井道相撞而发生危险。

师傅，电梯究竟是怎么打开关闭的呢？

电梯门的开启分为轿厢门的开启和层门的开启。自动开门机是使轿厢门自动开启或关闭的装置，它装设在轿厢门的上方及轿厢门的连接处。层门的开闭是由轿厢门通过门刀带动的。

图 2–33（a）是一变频门机原理图，变频门机的使用，使门系统构造更简单，性能更好。目前乘客电梯多采用变频门机机构。变频门机由电动机带动传动带轮，与传动带轮同轴的齿轮带动同步传动带，使连接在同步传动带上的门扇做水平运动。由于采用了变频电动机，同步传动带，不但省掉了复杂的减速和调速装置，使结构简单化，而且开关平稳，噪声小，还减少了

能耗。图 2–33（b）是变频门机实物图。

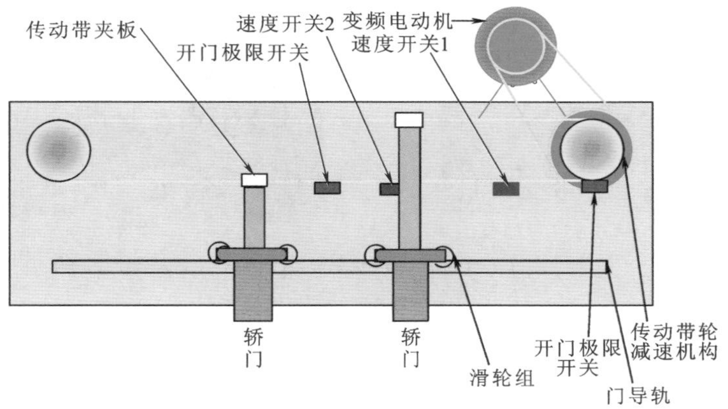

（a）变频门机原理图

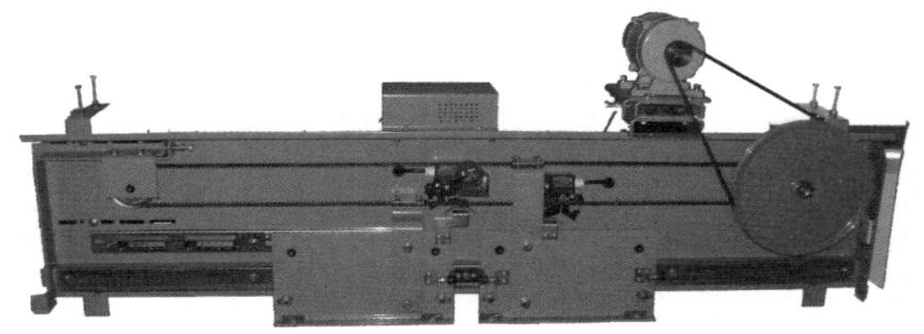

（b）变频门机实物图

图 2–33 变频门机

哦，我看明白了，轿厢门的开关是通过门机控制的，那层门的开关是怎样具体控制的呢？

层门上装有门锁，门锁的启闭是由轿厢门通过门刀来带动的，由轿门上的门刀插入或夹住层门锁滚轮，使锁臂脱钩后跟着轿门一起运动。门刀及门刀的安装位置如图 2–34 所示。

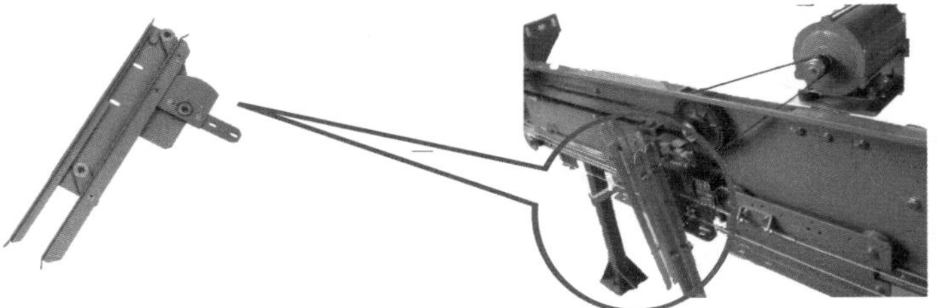

图 2–34 门刀及门刀的安装位置

门锁由底座、锁钩、钩挡、施力元件、滚轮、开锁门轮和电气触点组成。图 2–35 所示为上钩式门锁结构及外形，图 2–36 所示为下钩式门锁外形，是目前使用较多门锁结构。

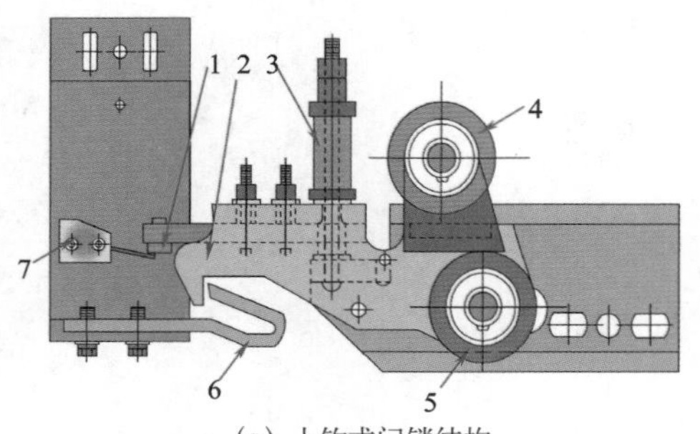

(a) 上钩式门锁结构

(b) 上钩式门锁外形

图 2–35 上钩式门锁结构及外形

1—门锁导电片；2—锁钩与锁杆；3—置位机件；4—滚轮；5—开锁门轮；6—钩挡；7—电气触点

门锁的安装如图 2–37 所示。

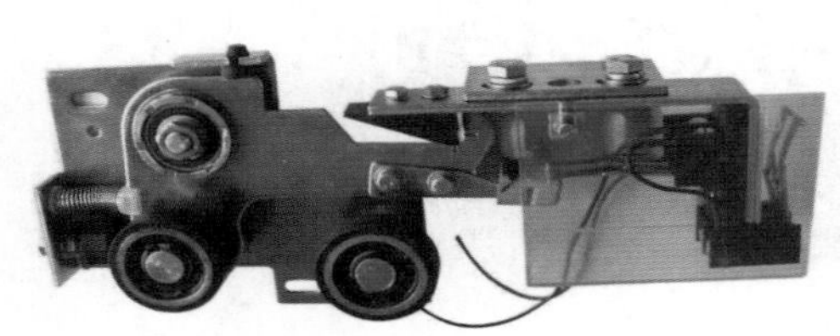

图 2–36 下钩式门锁外形

图 2–37 门锁的安装

轿门开启时门刀首先压动上面的开锁轮使门锁开启，然后通过门锁带动右门扇向右开启，同时通过传动钢丝绳使左边门扇也同步向左侧开启，这就是门机的启闭原理。

图 2–38 的门锁在轿厢停在层站时，门刀就卡在门锁轮两侧。开门时，门刀向左推动锁臂滚动，使锁臂顺时针转动脱离锁钩，同时锁臂头上的导电座与电开关触点脱离，当锁臂的转动被限位挡块挡住时，门刀的开锁动作结束，厅门被带动。厅门的移动使得脱离碰轮被挡块挡住而顺时针翻转，在拉簧的作用下，动滚轮随之迅速靠向门刀，两个动滚轮将刀夹住。

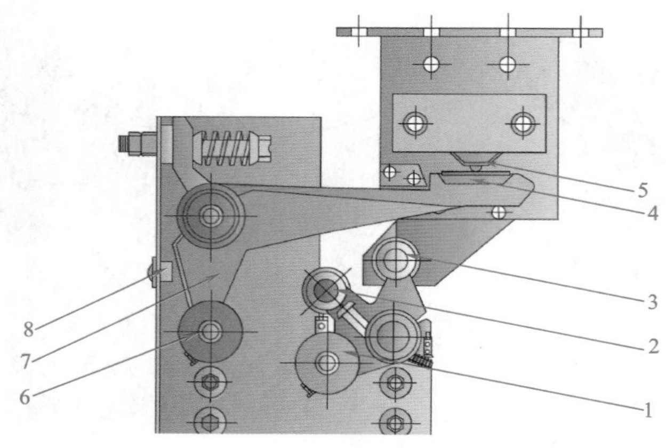

图 2–38 下钩式门锁结构

1—动滚轮；2—脱离碰轮；3—夹紧碰轮；4—导电座；5—门锁电气触点；6—动滚轮；7—锁臂；8—限位挡块

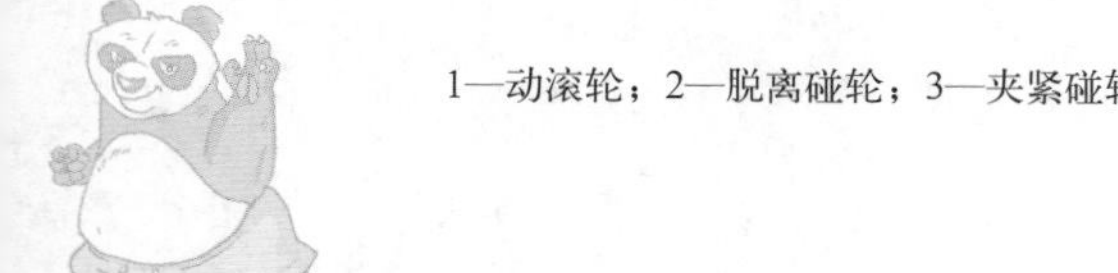

关门时，门刀向右推动动滚轮，接近闭合位置时，夹紧碰轮被挡块挡住而逆时针翻转，带动整个滚轮座迅速翻转复位，使动滚轮脱离门刀，锁臂在弹簧力的作用下与锁钩锁合，导电座与门锁电气触点接触，电梯控制电路接通。

这种门锁在锁合时同样需要以门的动力将上滚轮翻转，但由于只需要克服拉力较小的拉簧拉紧力，使门扇可以以较小的速度闭合，从而减小了冲击。

思考一下，门锁电气触点的作用。

电梯门安全保护装置分为三种：安全触板式保护、光电式保护和光幕式保护（2D或3D）。

安全触板（见图 2–39）属于电梯轿门上的一个软门，两块铝制的触板由控制杆连接，悬挂在轿门开口边缘，平时由于自重凸出门扇边缘约 30 mm，当关门时若有人或物在门的行程中，安全触板将首先接触并被推入，使控制杆触动微动开关，将关门电路切断接通开门电路，使门重新开启。

光电式保护装置是在轿门边上设两组水平的光电装置，为防止可见光的干扰一般用红外光。两道水平的红外光好似在整个开门宽度上设了两排看不见的“栏杆”，当有人或物在门的行程中遮断了任一根光线都会使门重新开启。

光幕（见图 2–40）是一种光线式电梯门安全保护装置，适用于客梯、货梯，保护乘客的安全。由安装在电梯轿门两侧的红外发射器和接收器、安装在轿顶的电源盒及专用柔性电缆四大部分组成。在发射器内有 32 个（16 个）红外发射管，每一个红外发射管都对应一个相应的红外接收管，且安装在同一条直线上。在 MCU 的控制下，发射管依此打开，自上而下连续扫描轿门区域，形成一个密集的红外线保护光幕。当其中任何一束光线被阻挡时，控制系统立即输出开门信号，轿门即停止关闭并反转开启，直至乘客或阻挡物离开警戒区域后电梯门方可正常关闭，从而达到安全保护目的，这样可避免电梯夹人事故的发生。

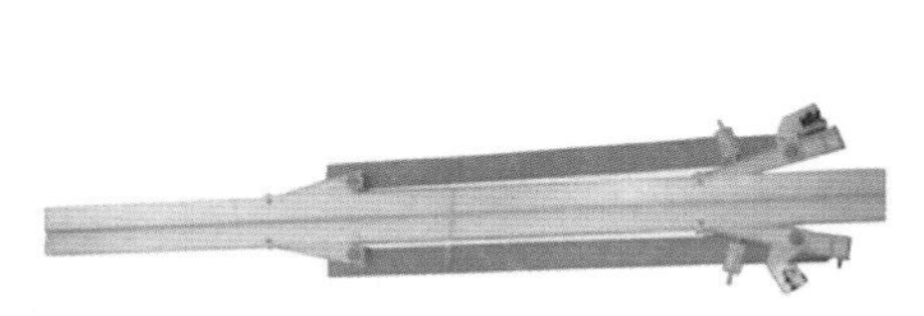

图 2–39 安全触板

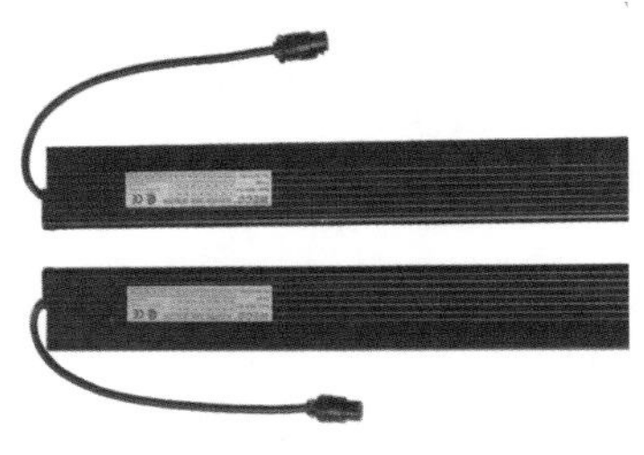

图 2–40 光幕

子任务五 了解导向系统

电梯要在一个固定平行的方向上平稳运行。徒儿，一定要把握好方向啊！

电梯的轿厢和对重要沿着各自的导轨做升降运动，使两者在运行中平稳。导向系统功能就是限制轿厢和对重的活动自由度，只能沿着左右两侧的竖直方向的导轨上下运行，使电梯不会有偏摆。

不论是轿厢导向系统和对重导向系统均由导轨、导靴和导轨架组成，如图 2-41 所示。

电梯的导向系统包括轿厢导向系统和对重导向系统两部分，如图 2-42 和图 2-43 所示。

图 2-41 导向系统组成

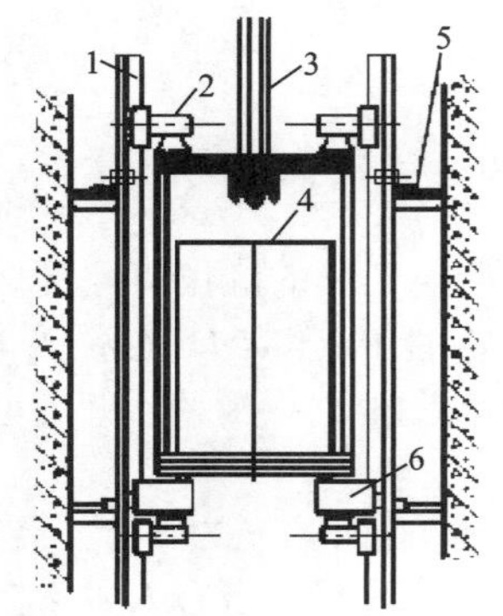

图 2-42 轿厢导向系统的立面图

1—导轨；2—导靴；3—曳引钢丝绳；4—轿厢；5—导轨架；6—安全钳

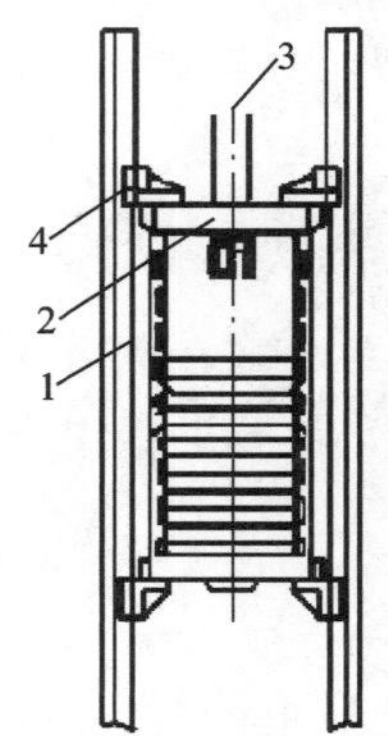

图 2-43 对重导向系统的立面图

1—导轨；2—对重；3—曳引钢丝绳；4—导靴

另外，连接轿厢和对重的曳引钢丝绳，如果楼层高了，曳引钢丝绳就更长了，自身的重量也增多了，通过连接在轿厢底和对重的补偿链起着两边重量平衡的补偿作用。这样，导向系统配合了重量平衡系统，从而保证了电梯曳引传动的正常、运行的平衡可靠。

电梯导向系统的主体构件是导轨和导靴；重量平衡系统的主体构件是对重装置和重量补偿装置。

(1) 导轨。电梯导轨，是由钢轨和连接板构成的电梯构件，它分为轿厢导轨和对重导轨。从截面形状分为 H 形,T 形和空心三种形式(见表 2-13)。导轨在起导向作用的同时，承受轿厢，电梯制动时的冲击力，以及安全钳紧急制动时的冲击力等。这些力的大小与电梯的载重量和速度有关，因此应根据电梯速度和载重量选配导轨。通常称轿厢导轨为主轨，对重导轨为副轨。

表 2–13 导轨的类型

导 轨 类 型	使 用 范 围	图　片	备　注
空心导轨	只能用于没有安全钳的对重导轨，如 TK3A		TK3A 表示 3kg/m、地面折边的对重空心导轨
热轧 H 型钢导轨	只能用于速度不大于 0.4 m/s的电梯		翼缘宽、侧向刚度大、抗弯能力强；
T 型导轨	能广泛应用于各类电梯，如 T89、T127 等		T127 表示导轨背面宽度为 127 mm 的 T 型导轨

架设在井道空间的导轨是从下而上，由于每根导轨一般为 3 ～ 5 m，因此必须进行连接安装，在连接安装时，两根导轨的端部要加工成凹凸形的榫头与榫槽楔合定位，底部用连接板将两根固定，如图 2–44 所示。

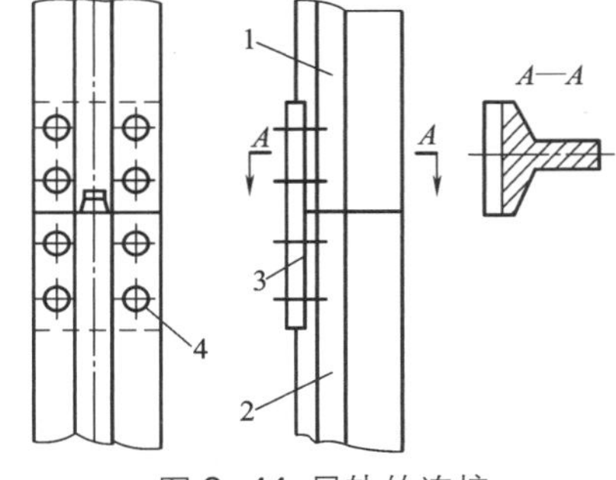

图 2–44 导轨的连接

1—上导轨；2—下导轨；3—连接板；4—螺栓孔

导轨不能直接紧固在井道内壁上，它需要固定在导轨架上，固定方法一般不采用焊接或用螺栓连接，而是用压板固定法，如图 2–45 所示。导轨安装固定会使用激光校正仪来检测平行度和歪曲度，激光校正仪外形如图 2–46 所示。

(2) 导靴。导靴的凹形槽（靴头）与导轨的凸形工作面配合，使轿厢和对重装置沿着导轨上下运动，防止轿厢和对重装置运行过程中偏斜或摆动。

导靴分别装在轿厢和对重装置上。轿厢导靴安装在轿厢上梁和轿厢底部安全钳座（嘴）的下面，共四个。对重导靴是安装在对重架的上部和底部，一组共四个。实际上导靴是在水平方向固定轿厢与对重装置的位置。导靴的类型见表 2–14。

图 2–45 井道导轨安装图

图 2–46 激光校正仪外形

徒儿，电梯导靴就是电梯运行的紧箍咒！可不能脱控了！

表 2–14　导靴的类型

导靴的类型	使 用 范 围	图　片	备　注
固定滑动导靴	一般使用于速度低于 0.63 m/s 的货梯，需要润滑		导靴座为铸件或钢板焊接件，靴衬由摩擦系数低，滑动性能好、耐磨的尼龙制成
弹性滑动导靴	广泛使用于中高速电梯，需要润滑		与固定滑动导靴不同的是，其靴头和靴衬在靴轴方向有一定的伸缩弹性，可以吸取一定的振动
滚动导靴	一般使用于 $v > 2.0$m/s 的高速电梯，无需润滑		三个由弹簧支撑的滚轮代替滑动导靴的靴头和靴衬

一个导靴一般可以看成是由带凹形槽的靴头、靴体和靴座组成，如图 2–47 所示。简单的导靴可以由靴头和靴座构成。靴头可以是固定的，也可以流动（滑动）的；靴头可以是凹形槽与导轨配合，也可以用三个滚轮与导轨配合运行。

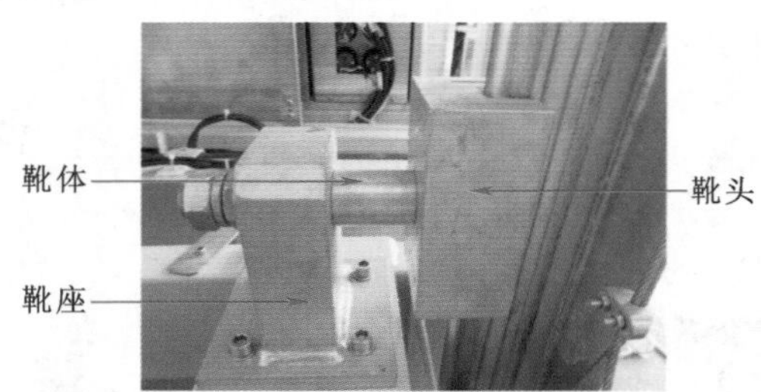

图 2–47　导靴外形图

（3）导轨架。导轨架是导轨的支承件，被安装在井道壁上。它固定了导轨的空间位置，并承受来自导轨的各种作用力。

导轨架有各种形状，常见的有山形导轨架（轿厢导轨架）、L 形导轨架（对重导轨架）、框形导轨架（轿厢、对重导轨共用架）三种。

固定导轨架还有这么多方法，牢不牢就靠固定与安装方法了（见表2–15）！加油干！

表 2-15 导轨架的固定与安装方法

方法分类	安装方法	安装图
用地脚螺栓	将尾部预先开叉的地脚螺栓固定在井壁中，埋入深度不小于 120 mm，然后将导轨架旋紧固定	1—导轨架；2—地脚螺栓
用膨胀螺栓	以膨胀螺栓代替地脚螺栓，不需预先埋入，只需在现场安装时打孔，放入膨胀套筒螺母，然后拧入螺栓，至螺栓被胀开固死即可，因此具有简单、方便、灵活可靠的特点，是目前常用的一种安装方法	1—导轨架；2—膨胀螺栓
预埋钢板弯钩	预先将钢板弯钩按导轨架安装位置埋在井道壁中，在安装时将导轨架焊在上面。为了保证强度，焊缝应是双面的	1—导轨架；2—钢板弯钩
用螺栓穿入紧固	当井道壁的厚度小于 100 mm 时，以上几种方法都不能采用，这时可采用螺栓穿入紧固，同时要在外部加垫尺寸不小于 100 mm×100 mm×10 mm（长×宽×厚）的钢板	1—导轨架；2—螺栓；3—钢板垫
预埋导轨架	在土建时，井道壁上预留埋入孔，然后在安装时将导轨架端部开叉埋入，深度不小于 120 mm	1—导轨架；2—井道壁

子任务六 了解安全部件

目前，电梯被广泛用于各种公共场所，是人们日常生活中的一种重要交通工具。为保证电梯运行安全可靠，电梯上设置了多种机械、电气安全保护装置。只要这些安全装置都能够正常、有效地起到各自应有的作用，就可确保电梯安全、可靠地运行。

项目开篇中介绍的电梯惊魂事件都是血的教训，那我们一定要注意电梯的安全哦！我们有必要学习一下电梯技术条件(GB 10058—2009)中有关电梯安全的条款。

我国电梯技术条件(GB 10058—2009)规定电梯应具有以下安全装置或保护功能，并应能正常工作：

(1) 供电系统断相、错相保护装置或保护功能。

(2) 限速器−安全钳系统联动超速保护装置，检测限速器或安全钳动作的电气安全装置以及检测限速器绳断裂或松弛的电气安全装置。

(3) 终端缓冲装置（对于耗能型缓冲器还包括检查复位的电气安全装置）。

(4) 超越上、下极限工作位置时的保护装置。

(5) 层门门锁装置及电气联锁装置：

① 电梯正常运行时，应不能打开层门；如果一个层门开着，电梯应不能启动或继续运行（在开锁区域的平层和再平层除外）；

② 验证层门锁紧的电气安全装置；证实层门关闭状态的电气安全装置；紧急开锁与层门的自动关闭装置。

(6) 动力操纵的自动门在关闭过程中，当人员通过入口被撞击或即将被撞击时，应有一个自动使门重新开启的保护装置。

(7) 轿厢上行超速保护装置。

(8) 紧急操作装置。

(9) 不应设置两个以上的检修控制装置。

(10) 轿厢内以及在井道中工作的人员存在被困危险处应设置紧急报警装置。

(11) 停电时，应有慢速移动轿厢的措施。

限速器、安全钳、缓冲器、门锁是电梯的四大安全部件。

1. 限速器−安全钳

限速器 − 安全钳是电梯中最重要的一道安全保护装置，又称断绳保护和超速保护。

如图 2−48 所示，限速器 − 安全钳装置由限速器、限速钢丝绳、安全钳、安全操作拉杆、张紧轮等组成。其中，限速器位于机房，安全钳位于轿厢，张紧轮位于底坑，限速钢丝绳绕过限速器，底坑张紧装置并固定在轿厢的楔块上。限速器实物图如图 2−49 所示，安全钳实物图如图 2−50 所示。

一旦电梯由于超载，打滑，断绳，失控等原因，造成电梯轿厢超速下落，限速器 − 安全钳动作，轿厢紧紧卡在两列轨道之间，起到了安全保护的目的。

当轿厢运行时，通过限速钢丝绳带动限速轮旋转，一旦轿厢向下运行速度超过电梯额定速度的 115%，限速器电气开关动作，切断安全回路，使电动机掉电，制动器上闸；甩块在离心力的作用下，使限速器机械动作，卡住限速钢丝绳。由于轿厢继续向下运行，相当于限速钢丝绳将安全钳提起，使轿厢紧紧地卡在两列轨道之间。

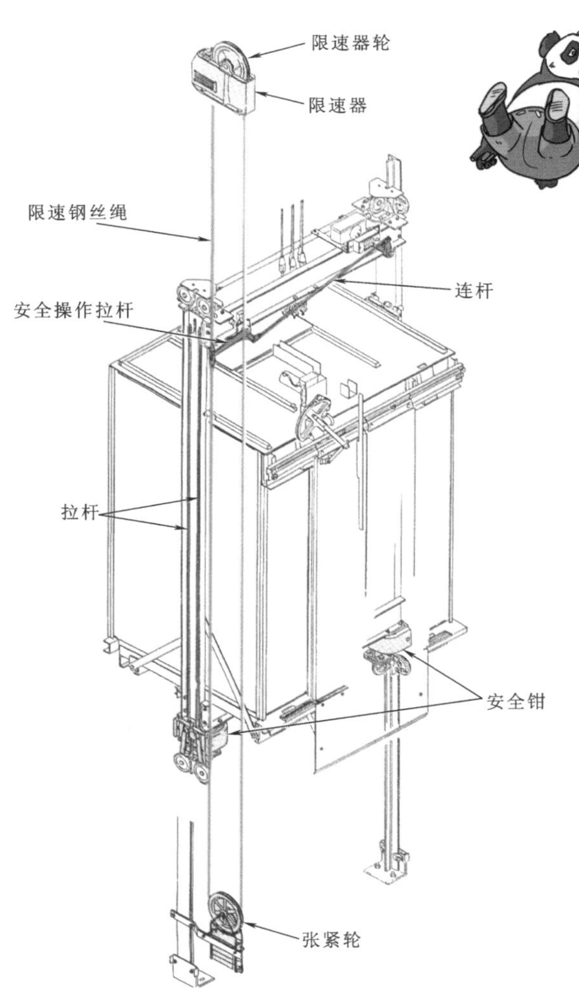

图 2–48 限速器－安全钳

呵呵，现在更加明白制动器的作用了。

图 2–49 限速器实物图

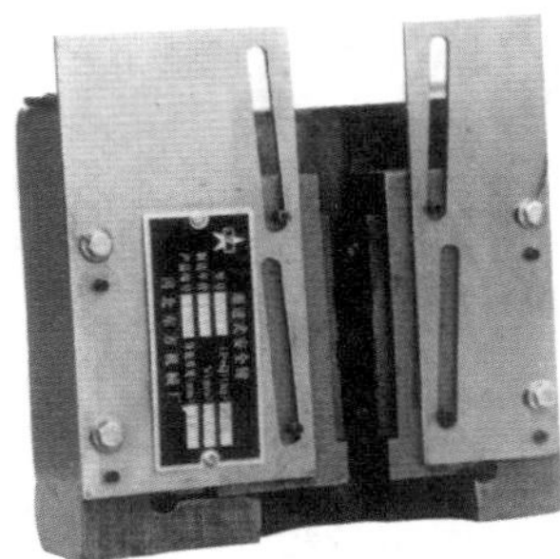

图 2–50 安全钳实物图

限速器又分为单向限速器和双向限速器，分别如图 2–51 和图 2–52 所示。

图 2–51 单向限速器

图 2–52 双向限速器

限速器和安全钳是如何工作的呢？认真看图2–53和图2–54就能明白了。

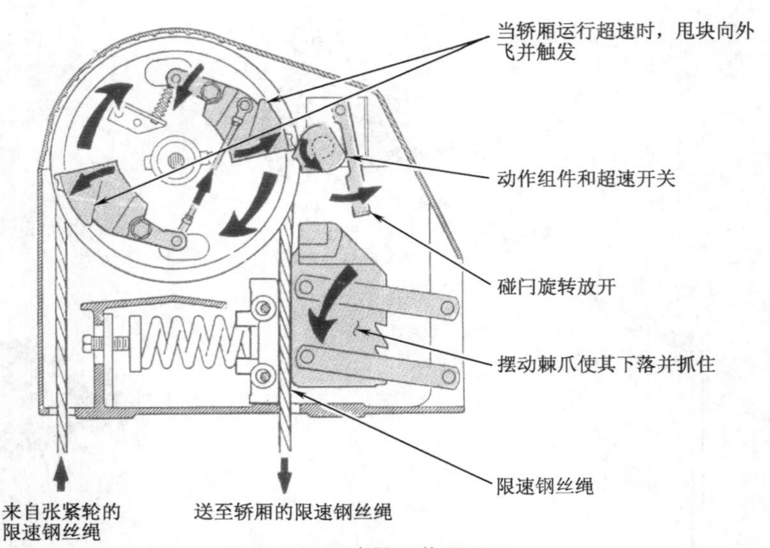

图 2–53 限速器工作原理图

2．**缓冲器**

缓冲器是电梯安全保护系统中最后一道保护装置。

当电梯的极限开关，制动器，限速器 – 安全钳都失控或未及时动作，轿厢或对重装置已坠落到井道底坑发生“蹲底”现象时，井道底的轿厢缓冲器或对重缓冲器将吸收和消耗下坠轿厢或对重的能量，使其安全减速，停止，起到安全保护作用。

缓冲器安装在底坑内，2 t 以上货梯轿厢下装有两个缓冲器，2 t 以下货梯轿厢下装有一个缓冲器 ；对重侧只装一个缓冲器。

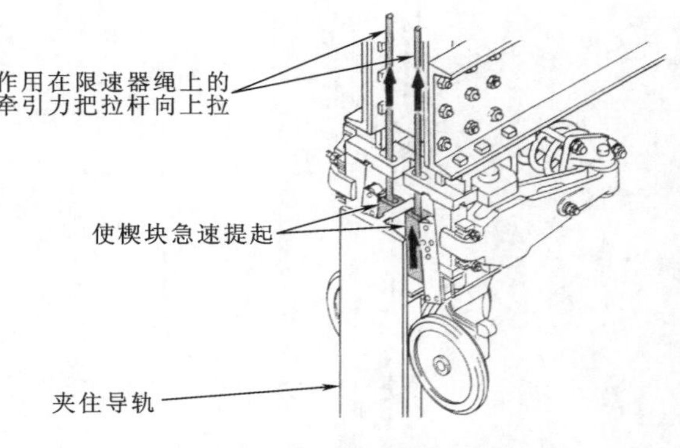

图 2–54 安全钳工作原理图

缓冲器主要有弹簧缓冲器和液压缓冲器两种(见图 2–55)。弹簧缓冲器是一种蓄能型缓冲器，常用于低速电梯 ($v \leqslant 1.0$ m/s) 中，由缓冲胶垫，缓冲座，圆柱螺旋形压缩弹簧和弹簧座组成。

液压缓冲器是一种耗能型缓冲器，常用于快速和高速电梯中 ($v \geqslant 1.0$ m/s)。其基本原理是按照小孔节流作用将轿厢（或对重）缓冲器所具有的动能转化为热能和压实缓冲器形成的势能。

(a) 弹簧缓冲器

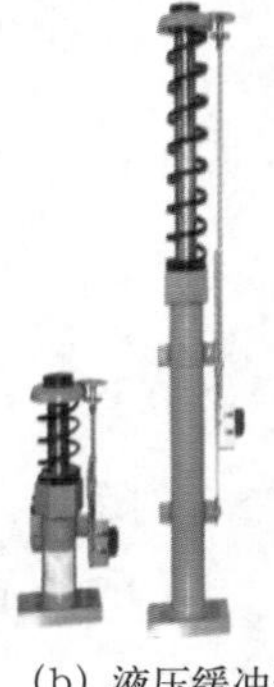

(b) 液压缓冲器

电梯的故障及事故80%以上都发生在门系统上，故门系统是电梯监督检验和安全监察的重点。

图 2–55 缓冲器

3. 门锁装置

平时所有的电梯层门都应关上（轿厢所在楼层除外），锁钩必须与锁壳内相应钩子构件钩牢，使电气联锁触点完全接通。当电梯运行时，门锁回路必须接通，即所有层门和轿门完全关闭，电梯才能运行。只有轿厢所在楼层层门可以被开启，其余层门决不允许被开启。

这里介绍了机械的安全部件，电气安全措施见电气系统的传感认知部分

知识、技术归纳

电梯机械部分的构建包含了驱动方式的合理选择、轿厢的舒适、平衡系统的配重优化和导向系统的稳固安装。通过本任务的学习，认识了电梯的曳引系统、轿厢系统、平衡系统、门系统和导向系统等机械部分，在此基础上重点强调了电梯的安全部件，借以增强电梯安全意识。

工程创新素质培养

合理选择选择机械部件的构成方案，考虑如何选择驱动方式、轿厢系统、平衡系统和导向系统，查阅资料选择合适的机械器件，并且引申到其他各种类型电梯中机械系统的应用，试着分类列举。

任务三　电梯的电气系统认知

任务目标

1. 认识电梯的传感系统主要元器件，并会安装调整；
2. 理解电气控制系统的组成及主要元器件的简单调试；
3. 理解电梯通信网络与人机界面的主要功能。

子任务一　了解传感系统

哈哈，传感系统我有点了解，传感器就相当于我们的五官，可电梯有哪些眼睛、耳朵呢？

对照实物，你能回答下面几个问题吗？

Q1：电梯怎么知道轿厢平层了呢？

电梯轿厢按轿厢内或轿厢外指令运行进入到平层区时，平层隔磁（或隔光）板即插入感应器中，切断干簧感应器磁回路（或遮挡电子光电感应器红外线光线），接通或断开有关控制电路，控制电梯自动平层。

平层感应装置安装在轿顶上，平层隔磁（隔光）板安装在每层站平层位置附近井道壁上。常见的平层传感器有以下几种类型（见图 2–56）。

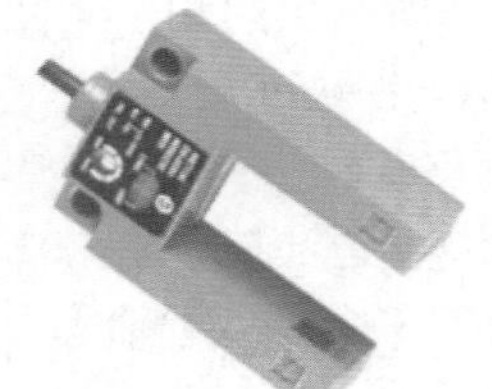

（a）光电式平层传感器

（b）双稳态平层传感器

（c）干簧管平层传感器

图 2–56 平层传感器

THJDDT–5高仿真电梯平层传感器（见图2–57）

THJDDT–5高仿真电梯平层传感器采用了干簧管、门驱双稳态开关(见图2–58)作为平层传感器。其中干簧管用作换速，当干簧管有信号输出的时候，曳引机切换到低速运行，实现到达预定层站时提前一定距离减速。

当电梯向上运行时，门驱双稳态开关接近或路过感应磁钢的S极时动作，接近或路过感应磁钢的N极时复位；反之，当电梯向下运行时，门驱双稳态开关接近或路过感应磁钢的N极时动作，接近或路过感应磁钢的S极时复位，此时输出电信号，实现控制电梯到站平层停靠。门驱双稳态开关与感应磁钢的距离应控制在6～8 mm之间。

图 2–57 THJDDT–5 高仿真电梯平层传感器

图 2–58 门驱双稳态开关

除了用开关量作为平层信号，还可以用数字量作为平层信号。

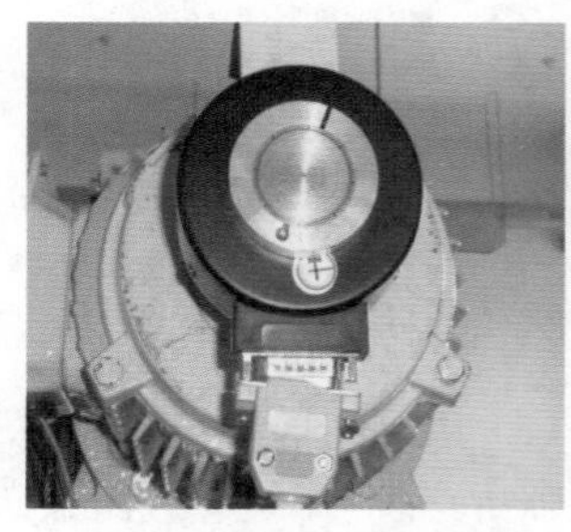

图 2–59 旋转编码器

用旋转编码器（见图 2–59）提供的数字脉冲，再经由 PLC 计数运算处理信号，得出轿厢的位置从而发出减速、平层信号。采用这种技术后，可以省去井道内许多开关，从而提高电梯的稳定性，减少故障。

THJDDT-5高仿真电梯设备用旋转编码器进行平层信号时，应将每一楼层的编码器值赋予在相应D型变量中，复位初始化完成后，对高速计数器复位并赋初值，运行过程中，根据电梯的上下行来设置高速计数器的增减方向，并根据当前编码器值与记录的每一个楼层值比较，以确定轿厢当前在哪个楼层范围，PLC根据数值发出减速、平层信号。

Q2：如果电梯发生冲顶或蹲底时，如何使轿厢停止运行呢？

智能电梯的位置检测分为三大类：端站强迫换速开关、端站限位开关、端站极限开关。端站强迫换速开关用于控制轿厢的加速和减速过程；端站限位开关控制轿厢在每个层站的停靠位置；端站极限开关控制轿厢在井道里的极限运行位置。

位置检测通常用接近开关（又称位移传感器）来实现，根据工作原理及工作方法不同，接近开关可以分为多个种类。端站开关信号示意图如图 2-60 所示。

THJDDT-5 电梯设备为防止轿厢发生冲顶或蹲底，安装的顶层及底层的上、下极限位开关在轿厢超程时会发出报警信号（见图 2-61）并切断控制电路，使轿厢停止运行，保证电梯不超出行程范围。

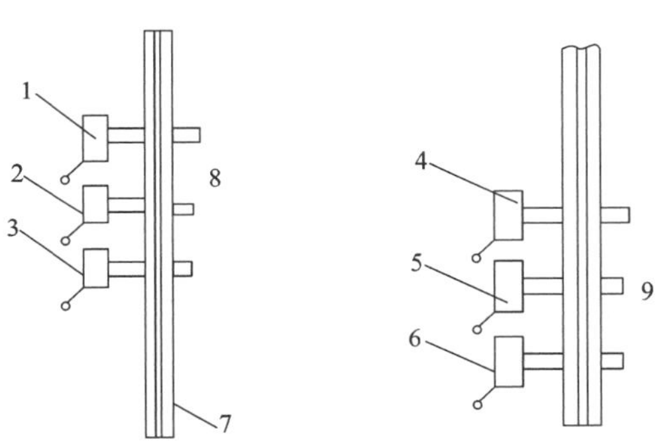

图 2-60 端站开关信号示意图

1、6—终端极限开关；2—上限位开关；3—上强迫减速开关；4—下强迫减速开关；5—下限位开关；7—导轨；8—井道顶部；9—井道底部

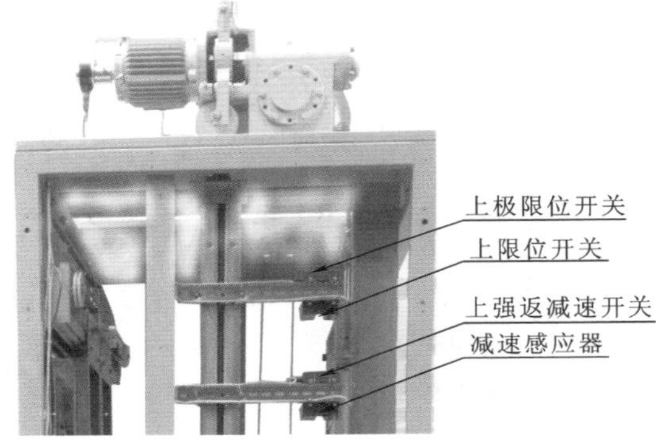

图 2-61 THJDDT-5 上极限位信号

Q3：怎么保证电梯不超载呢？

哈哈，这个问题简单，在轿厢系统中已经学习了，这里再回忆一下哦！

Q4：电梯怎么知道轿厢门、层门已关闭，可以启动了呢？

还记得门系统中的门锁吗？每个门锁都有一个门关到位的检测信号，只有所有层门信号和轿厢门信号都到位了，轿厢才能启动。门锁电气触点如图2-62所示。

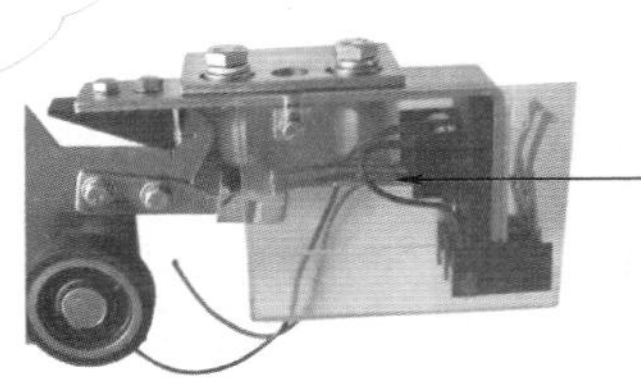

图 2-62 门锁电气触点

Q5：电梯怎么知道在哪一层有人需要进电梯并且去往哪一层呢？

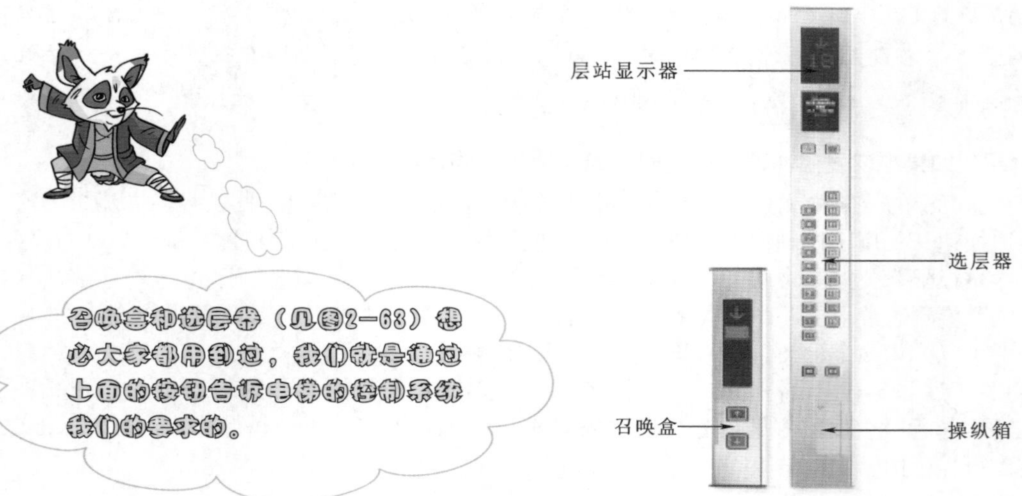

图 2–63 召唤盒与选层器

召唤盒，供厅外乘用人员召唤电梯。
选层器，供轿厢内人员选择去往站层。

Q6：怎么保证人进入电梯时不被电梯门夹住呢？

这个问题我也知道了，安全触板、安全光幕都是基本的安全保护装置。我还查了资料，还有一个门机力矩安全保护呢。

门机以一定的力矩同时关闭轿厢门和厅门时，当有物体或人夹在门中时，就增加了关门力矩，门机力矩安全保护装置使轿厢门和厅门自动重新打开，从而避免事故发生。

THJDDT–5 高仿真电梯实训装置上使用了门安全触板和模拟安全光幕，如图 2–64 所示。

轿厢门的边沿上，装有三对检测传感器（对射传感器），检测到轿门之间有物体时，门始终打开，避免事故发生。

传感检测系统里还有很多和电气安全措施有关的信号哦！

层门门锁信号、轿厢门安全信号、超载传感器信号、上（下）限位开关信号、上（下）终端限位开关信号都是和电气安全措施有关的信号。

此外还有急停开关、相序继电器（见图 2–65）等安全电气设备。

急停开关装于轿厢操纵盘上，当发生异常情况时，按此按钮切断电源，电磁制动器制动，电梯紧急停车。

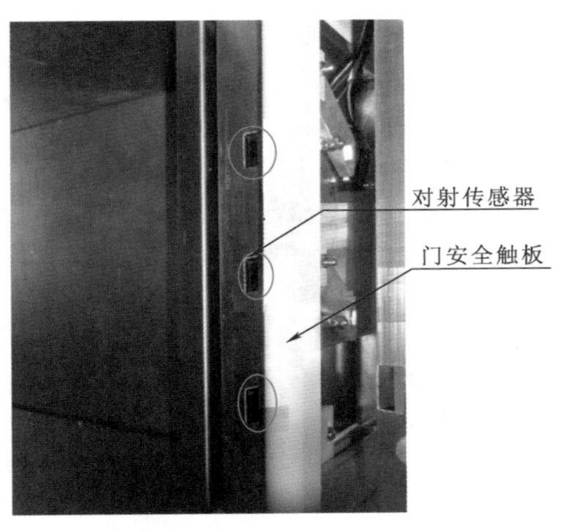

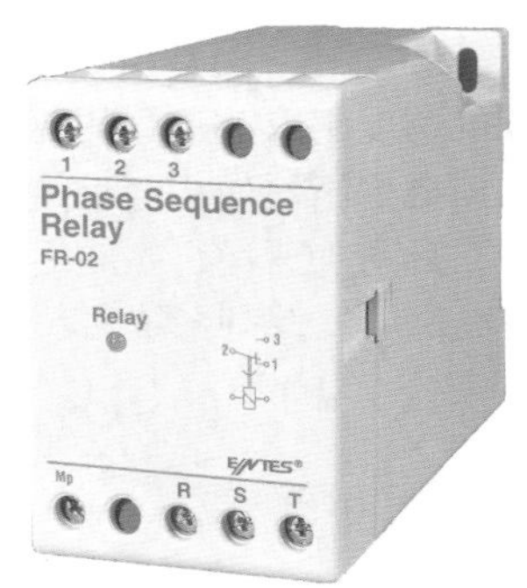

图 2–64 THJDDT–5 高仿真电梯实训装置上的模拟安全光幕　　图 2–65 相序继电器

交流电梯中，电梯的向上与向下运行是通过改变电动机供电电压的相序实现的，当相序发生错误时，会使上与下运行反向。在控制系统中必须采用相序保护，否则会造成人身和设备的事故。

子任务二 了解电气控制系统

电梯的机械系统就像人的身体，电气控制系统就像人的大脑中枢神经！

师傅，虽然我很胖，但我脑子很灵活！做事也很有效率！

电梯的电气控制系统（见图 2–66）主要有继电器控制、PLC 控制和微机控制三类。目前 PLC 控制电梯产品占据了主要市场，PLC 控制虽然没有微机控制功能多、灵活性强，但它综合了继电器控制与微机控制的许多优点，使用简便，易于维护。

(a) PLC控制　　(b) 微机控制

图 2–66 电梯的电气控制系统

目前使用的电梯 PLC 主要是国外品牌，如三菱、松下、西门子，也有国内工控厂家设计的 PLC。

电梯电气控制系统实现对电梯的运行实行操纵和控制等功能，包括启动、运行、减速、停车、开关门等，均是由信号控制系统控制实现的。根据不同的用途，电梯可以有不同的载荷、不同的速度，以及不同的驱动与控制方式。即使相同用途的电梯，也可采用不同的操纵控制方式。但电梯不论使用何种控制方式，总是按照轿内指令或层站召唤信号的要求，首先向上（或向下）启动加速运行，然后匀速运行，在临近停靠站时减速制动、平层停车、自动开门。

电梯电气控制系统各环节的联系如图 2–67 所示。

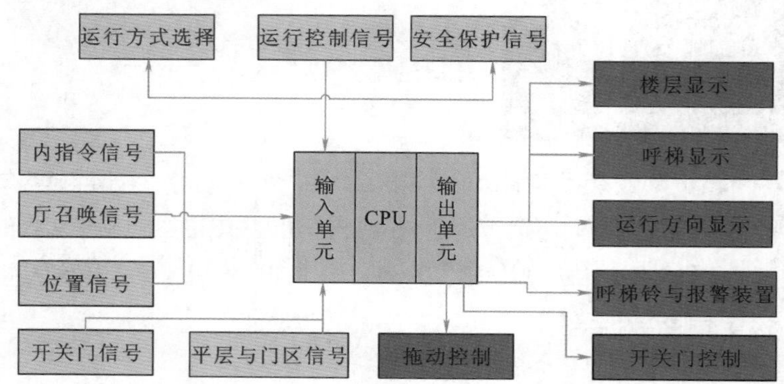

图 2–67 电梯电气控制系统各环节的联系

THJDDT–5 高仿真电梯实训装置的外观与电气控制柜布置图如图 2–68 所示。

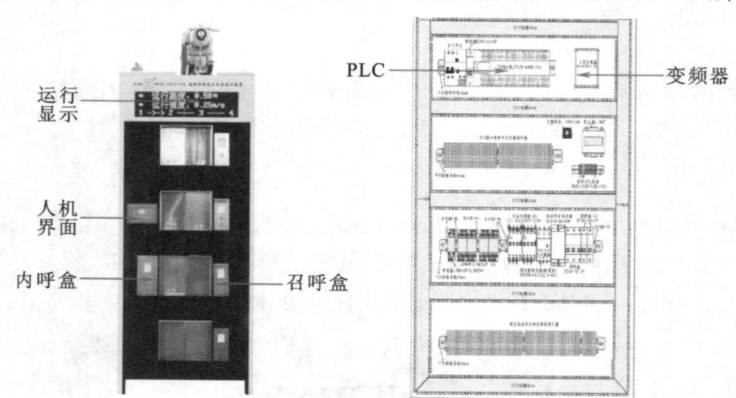

图 2–68 THJDDT–5 高仿真电梯实训装置的外观与电气控制柜布置图

我来把把脉，看看“神经系统”上有哪些部件是不可忽视的？

1. 可编程序控制器（PLC）

THJDDT–5 型的两台电梯各有一个电气控制柜，每个控制柜的核心控制器就是三菱 FX2N–64MR 可编程控制（PLC）。它就像人体的大脑一样，思考每一个动作、每一招、每一式，指挥电梯的上下运动，是智能电梯的核心部件。

FX2N−64MR 是三菱 PLC FX2N 系列中最先进的系列。有高速处理及可扩展大量满足单个需要的特殊功能模块，灵活性和控制能力强，可扩展到 256 点，其外形结构如图 2−69 所示。

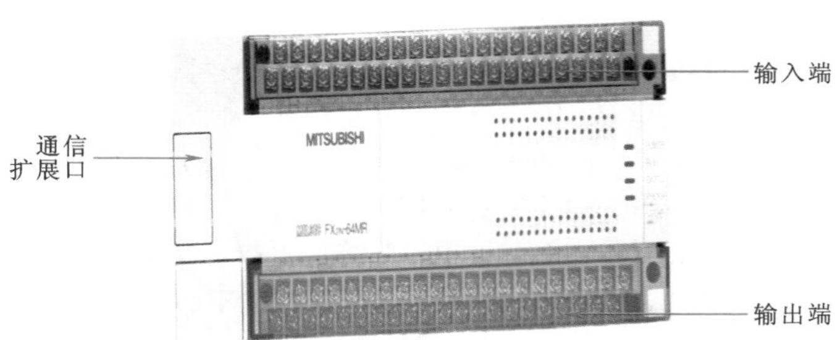

图 2−69 FX2N−64MR 外形结构

控制 I/O 点数有 64 点（输入 32 点 / 输出 32 点，继电器方式）；内置 8 KB 容量的 RAM 存储器，最大可以扩展到 16 KB；CPU 运算处理速度 0.08 μs/ 基本指令；在 FX2N 系列右侧可连接输入 / 输出扩展模块和特殊功能模块；基本单元内置 2 轴独立最高 20 kHz 定位功能（晶体管输出型）。

内置高速计数器功能，可以用来编码器来做楼层的精确定位！

FX2N 内置高速计数器功能，X000 ～ X007 端口可作为高速计数器输入端口、中断输入口，可用于脉冲捕捉，也可作为普通输入口。

PLC 内置有 21 点高速计数器 C235 ～ C255，每一个高速计数器都规定了其功能和占用的输入点。每一个高速计数器都规定了不同的输入点，但所有的高速计数器的输入点都在 X000 ～ X007 范围内，并且这些输入点不能重复使用。例如，若使用了 C251，因为 X000、X001 被占用，所以这两个输入点的其他高速计数器，如 C252、C254 等都不能使用。

高速计数器的选用：

THJDDT−5型电梯曳引机上连接的同轴编码器A、B线分别接在PLC的高速脉冲计数输入点X0、X1上，程序设计选用C251计数器，用作二相二计数输入的高速计数，即每一计数器占用两点高速计数输入，其中一点为A相计数输入，另一点为与A相相位差90°的B相计数输入。

高速计数器 C251 ～ C255 的功能和占用的输入点见表 2−16。

表 2−16 高速计数器 C251 ～ C255 的功能和占用的输入点

输入点 / 计数器名称	X000	X001	X002	X003	X004	X005	X006	X007
C251	A	B						
C252	A	B	R					
C253				A	B	R		
C254	A	B	R				S	
C255				A	B	R		S

师傅，我乘坐有些电梯感觉很不舒服，有点像蹦极一样！

2. 变频拖动方式

电梯曳引机的拖动方式决定了电梯的运行方式，比如如何上升、下降，也决定电梯的运行速度，这就是乘客乘坐电梯的身体感应。

电梯是垂直运动的运输工具，无需旋转机构来拖动，因而电梯拖动系统实际上就是直线电动机拖动系统。电梯的拖动控制系统经历了从简单到复杂的过程，到目前为止应用于电梯的拖动系统主要有：交流双速电动机拖动系统、交流电动机定子调压调速拖动系统、直流发电机－电动机晶闸管励磁拖动系统、晶闸管直接供电拖动系统、VVVF 变频变压调速拖动系统。表 2–17 所示为五种拖动方式的特点和适用场所。

表 2–17 五种拖动方式的特点和适用场所

拖 动 类 型	特　　点	适 用 场 所
交流双速电动机拖动系统	采用开环方式控制，线路简单，价格较低	一般被用于载货电梯上，这种系统控制的电梯速度在 1 m/s 以下
交流电动机定子调压调速拖动系统	采用晶闸管闭环调速，加上能耗或涡流等制动方式	中低速范围内大量取代直流快速和交流双速电梯
直流发电机－电动机晶闸管励磁拖动系统	调速性能好，调速范围大；机组结构体积大，耗电大，维护工作量较大，造价高	常用于对速度、舒适感要求较高的建筑物中，控制的电梯速度可达 4 m/s
晶闸管直接供电拖动系统	应用较晚，可解决舒适感问题；占地节省、重量轻、技能	世界上最高速度的 10 m/s 电梯就是采用这种拖动方式，其调速比为 1 ：1 200
VVVF 变频变压调速拖动系统	体积小，重量轻，效率高，节能。	速度已达 6 m/s，是目前使用最广泛的拖动方式

目前电梯拖动最常见的方式就是VVVF变频变压调速方式。

THJDDT–5 高仿真电梯实训装置是选用的是三菱 FR–D740 变频器（见图 2–70）。功率范围是 0.4 ～ 7.5 kW，通用磁通矢量控制，6 Hz 时 150% 转矩输出，采用长寿命元器件，内置 Modbus–RTU 协议，内置制动晶体管扩充 PID 三角波功能，柔性 PWM 功能，15 段速调速和模拟量调速，带安全停止功能。

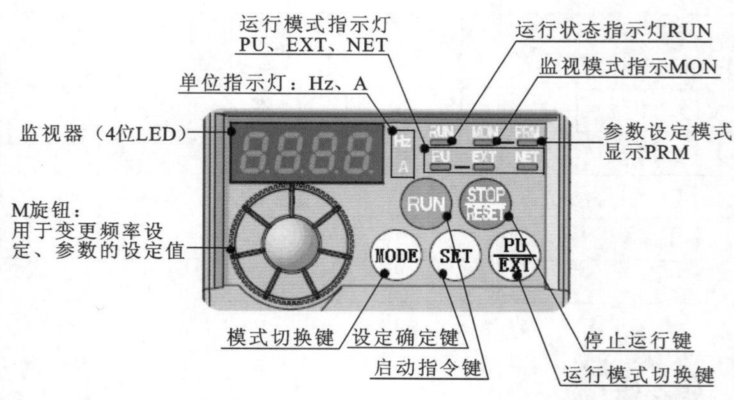

图 2–70 FR–D740 变频器外形和操作面板图

FR−D740 的电气连接如图 2−71 所示。

电梯在上升和下降的启动和停止时，不让乘客有超重和失重的感觉主要是由于变频器对电梯的控制加速度曲线是 S 型的，即启动和停止加速度都比较缓和，而中间过程，加速度比较大，得到较柔和的速度曲线。这样不仅乘坐舒适，而且还可以节能。

THJDDT−5高仿真电梯实训装置中FR−D740变频器根据PLC给出的指令，对电动机的电源频率、电压进行调制，实现电梯的上升、下降、多段调速、加减速等控制，使电梯运行平稳。

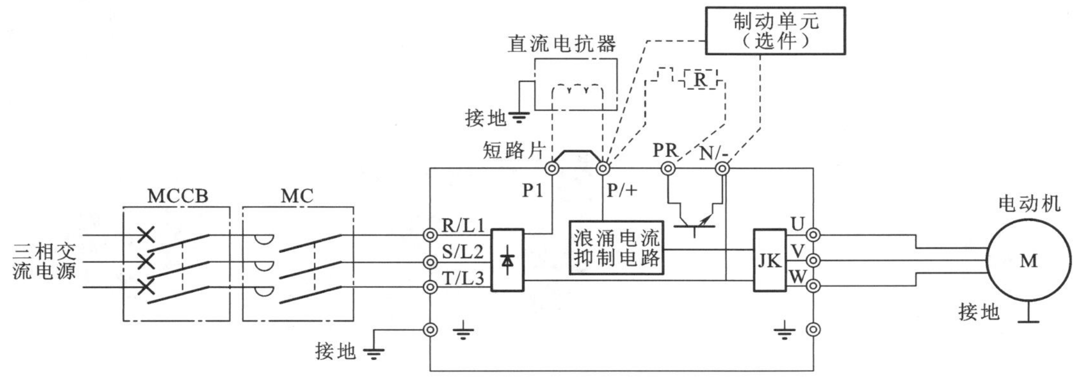

图 2−71 变频器主电路连接

变频器只完成 S 型曲线调速功能（见图 2−72），而逻辑控制部分是由 PLC 完成的。PLC 向变频器发出起停信号，同时变频器也将本身的工作状态输送给 PLC，形成双向联络关系。系统还配置了与电动机同轴连接的旋转编码器，完成速度检测及反馈，形成速度闭环和位置闭环。此外系统还必须配置制动电阻元件，当电梯减速运行时，电动机处于再生发电状态，向变频器回馈电能，抑制直流电压升高。

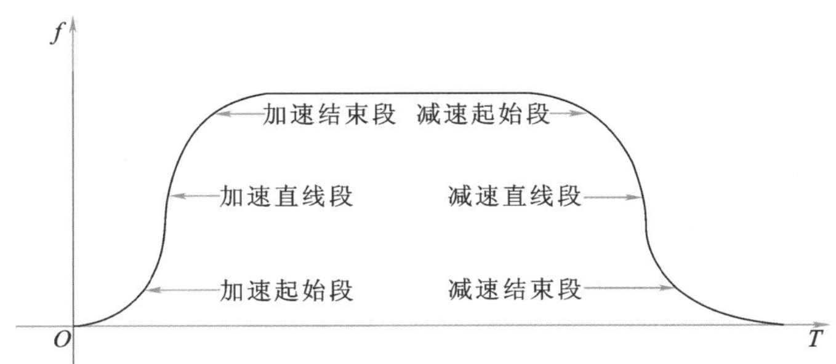

图 2−72 电梯运行 S 型曲线

目前传统电梯中使用的有通用型变频器，也出现一些电梯专用变频器，如汇川 ME320L 变频器，富士 FRN−LIFT 变频器，安川 G5A4015 变频器等。

乘坐电梯，按钮一定要操作方便，指示清晰，还要能方便一些特殊人群。

3．呼叫显示

乘客入轿厢后按下要去的目的层站按钮，按钮灯便亮，即轿内指令登记，运行到目的层站后，该指令被消除，按钮灯熄灭。电梯的层站召唤信号是通过各个楼层门口旁的按钮来实现的。信号控制或集选控制的电梯，除顶层只有下呼按钮，底层只有上呼按钮外，其余每层都有上下召唤按钮。

操纵箱包括运行方式开关、指令按钮、方向按钮、开关门按钮、检修运行开关、警铃按钮、直驶按钮、风扇开关、召唤蜂鸣器、召唤楼层、召唤方向指示灯和照明开关。

智能电梯按钮控制外观图如图 2–73 所示。

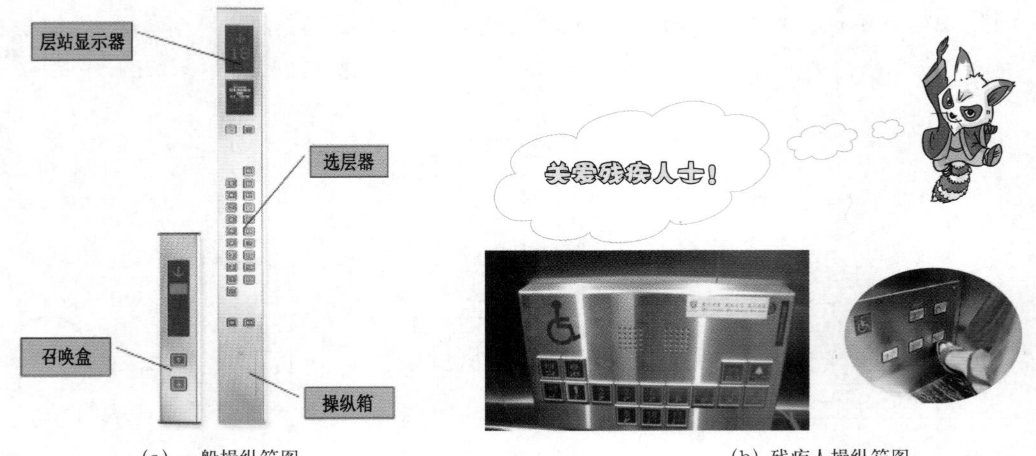

（a）一般操纵箱图　　（b）残疾人操纵箱图

图 2–73　智能电梯按钮控制外观图

电梯轿厢报警对讲，适用于电梯轿厢遇到紧急情况时的呼叫报警。目前大多数电梯采用电信通信传输技术，施工单独布线（两芯电话线缆），轿厢终端摘机后，无须拨号自动呼叫主机，迅速可靠。主机值班员可立刻看到呼叫方位置，按下对应按钮并摘机即可通话。为保证意外停电时本系统能继续工作，主机可采用 UPS 不间断电源供电。轿厢通话器如图 2–74 所示。

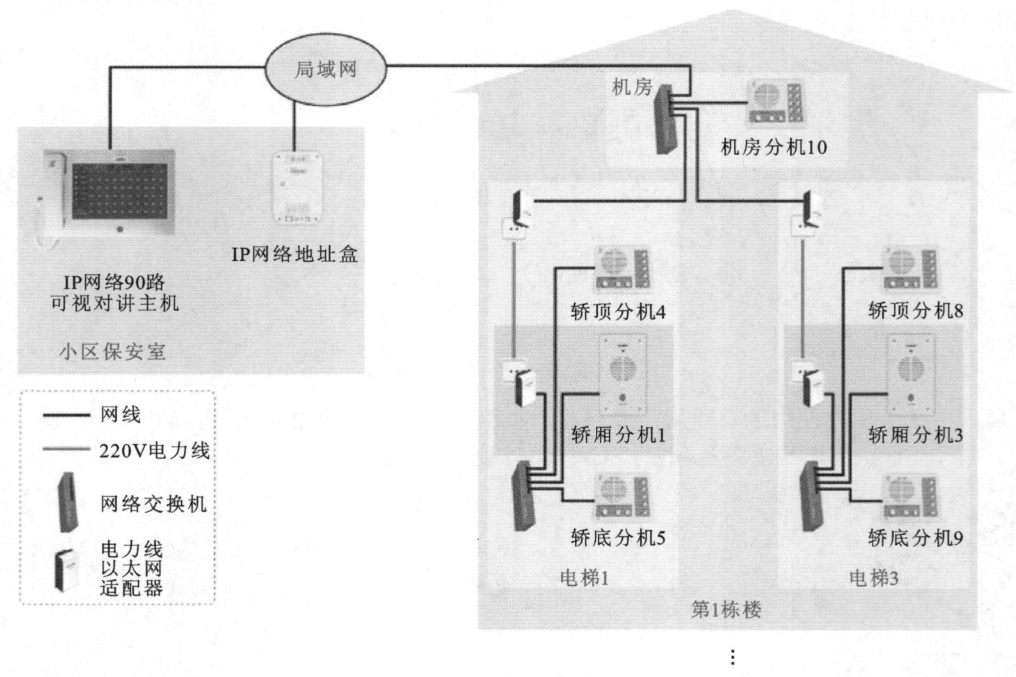

图 2–74　轿厢通话器

我家住的高层住宅电梯，要刷卡进电梯，刷卡才能到我家楼层，我都不能到其他人家去串门了！呜呜！

这是电梯智能控制管理系统，由IC卡读头、IC卡电梯控制器、乘客所持IC卡等组成。提高楼层管理安全性和私密性。

不同用途电梯 IC 卡的智能控制管理方案也不同（见图 2–75），IC 卡的类型有 RFID 远距离智能梯控卡和密码型电梯门禁 IC 卡，下面列举一些不同功能 IC 卡系统及功能：

（1）呼梯智能控制系统：指纹呼梯、IC 卡嵌入式呼梯，对讲主机自动呼梯，对讲分机呼梯；

（2）刷卡选层型电梯门禁管理系统：刷卡后选层；

（3）分层控制型 IC 卡电梯智能控制系统：刷卡直达、密码乘梯；

（4）对讲联动型电梯 IC 卡智能管理系统：硬件联动方案、协议联动方案。

（b）指纹识别

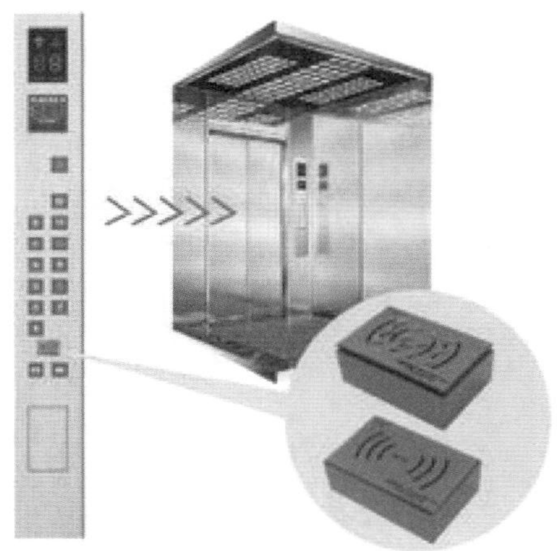

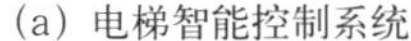

（a）电梯智能控制系统

（c）非接触式 IC 卡

图 2–75 电梯智能控制系统方案

子任务三 认识通信网络与人机界面

电梯的控制技术由单台电梯的独立控制发展到多台电梯的协调控制，即电梯群控。电梯群控是将多台的电梯的召唤信号统一进行分配调度，以实现多台电梯的最优运行。

电梯群控技术的发展极大地提高了电梯的服务质量和服务效率，为建筑节约了可用空间。

THJDDT–5型电梯设备包含两部电梯，每部电梯由一个PLC控制，PLC之间通过通信模块交换数据对电梯外呼信号统一管理。

以三菱FX2N系列PLC为例，搭建基于N：N的THJDDT–5网络。

构建三菱N:N网络

1．硬件的选型

选用 FX2N–485–BD 作为通信模块，该通信模块使用 RS–485 通信。FX2N–485–BD 板显示／端子排列如图 2–76 所示。

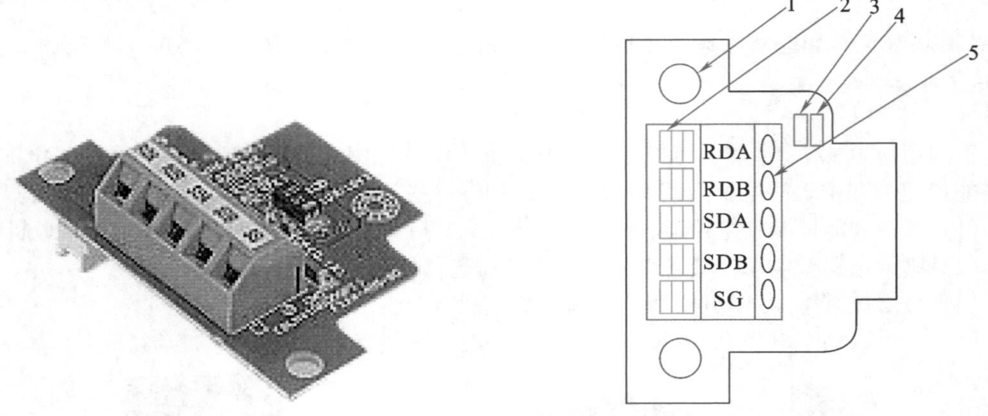

图 2–76 FX2W–485–BD 板显示 / 端子排列

1—安装孔；2—PLC连接器；3—SD LED；4—RD LED；5—连接RS–485单元的端子

2．硬件连接

（1）FX2N–485–BD 安装在 FX2N 基本单元上；

（2）两个 FX2N–485–BD 模块连线。采用屏蔽双绞线相连，如图 2–77 所示，接线时须注意终端站要接上 110Ω 的终端电阻元件（485–BD 板附件）。

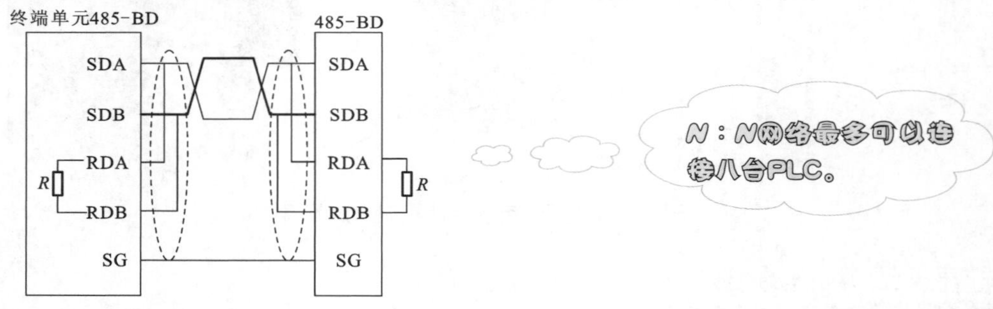

图 2–77 两个 FX2N–485–BD 模块连线

（3）*N* ∶ *N* 网络配置。*N* ∶ *N* 网络采用编程方式设置网络参数，一台为主站，另一台为从站。

网络配置方法：

用特殊辅助继电器M8038（*N*∶*N*网络参数设置继电器，只读）来设置*N*∶*N*网络参数。

对于主站点，在程序开始的第0步（LD M8038），向特殊数据寄存器D8176～D8180写入相应的参数。对于从站点，只需在第0步（LD M8038）向D8176写入站点号即可。

THJDDT–5 主站网络参数设置如下：

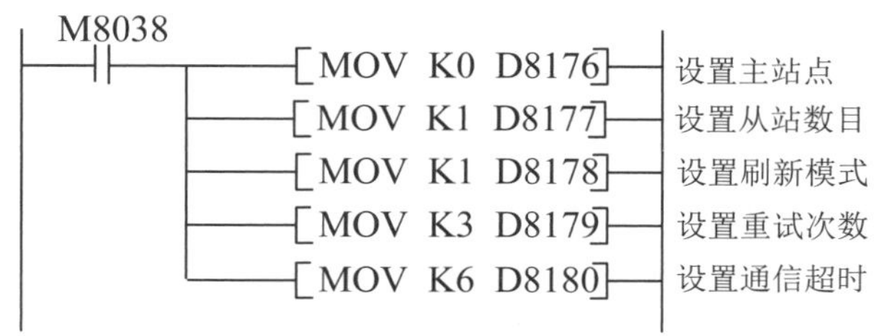

THJDDT-5 从站网络参数设置如下：

当程序运行或可编程控制器电源打开时，*N*：*N* 网络的每一个设置都变为有效。

在完成网络连接后，再接通PLC工作电源，可以看到，各站通信板上的SD LED和RD LED指示灯两者都出现点亮/熄灭交替的闪烁状态，说明*N*：*N*网络已经组建成功。
如果RD LED指示灯处于点亮/熄灭交替的闪烁状态，而SD LED根本不亮，这时须检查站点编号的设置、传输速率（波特率）和从站的总数目。

（4）*N*：*N* 网络辅助继电器 / 特殊数据寄存器。FX 系列 PLC 规定了与 *N*：*N* 网络相关标志位的特殊辅助继电器和存储网络参数和网络状态的特殊数据寄存器。*N*：*N* 网络的特殊辅助继电器见表 2-18，特殊数据寄存器见表 2-19。

要学好N：N网络，必须熟悉N：N网络的辅助继电器和特殊数据寄存器哦！

表 2-18 特殊辅助继电器

特性	辅助继电器	名　称	描　　述	响应类型
只读	M8038	*N*：*N* 网络参数设置	用来设置 *N*：*N* 网络参数	主站，从站
只读	M8183	主站点的通信错误	当主站点产生通信错误时它是 ON	从站
只读	M8184 ~ M8191	从站点的通信错误	当从站点产生通信错误时它是 ON	主站，从站
只读	M8191	数据通信	当与其他站点通信时它是 ON	主站，从站

说明：在 CPU 错误、程序错误或停止状态下，对每一站点处产生的通信错误数目不能进行计数。

表 2-19 特殊数据寄存器

特性	辅助继电器	名　称	描　　述	响应类型
只读	D8173	站点号	存储它自己的站点号	主站，从站
只读	D8174	从站点总数	存储从站点总数	主站，从站
只读	D8175	刷新范围	存储刷新范围	主站，从站
只写	D8176	站点号设置	设置它自己的站点号	主站，从站
只写	D8177	总从站点数设置	设置从站点总数	主站

续表

特性	辅助继电器	名　称	描　　述	响应类型
只写	D8178	刷新范围设置	设置刷新范围	主站
读写	D8179	重试次数设置	设置重试次数	主站
读写	D8180	通信超时设置	设置通信超时	主站
只读	D8201	当前网络扫描时间	存储当前网络扫描时间	主站，从站
只读	D8202	最大网络扫描时间	存储最大网络扫描时间	主站，从站
只读	D8203	主站点的通信错误数目	主站点的通信错误数目	从站
只读	D8204 ~ D8210	从站点的通信错误数目	从站点的通信错误数目	主站，从站
只读	D8211	主站点的通信错误代码	主站点的通信错误代码	从站
只读	D8212 ~ D8218	从站点的通信错误代码	从站点的通信错误代码	主站，从站

在表 2–19 中：

① 设定站点号(D8176)。设定 0 ~ 7 的值到特殊数据寄存器 D8176 中。站点设置见表 2–20。

表 2–20 站点设置

设定值	描　述	设定值	描　述
0	主站点号	1 ~ 7	从站点号

如：设定主站 0：MOV　K0　D8176

　　设定从站 1：MOV　K1　D8176

② 设定从站点的总数（D8177）。设定 1 ~ 7 的值到特殊数据寄存器 D8177 中（默认为 7）。只需在主站点中设置此参数。

如：设定从站数 1：MOV　K1　D8177

③ 设置刷新范围（D8178）。设定 0 ~ 2 的值到特殊数据寄存器 D8178 中（默认为 0）。只需在主站点中设置此参数。刷新范围设置见表 2–21。

表 2–21 刷新范围设置

通信设备	刷新范围		
	模式 0	模式 1	模式 2
位软元件（M）	0 点	32 点	64 点
字软元件（D）	4 点	4 点	8 点

模式 0、模式 1、模式 2 站号与位、字软元件对应表分别见表 2–22 ~表 2–24。

表 2–22 模式 0 站号与位、字软元件对应表

站点号	软　元　件	
	位软元件 (M)	字软元件 (D)
	0 点	4 点
第 0 号	—	D0 ~ D3
第 1 号	—	D10 ~ D13
第 2 号	—	D20 ~ D23

续表

站点号	软　元　件	
	位软元件 (M)	字软元件 (D)
	0 点	4 点
第 3 号	—	D30 ~ D33
第 4 号	—	D40 ~ D43
第 5 号	—	D50 ~ D53
第 6 号	—	D60 ~ D63
第 7 号	—	D70 ~ D73

表 2–23　模式 1 站号与位、字软元件对应表

站点号	软　元　件	
	位软元件 (M)	字软元件 (D)
	32 点	4 点
第 0 号	M1000 ~ M1031	D0 ~ D3
第 1 号	M1064 ~ M1095	D10 ~ D13
第 2 号	M1128 ~ M1159	D20 ~ D23
第 3 号	M1192 ~ M1223	D30 ~ D33
第 4 号	M1256 ~ M1287	D40 ~ D43
第 5 号	M1320 ~ M1351	D50 ~ D53
第 6 号	M1384 ~ M1415	D60 ~ D63
第 7 号	M1448 ~ M1479	D70 ~ D73

表 2–24　模式 2 站号与位、字软元件对应表

站点号	软　元　件	
	位软元件 (M)	字软元件 (D)
	64 点	8 点
第 0 号	M1000 ~ M1063	D0 ~ D7
第 1 号	M1064 ~ M1127	D10 ~ D17
第 2 号	M1128 ~ M1191	D20 ~ D27
第 3 号	M1192 ~ M1255	D30 ~ D37
第 4 号	M1256 ~ M1319	D40 ~ D47
第 5 号	M1320 ~ M1383	D50 ~ D57
第 6 号	M1384 ~ M1447	D60 ~ D67
第 7 号	M1448 ~ M1511	D70 ~ D77

④ 设定重试次数（D8178）。设定 0 ~ 10 的值到特殊寄存器 D8178 中（默认为 3），从站点不需要此设置。

⑤ 设置通信超时（D8179）。设定 5 ~ 255 的值到特殊寄存器 D8179 中（默认为 5）。此值

乘以 10 ms 就是通信超时的持续时间。

人机界面在电梯中的应用

师傅，这是什么（见图2-78），我还没见识过呢……

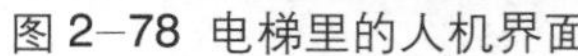
图 2-78 电梯里的人机界面

这是电梯里的人机界面，替代了轿厢内部的显示器以及轿厢的内呼按钮。

如图 2-78 所示的人机界面显示了电梯轿厢的运行方向、当前楼层、天气预报等信息。该人机界面是触摸形式的。触摸屏作为一种最新的电脑输入设备，它是目前最简单、方便、自然的一种人机交互方式。当接触了屏幕上的图形按钮时，屏幕上的触觉反馈系统可根据预先编写的程序驱动各种连接装置，可用以取代机械式的按钮面板，并借由液晶显示画面制造出生动的影音效果。

THJDDT-5型电梯采用MCGS TPC7062KX触摸屏，用于显示电梯运行状态及服务信息。

1. 了解MCGS TPC7062KX的硬件

1）MCGS TPC7062KX 触摸屏接口（见图 2-79）

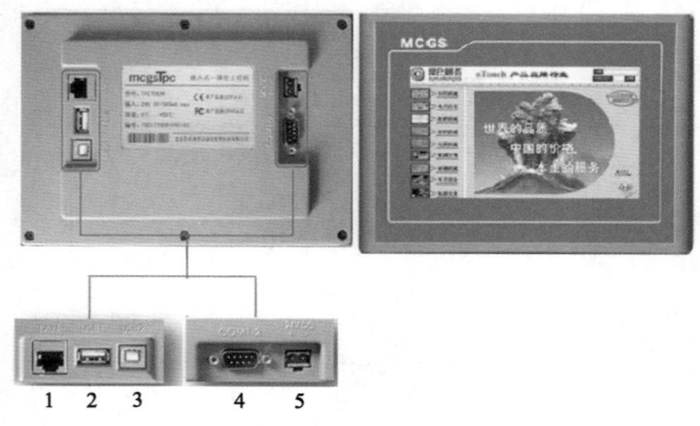

图 2-79 MCGS TPC7062KX 触摸屏接口

1—以太网；2—USB1；3—USB2；4—COM；5—电源

接口说明见表 2-25，引脚定义见表 2-26。

表 2–25 接口说明

项　目	TPC7062KX	项　目	TPC7062KX
COM（DB9）	1×RS–232，1×RS–485	USB2	从口，用于下载工程
USB1	主口，USB1.1 兼容	电源接口	24×（1+20%）V

表 2–26 引脚定义

接　口	PIN	引　脚　定　义
COM1 COM2	2	RS–232 RXD
	3	RS–232 TXD
	5	GND
	7	RS–485 +
	8	RS–485 –

2）触摸屏与 PLC 的连接

触摸屏与 PLC 编程口的连接见图 2–80。

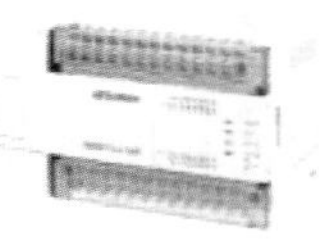

TPC　　　　FX 系列编程口

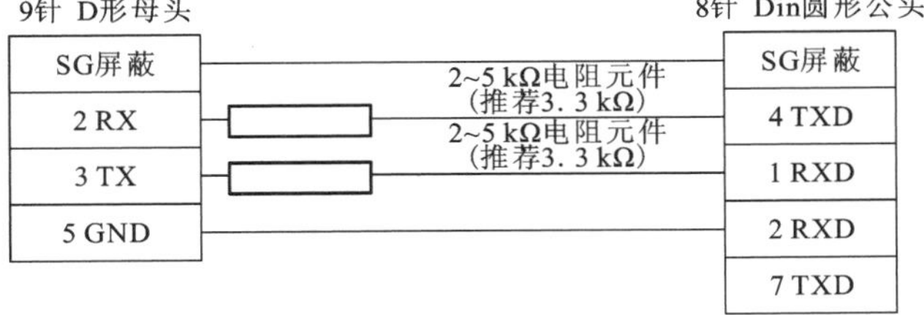

图 2–80 触摸屏与 PLC 编程口的连接

触摸屏与 PLC 的 RS–485 通信连接（见图 2–81）。

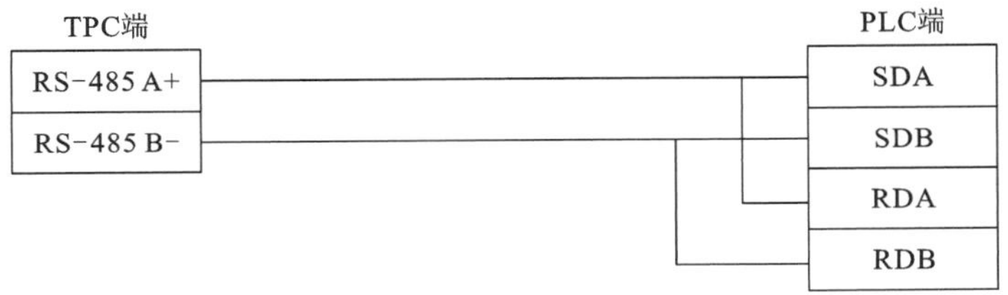

图 2–81 触摸屏与 PLC 的 RS–485 通信连接

2. 工程建立

工程要求：建立MCGS TPC7062KX同三菱FX系列 PLC编程口通信连接，要求在界面上按下按钮，PLC中Y0输出，触摸屏上的指示灯亮，同时对按下按钮的次数进行统计，并在触摸屏上显示出来。

1) 新建工程

(1) 打开嵌入版组态软件。

(2) 单击文件菜单中“新建工程”按钮，弹出“新建工程设置”对话框见图 2–82，TPC 类型选择为“TPC7062KX”，单击“确定”按钮。

(3) 选择文件菜单中的“工程另存为”菜单项，弹出文件保存窗口。

(4) 在文件名一栏内输入“TPC 通信控制工程”，单击“保存”按钮，工程创建完毕。

2) 设备组态

(1) 激活设备窗口，双击设备窗口进入设备组态界面（见图 2–83），单击工具条中的按钮，弹出“设备工具箱”对话框。

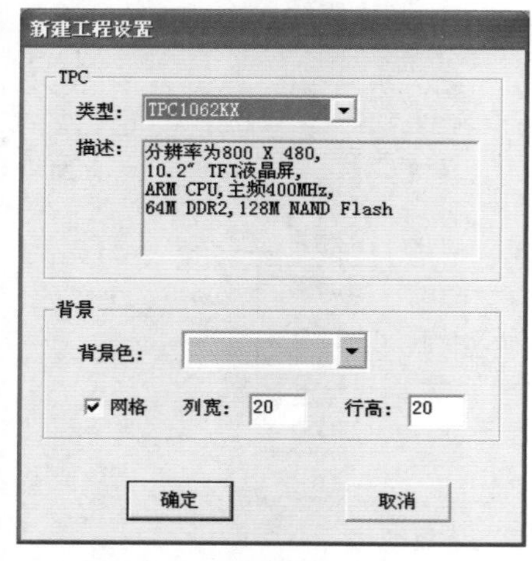

图 2–82 “新建工程设置”对话框

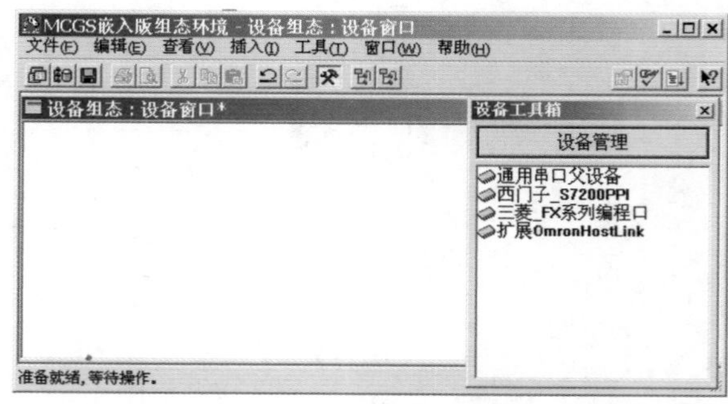

图 2–83 设备组态界面

(2) 在设备工具箱中，按先后顺序双击“通用串口父设备”和“三菱_FX 系列编程口”选项添加至组态界面（见图 2–84）。

(3) 弹出“Mcgs 嵌入版组态环境”对话框（见图 2–85），单击“是”按钮。

(4) 在设备编辑窗口中（见图 2–86），双击“三菱_FX 系列编程口”，在弹出的设备编辑窗口中修改 CPU 类型。

(5) 所有操作完成后关闭设备编辑窗口，返回工作台。

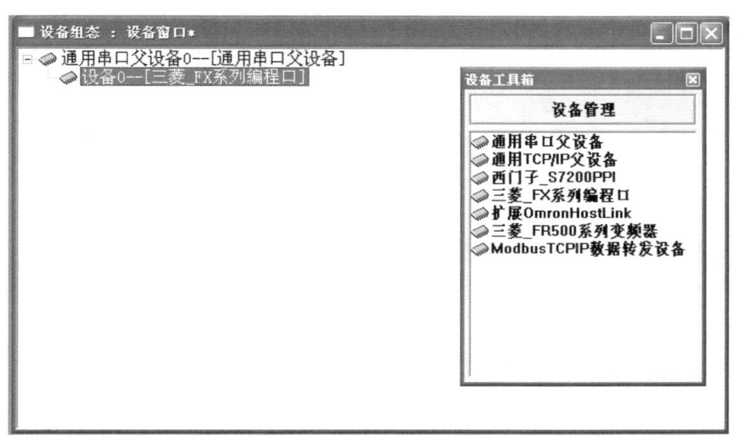

图 2–84 添加“通用串口父设备”和“三菱 FX 系列编程口”的组态界面

图 2–85 提示对话框

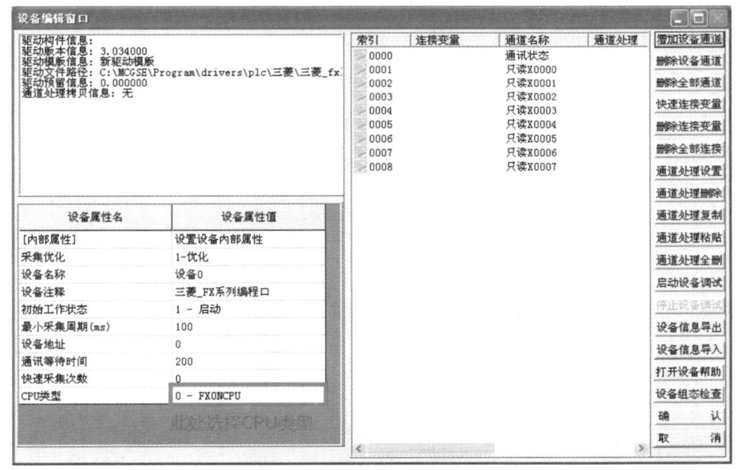

图 2–86 设备编辑窗口

3）窗口组态

（1）在工作台中激活用户窗口，单击“新建窗口”按钮，建立“窗口 0”（见图 2–87）。

（2）接下来单击“窗口属性”按钮，弹出“用户窗口属性设置”对话框（见图 2–88），在基本属性选项卡中，将“窗口名称”修改为“人机界面练习”，单击“确认”按钮进行保存。

（3）在“用户窗口”选项卡中双击“人机界面练习”图标，进入“动画组态人机界面练习”窗口，单击按钮，弹出“工具箱”对话框。

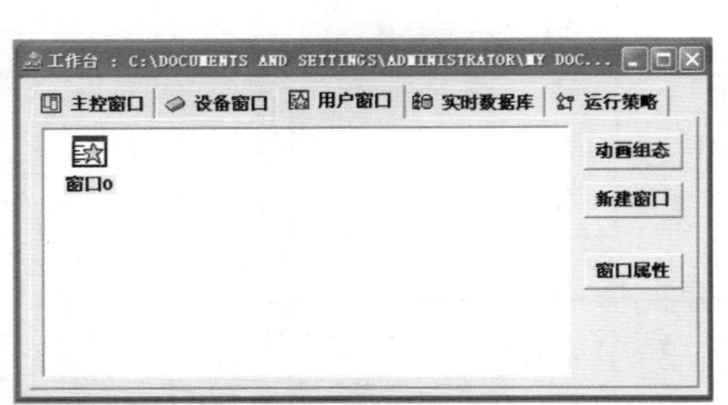

图 2–87 建立“窗口 0”

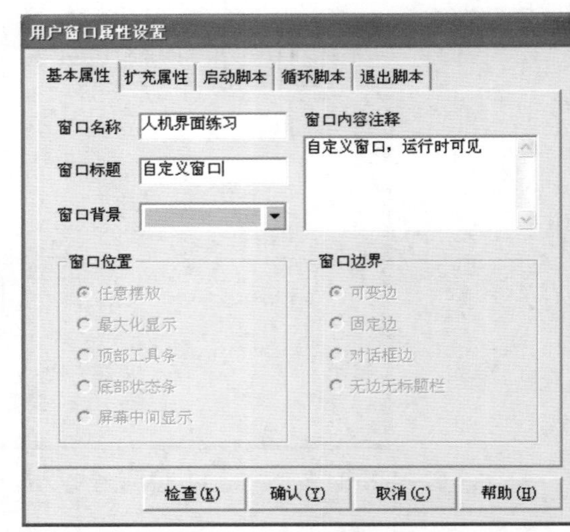

图 2–88 “用户窗口属性设置”对话框

4）基本元件组态

按钮、显示灯、输入框的组态实例

按钮

（1）单击工具箱中的“标准按钮”按钮，在窗口编辑区域按住鼠标左键，拖放到一定大小后，松开鼠标左键，这样一个按钮构件就绘制在了窗口画面中（见图 2–89）。

（2）双击该按钮，弹出“标准按钮构件属性设置”对话框，在基本属性选项卡中将“文本”文本框修改为 Y0，单击“确认”按钮保存（见图 2–90）。

图 2–89 “动画组态人机界面练习”窗口 1

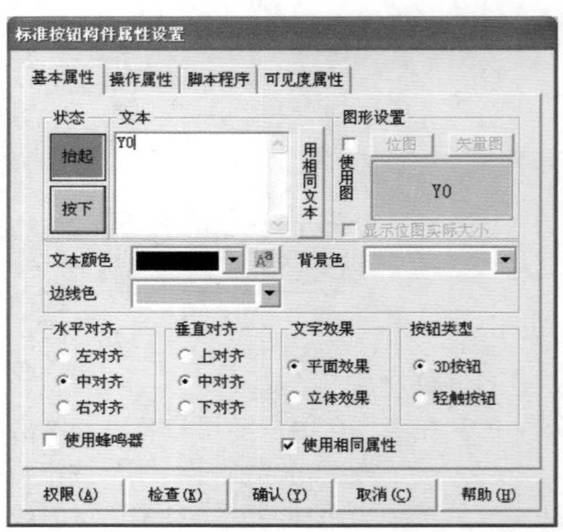

图 2–90 “标准按钮构件属性设置”对话框 1

指示灯

单击工具箱中的“插入元件”按钮，弹出“对象元件库管理”对话框，选中图形对象库指示灯中的一款，单击“确认”按钮，添加到窗口画面中。并调整到合适大小，见图 2–91。

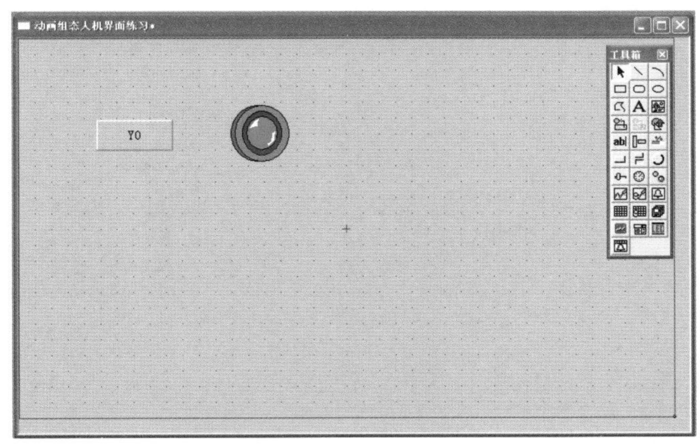

图 2–91 “动画组态人机界面练习” 窗口 2

标签

(1) 单击工具箱中的“标签”按钮，在窗口编辑区域按住鼠标左键，拖放到一定大小后，松开鼠标左键，这样一个“标签”就绘制在窗口画面中了（见图 2–92）。

(2) 双击“标签”按钮进入弹出“标签动画组态属性设置”对话框，在扩展属性选项卡中将“文本内容输入”文本框修改为 D0，单击“确认”按钮（见图 2–93）。

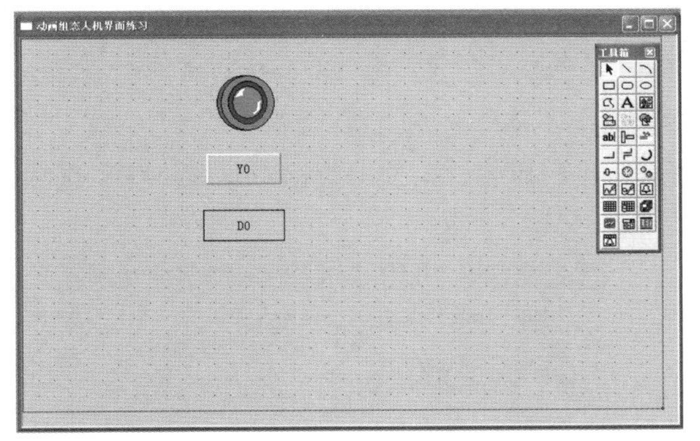

图 2–92 “动画组态人机界面练习” 窗口 3

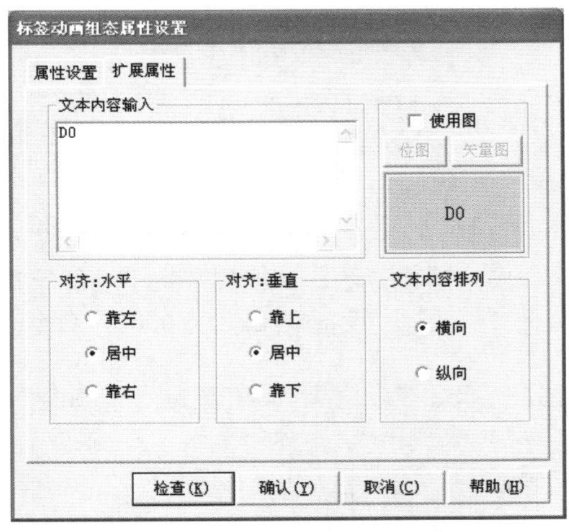

图 2–93 “标签动画组态属性设置” 对话框

输入框

单击工具箱中的“输入框”按钮，在窗口编辑区域按住鼠标左键，拖放出一个一定大小的“输入框”，放在 D0 标签的旁边位置（见图 2–94）。

按钮

功能：Y0 按钮抬起时，对三菱 FX 的 Y0 地址“清 0”；Y0 按钮按下时，对三菱 FX 的 Y0 地址“置 1”。

5) 建立数据链接

(1)双击 Y0 按钮，弹出“标准按钮构件属性设置”对话框（见图 2–95），在操作属性选项卡中，默认“抬起功能”按钮为按下状态，勾选“数据对象值操作”选项，选择“清 0”命令。

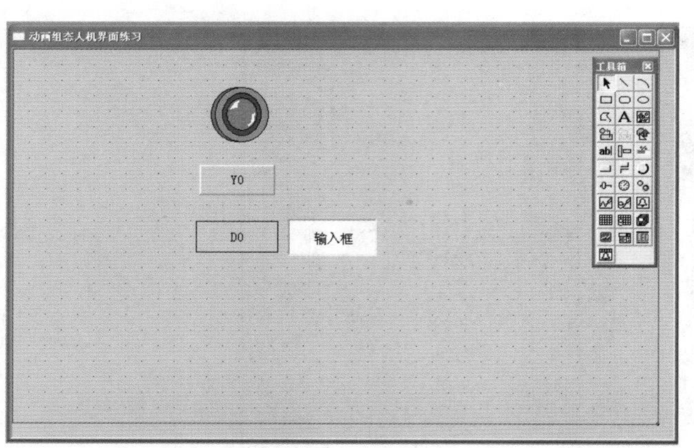

图 2–94 "动画组态人机界面练习" 窗口 4

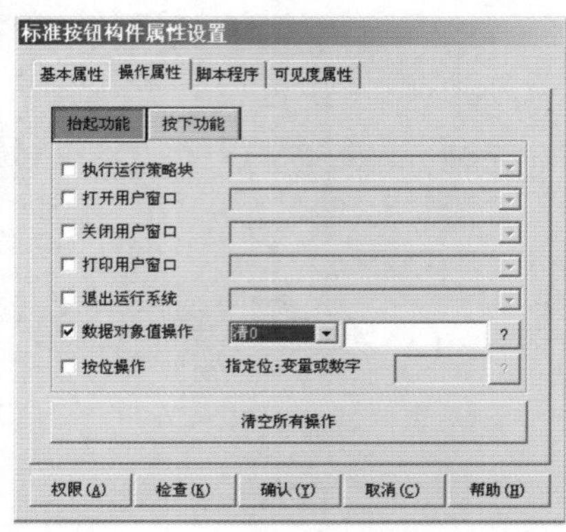

图 2–95 "标准按钮构件属性设置" 对话框 2

（2）单击?按钮，弹出"变量选择"对话框（见图 2–96），选择"根据采集信息生成"选项，通道类型选择"Y 输出寄存器"，通道地址选择"0"，读写类型选择"读写"。设置完成后单击"确认"按钮。弹出如图 2–97 所示对话框。

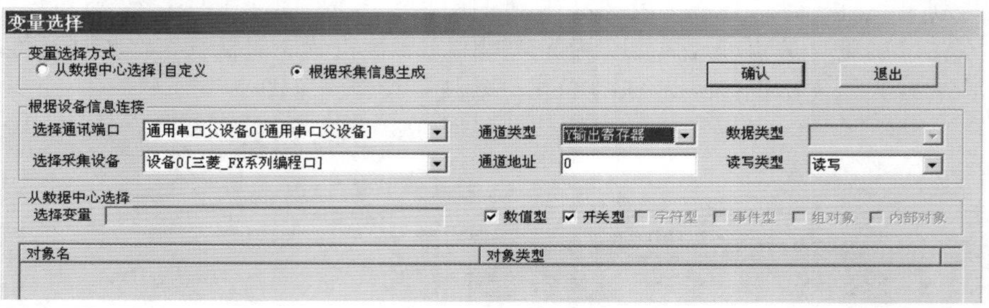

图 2–96 "变量选择" 对话框

（3）同样方法，切换到"按下功能"选项卡，进行设置，勾选"数据对象值操作"选项，选择"置 1"，"设备 0_ 读写 Y0000"命令（见图 2–98）。

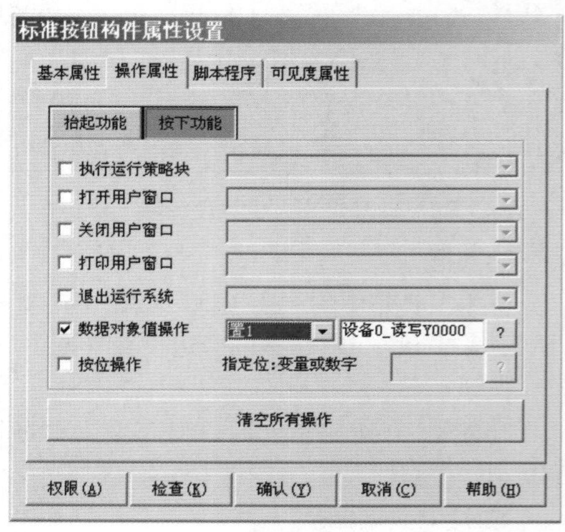

图 2-97 抬起功能

图 2–98 按下功能

指示灯

功能：Y0 为 1 时，绿灯；Y0 为 0 时，红灯。

双击指示灯元件，弹出“单元属性设置”对话框（见图 2–99），在“数据对象”选项卡中，单击?按钮，选择数据对象“设备 0_ 读写 Y0000”。

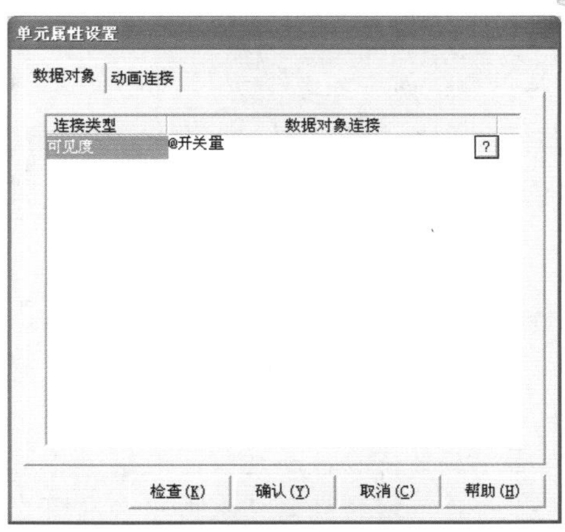

图 2–99 “单元属性设置”对话框

输入框

功能：显示 D0 中的数值。

双击 D0 标签旁边的输入框构件，弹出“输入框构件属性设置”对话框，在“操作属性”选项卡中，单击?按钮，进行变量选择，选择“根据采集信息生成”选项，通道类型选择“D 数据寄存器”，通道地址设为“0”；数据类型选择“16 位 无符号二进制”；读写类型选择“读写”。完成后单击“确认”按钮保存（见图 2–100）。

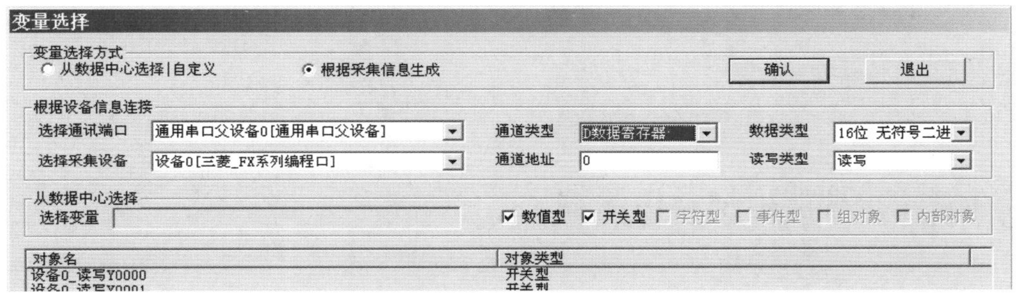

图 2–100 “变量选择”对话框 2

组态下载

单击“下载”按钮，弹出“下载配置”对话框（见图 2–101），连接方式选择“USB 通讯”，单击“连机运行”按钮，单击“工程下载”按钮即可下载。

3. PLC程序（见图2–102）

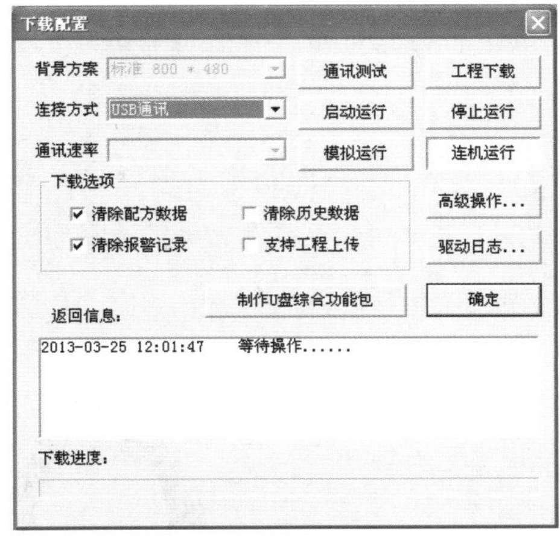

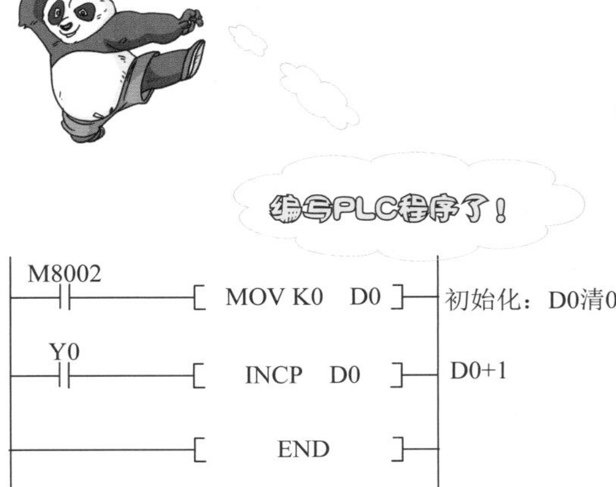

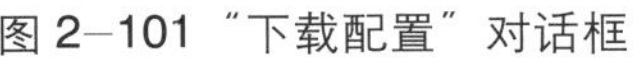

图 2–101 “下载配置”对话框

图 2–102 PLC 程序

除了以上介绍的，智能电梯还有很多智能功能，例如：

智能卡管理系统：通过智能卡，对电梯的使用权限进行规定，实现电梯的有效管理。

公告牌功能：电梯的厅外或轿厢内的电子信息公告牌，方便发布各类信息。
三方通话：机房，轿厢，值班室或监控室三方通话。
……

知识、技术归纳

电梯的电气控制系统主要有继电器控制、PLC 控制和微机控制三类，目前 PLC 控制电梯产品占据了主要市场。电梯的电气系统主要包括各类传感器，各类控制器和人机界面，电气系统对于电梯的安全舒适运行起着重要作用。

随着电梯的控制技术由单台电梯的独立控制发展到多台电梯的协调控制，电梯群控将多台的电梯的召唤信号统一进行分配调度，以实现多台电梯的最优运行，极大地提高了电梯的服务质量和服务效率，为建筑节约了可用空间。

工程创新素质培养

认真学习有关电梯的技术标准，或许你会成为一名合格的电梯安装调试员。

任务四 智能电梯常用的算法

任务目标

1. 理解电梯调度算法的重要性；
2. 比较单台电梯调度算法的优缺点，合理选择算法；
3. 了解群控电梯的调度算法，并知道知名厂家的电梯算法。

现在高层商务楼一般都配备多部电梯以满足楼内人员的需要，上海金茂大厦 3 ~ 50 层办公区域就配置了 28 台电梯分为六组。但是在上下班高峰期仍然会造成电梯使用紧张，因此，确定一个合理的电梯调度方案，安排好各个电梯的运行方式，是大楼物业管理中的重要内容。

一栋十层建筑，电梯停在四层，现在一层有人要乘电梯到五层，六层有人要乘电梯到一层，两人几乎同时按下了呼梯按钮，请求电梯服务，那电梯先为谁服务呢？

这个，这个……，这个是调度算法的问题吧，我得好好想想，应该有这么几种可能……

对于单台电梯的调度算法主要分为传统电梯调度算法和实时电梯调度算法两大类，而对于群控电梯陆续发展出了一批新算法，包括：基于专家系统的电梯群控调度算法、基于模糊逻辑的电梯群控调度算法、基于模糊神经网络的电梯群控调度算法、基于遗传算

法的电梯群控调度算法。

群控电梯是根据建筑物内的交通流状况，合理配置多部电梯组成梯群，由微机控制系统统一管理梯群的召唤信号，对当前的交通状况进行智能化识别，并根据交通模式识别结果结合不同的优化目标产生系统控制策略，针对不同的控制策略应用相应的优化派梯算法，从而得出最优派梯决策。

（1）传统电梯调度算法包括先来先服务算法（FCFS）、最短寻找楼层时间优先算法（SSTF）、扫描算法（SCAN）、LOOK 算法、SATF 算法，各算法特点见表 2–27。

表 2–27 传统电梯调度算法比较

算法	先来先服务算法（FCFS）	最短寻找楼层时间优先算法（SSTF）	扫描算法（SCAN）	LOOK 算法	SATF 算法
特点	一种最简单的电梯调度算法，根据乘客请求乘坐电梯的先后次序进行调度	选择下一个服务对象的原则是最短寻找楼层的时间，优先响应请求队列中距当前位置能够最先到达的楼层的请求信号	按照楼层顺序依次服务请求，电梯在最底层和最顶层之间连续往返运行，在运行过程中响应处在于电梯运行方向相同的各楼层上的请求	扫描算法的一种改进，电梯同样在最底层和最顶层之间运行，当发现电梯所移动的方向上不再有请求时立即改变运行方向，而不是需要移动到最底层或者最顶层时才改变运行方向	与 SSTF 算法的思想类似，唯一的区别就是 SATF 算法将 SSTF 算法中的寻找楼层时间改成了访问时间
优点	公平、简单，且每个乘客的请求都能依次地得到处理，不会出现某一乘客的请求长期得不到满足的情况	在重载荷的情况下，平均响应时间较短	进行寻找楼层的优化，效率比较高，但它是一个非实时算法，所有的与电梯运行方向相同的乘客的请求在一次电梯向上运行或向下运行的过程中完成，免去了电梯频繁的来回移动	有效节省了电梯的无效运行时间，在申请不是很集中的前提下平均响应时间较短	节省了电梯上上下下的无效运行
缺点	在载荷较轻松的环境下，性能尚可接受，但是在载荷较大的情况下，这种算法的性能就会严重下降，甚至恶化	响应时间的方差较大，队列中的某些请求可能长时间得不到响应，出现所谓的“饿死”现象	平均响应时间比最短寻找楼层时间优先算法长	在重载荷的情况下，需要并联响应，否则有些响应会不及时	响应时间的方差较大，队列中的某些请求可能长时间得不到响应

（2）实时电梯调度算法包括最早截止期优先调速算法、SCAN–EDF 算法、PI 算法、FD–SCAN 算法，各算法特点见表 2–28。

表 2–28 实时电梯调度算法

算法	最早截止期优先调度算法	SCAN–EDF 算法	PI 算法	FD–SCAN 算法
特点	最简单的实时电梯调度算法，响应请求队列中时限最早的请求	SCAN 算法和 EDF 算法相结合的产物，先按照 EDF 算法选择请求列队列中哪一个是下一个服务对象，对于具有相同时限的请求则按照 SCAN 算法服务每一个请求	将请求队列中的请求分成两个优先级，它首先保证高优先级队列中的请求得到及时响应，再高优先级队列为空的情况下在响应低优先级队列中的请求。	首先从请求队列中找出时限最早、从当前位置开始移动又可以满足其时限要求的请求，作为下一次 SCAN 的方向。并在电梯所在楼层向该请求信号运行的过程中响应处在与电梯运行方向相同且电梯可以经过的请求信号

续表

算法	最早截止期优先调度算法	SCAN-EDF 算法	PI 算法	FD-SCAN 算法
优点	每个乘客的请求都能依次地得到处理，不会出现某一乘客的请求长期得不到满足的情况	不会出现电梯任意寻找楼层的现象，节省了很多无用功时间	考虑到紧急的申请并优先响应，算法比较灵活，优先级设置的依据可以根据实际情况修改	综合考虑实际的需求，有效节省了响应时间，所有申请的平均响应时间相差不大
缺点	造成电梯任意地寻找楼层，导致极低的电梯吞吐率	它的效率取决于有相同 deadline 的数目，因而效率是有限的	优先级的划分具有随意性，在整体调度上并不公平，有些申请长时间得不到响应	忽略了用 SCAN 算法响应其他请求的开销，因此并不能确保服务对象时限最终得到满足

电梯的调度算法多种多样，每种调度算法均有优缺点，要根据实际需要灵活地选择，更多的情况是不同的时间段使用不同的调度算法，甚至是不同的时间段使用不同调速算法的混合。

（3）群控电梯的各种算法。金茂大厦 3 ～ 50 层是上午办公区，可容 10 000 多人同时办公，办公区的电梯共有 28 台，分成六组服务于不同的区域，满足不同的需求。编号为 P16 ～ P21 服务于 1、30 ～ 40 楼层的 6 台电梯组成的群控电梯是如何进行调度的呢？

最早的电梯群控系统为“自动模式选择系统”，它通过在上行、下行高峰以及平峰，双向选择运行命令来工作。这是群控的最简单形式，称为方向预选控制，适用于两台或三台电梯组成的梯群，每台电梯靠方向预选控制来操作。这种系统需要单一的厅层召唤系统，每个厅层设有一个上行按钮和一个下行按钮。控制系统有效地把建筑物内的电梯分开，以提供均匀服务并在指定的停梯层停靠一台或多台电梯。

电梯的现代群控标志是 1975 年计算机开始应用电梯群控系统，计算机用于电梯群控系统中，完全发挥了计算机所具有的进行复杂的数值计算，逻辑推理和数据记录的能力，极大满足了电梯群控系统中复杂的数值计算和逻辑推理的要求。自从计算机应用于群控系统中后，模糊逻辑、专家系统和人工神经网络等人工智能技术都用来描述电梯群控的特性从而提高电梯群控系统的整体服务性能，完成电梯交通整体配置。

① 群控电梯调度算法的评价指标。群控电梯调度算法的评价指标有乘客心理等待时间的长短、电梯响应呼梯的快慢、召唤厅站客流量的大小、轿厢内乘客人数的多少等。

② 群控电梯的运行模式。群控电梯的调度算法设计时，需要考虑以下一些模式：

平衡的层间交通模式：当上行和下行乘客数量大致相同，并且各层之间的交通需求基本平衡时，此时的交通模式是处于一种普通的双向层间交通模式，它存在于一天中的大部分时间，

乘客通常要求最少的候梯时间和乘梯时间。

空闲交通模式：空闲交通模式通常发生在假日、深夜、黎明等情况下，此时大楼的客流稀少、乘客的到达间隔很长，在这种状况下群控系统中仅仅有部分电梯进行工作，而其余电梯轿厢则空闲等候。

上行高峰交通模式：当主要的客流是上行方向，即全部或者大多数乘客从建筑物的门厅进入电梯且上行，这种状况称为上行高峰交通模式。

下行高峰交通模式：当主要的客流是下行方向，即全部或者大多数乘客乘电梯下行到门厅离开电梯，这种状况称为下行高峰交通模式。

二路交通模式：当主要的客流是朝着某一层或从某一层而来，而该层不是门厅，这种状况称为二路交通模式。二路交通模式多是由于在大楼的某一层设有茶点部或会议室，在一天的某一时刻该层吸引了相当多的乘客到达和离开。所以二路交通模式发生在上午和下午休息期间或会议期间。

四路交通模式：当主要的客流是朝着某两个特定的楼层而来，而其中的一个楼层可能是门厅，这种状况称为四路交通模式。当中午休息期间，会出现客流上行和下行两个方向的高峰状况。午饭时客流主要是下行，朝门厅和餐厅。午休快结束时，主要是从门厅和餐厅上行。所以四路交通模式多发生在午休期间。四路交通模式又可分为午饭前交通模式和午饭后交通模式。此两类交通模式和早晨与晚上发生的上行、下行高峰交通模式不同，虽然主要客流都为上行和下行模式，但此两类交通模式同时还有相当比例的层间交通模式和相反方向的交通模式。各交通量的比例还与午休时间的长短、餐厅的位置和大楼的使用情况有关。四路交通模式不但要考虑主要交通客流，还要考虑其他客流与单纯的上、下行高峰期不同。

③ 群控电梯调度算法，见表 2–29。

表 2–29 群控电梯的调度算法

算法	基于专家系统的电梯群控调度算法	基于模糊逻辑的电梯群控调度算法	基于模糊神经网络的电梯群控调度方法	基于遗传算法的电梯群控调度算法
定义	具有启发性，能利用专家的知识和经验对不确定或不精确的问题进行启发式的推理	把人类专家对特定的被控对象或过程的控制策略总结成一系列以“IF（条件）THEN（作用）”产生形式表示的控制规则，通过模糊逻辑得到控制作用	当设想的建筑物条件与实际建筑物不同时，利用非线性和学习方法建立适合的模型，进行高速推理，对电梯交通可进行短、长期预测	主要是对生物界自然选择和自然遗传机制进化过程的模拟
适用	它适用于层间模式，但不适用于上行高峰，因为层间交通下计划最佳路线的范围大，它没有预测轿厢的加减速时间	适用于全天运行模式变更较多，无法合理设置运行模式运行区间，以运行现状进行推理	不同的建筑物和不同的运行模式下，可以自我进行推理和预测	不仅能适应整个大楼的整体需要，而且能适应每一层楼对电梯的不同需要，做到了不同楼层的个性化控制
特点	增加了系统控制的灵活性，选出最佳路线，但整个控制过程完全依赖于知识源	无需建立数学模型，被控对象参数的变化对模糊逻辑的影响不明显，符合人们对过程控制作用的直观描述和思维逻辑	系统的性能由专家的知识、经验决定，具有一定的局限性；调整模糊度隶属函数困难，要做很多仿真	以不确定性、非线性、时间不可逆为内涵，以复杂问题为对象的科学新模式，生物基础鲜明，数学基础不够完善

由于现今的电梯群控调度算法多通过一定的统计规律来求解电梯群控系统多目标问题的次优解，然后进行分配、调度。通常存在建模困难，学习时间长，控制不及时，且当优化条件打破时无法给出最优调度方案等问题。多目标优化能通过建模，得到目标函数的最优解。这是解

决电梯群控决策问题的最佳方法。

成熟的群控技术应用（见表2–30）。

表 2–30 成熟的群控技术应用

公 司 名	代 表 产 品	采 用 算 法
Otis	Elevonic Class	奖惩算法
Mitsubishi	Sigma–AI2200	模糊逻辑及人工神经网络技术
Hitachi	FI–340G	遗传算法
Schindler	AITP	模糊控制及人工神经网络技术
Fujitec	Flex8820/8830	模糊逻辑、自学习
Kone	TMS9000	模糊逻辑及人工智能技术
Toshiba	EJ–1000	模糊逻辑及人工神经网络技术

Otis 公司在电梯群控领域拥有三十多项专利，1997 年，Otis 公司发表了两项关于智能群控的专利，分别是“基于模糊响应时间分配外呼的派梯方法”和“基于人工神经网络的电梯控制”。

三菱公司 1988 年推出的 AI–2000 系统，将专家系统和模糊控制理论以及人工神经网络技术应用于电梯群控系统。利用电梯群控专家的实际知识与经验，将这些信息存储在系统的存储器中成为一种知识数据库，从这个数据库中可以抽取出各种的客流情况并加以监控与分析，然后利用“IF–THEN”决策规则使梯群中的每台电梯运行达到最优化。

迅达公司推出的 AITP 采用人工神经网络技术，用以提高繁重交通时电梯的运输性能。AITP 模拟出处于虚拟环境的电梯群，学习并不断地更新所有与大楼运输参数相关的数据。

通力公司在其电梯产品 TMS9000 中采用了模糊逻辑和人工智能技术。模糊逻辑用来从统计预报中识别交通模式和交通高峰，根据每天乘客交通流进行统计学习，以使控制适合当前的主要交通状况。

知识、技术归纳

一个合理的电梯调度算法对于提高电梯的运行效率起着至关重要的作用。

对于单台电梯调度算法主要分为传统电梯调度算法和实时电梯调度算法两大类，而对于群控电梯陆续发展出了一批新算法，包括：基于专家系统的电梯群控调度算法、基于模糊逻辑的电梯群控调度算法、基于遗产算法的电梯群控调度算法、基于多目标化的电梯群控调度算法和基于模糊神经网络的电梯群控调度算法。

工程创新素质培养

学习了这么多电梯调度算法，试着给自己的电梯写一个程序，让它动起来吧！

小 结

电梯是典型的机电一体化产品，其机械部分好比是人的躯体，电气部分相当于人的神经，控制部分相当于人的大脑，机械部分和电气部分通过控制部分调度、密切协同，使电梯可靠运行。

从空间位置使用看，电梯由四个部分组成：机房、井道、轿厢、层站；从构件的功能上看，电梯由八个部分组成：曳引系统、导向系统、轿厢系统、门系统系统、重量平衡系统、电力拖动系统、电气控制系统、安全保护系统。每个子系统都有不同的作用，共同保证智能电梯的正常运转。

通过电梯的核心技术的学习，认识了电梯的曳引系统、轿厢系统、门系统、重量平衡系统、导向系统、安全系统、传感系统、电气控制系统、通信网络等机械系统和电气系统。机械、电气系统在调度算法的指挥下，为人们提供了一个安全舒适的乘梯环境。

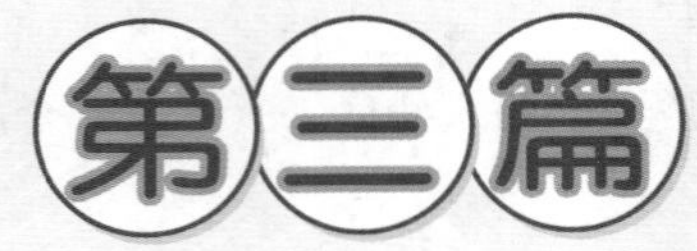

第三篇

项目演练——虚拟智能电梯的搭建

上一篇的项目备战，学习了智能电梯的相关知识，想必读者都想自己动手实践，搭建一个电梯了。

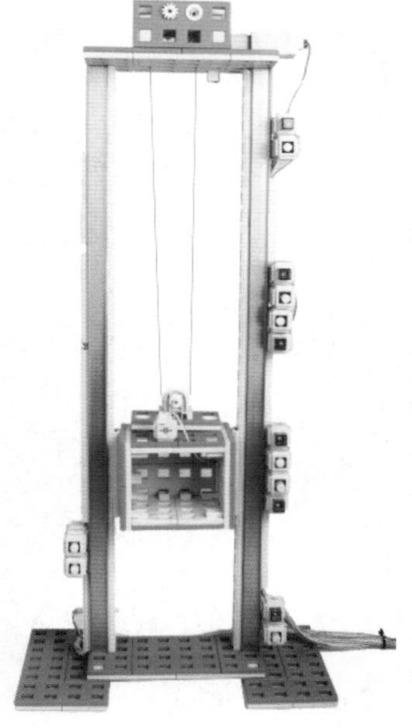

图 3–1 THJDDT-5 高仿真电梯与能力源仿真电梯

能力源全称“能力源创新课程套件”，它是一款全新的集工程、实践、创新为一体的综合训练平台，它由80多种、1 000多个各类高精密度结构件、连接件和电气组件组成，利用能力源创新课程套件可以仿真多个工程项目。

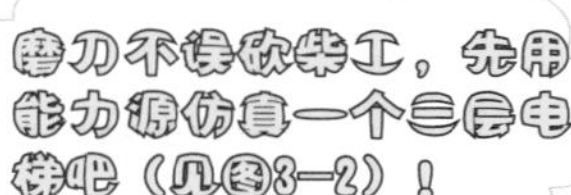

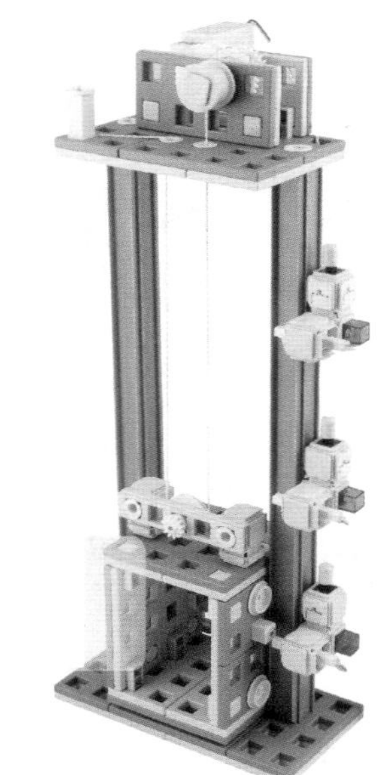

图 3-2 能力源仿真三层电梯

一、任务描述

用能力源仿真一个电梯：模拟一个三层楼房的电梯系统，每层都可以实现“呼唤”服务，且电梯到达楼层时要有亮灯信号。

智能电梯仿真如图 3-3 所示。

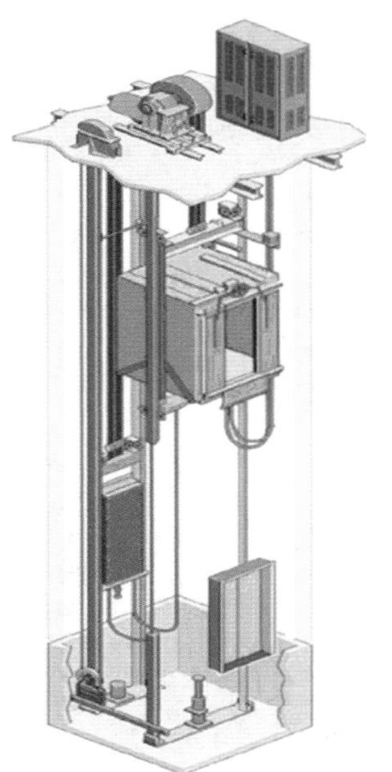

(a) 智能电梯实物

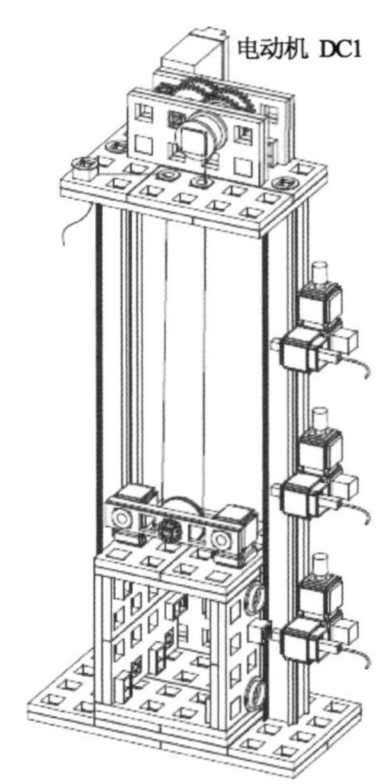

(b) 仿真智能电梯

图 3-3 智能电梯仿真

哼哼哈嘿！终于该我出场了，看我的！不过我得充点电，先了解能力源创新课程套件的有关知识。

能力源创新课程套件的使用详见配套光盘第三篇文件夹下学习宝典。

先做一个方案设计，构思一下我要怎么做这个智能电梯（见表3-1）。

二、方案设计

表 3-1 能力源仿真电梯主要材料对照表

系　统	功　能	主要构件与装置	仿真项目
曳引系统	输出与传递动力，驱动电梯运行	曳引机、曳引钢丝绳、导向轮、反绳轮等	用棉线仿真钢丝绳
导向系统	限制轿厢和对重的活动自由度	导轨、导轨支架	用导向轮仿真导轨
轿厢	用于运送乘客和货物的组件件	轿架、轿厢体	用横梁搭建轿架，用平板搭建轿厢体
门系统	乘客或货物的进出口，运行时层、轿门必须封闭，到站时才能打开	轿门、厅门、门机、门锁	我不做这个部分
重量平衡系统	相对平衡轿厢重量以及补偿高层电梯中曳引绳长度的影响	对重、补偿链	我不做这个部分
电力拖动系统	提供动力，对电梯实行速度控制	电动机、供电系统、速度反馈装置、调速装置等	用电机仿真电动机、用齿轮箱和齿轮系搭建搭建调速装置
电气控制系统	对电梯的运行实施操纵和控制	控制柜、平层装置、操纵箱、召唤盒、操纵装置	用轻触开关搭建召唤盒、用彩灯仿真层站显示器、用磁敏传感器和磁铁仿真平层传感器
安全保护系统	保证电梯安全使用，防止一切危及人身安全的事故发生	限速器、安全钳、缓冲器、端站保护装置、超速保护装置、断相错相保护装置、上下极限保护装置、门锁联锁装置	我不做这个部分

三、材料准备

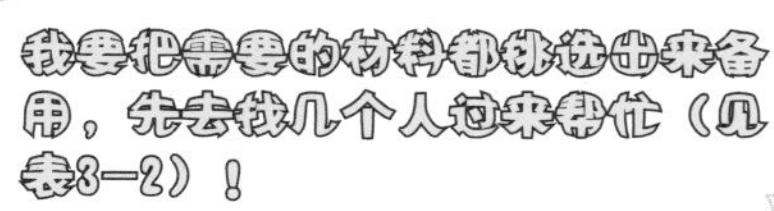

表 3–2　能力源仿真电梯用料清单

正立方体 ×5	半立方体 ×2	梁（320）×2	五孔梯 ×1	中 L 型连接器 ×16
1 号平板 ×2	2 号平板 ×5	3 号平板 ×1	4 号平板 ×1	立方体连接器 ×3
丝线 ×1	12/28 齿轮组 ×3	轴承 ×4	磁铁 ×1	12 齿齿轮 ×2
28 齿齿轮 ×1	小方管（40）×1	小方管（80）×1	小方管（20）×1	短插销 ×11
滑动轴承 ×5	驱动轮毂 ×1	滑轮 ×1	导向轮组件 ×8	磁敏开关 ×3
电机 ×1	触碰开关 ×3	电机线 ×1	红灯 ×1	绿灯 ×1
蓝灯 ×1				

四、动手搭建

表 3-3 能力源智能电梯的搭建步骤

<table>
<tr><td rowspan="2">（1）搭建电梯的轿厢架。
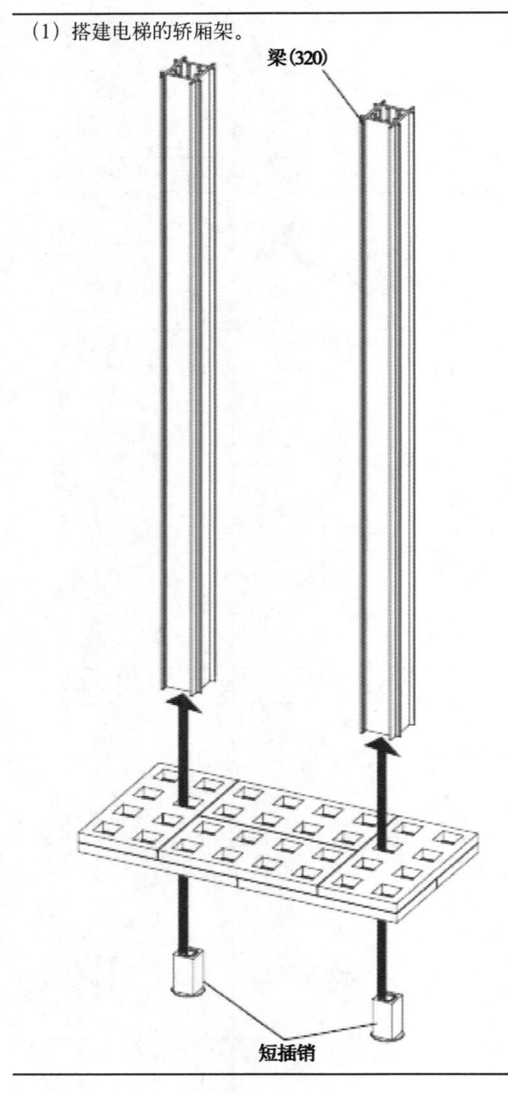
</td><td>（2）搭建轿厢侧板 1。
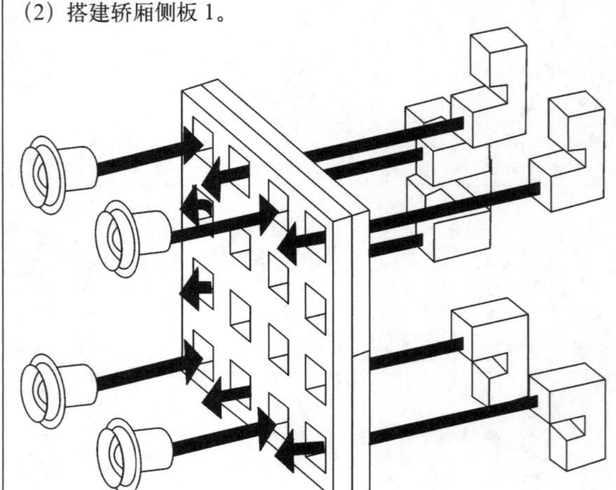</td></tr>
<tr><td>（3）搭建轿厢侧板 2。
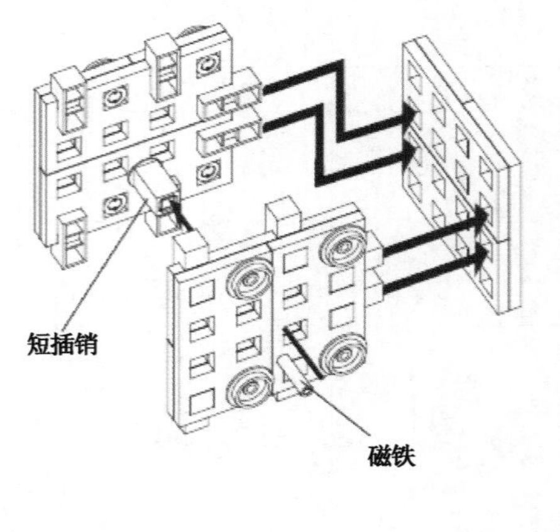
</td></tr>
</table>

(4) 搭建电梯的曳引机构。

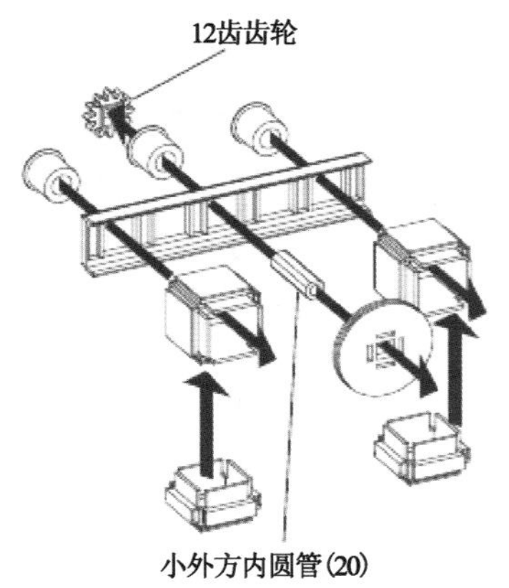

(5) 搭建三层呼唤按钮和平层传感器。

三组灯的颜色分别为红、绿、蓝。

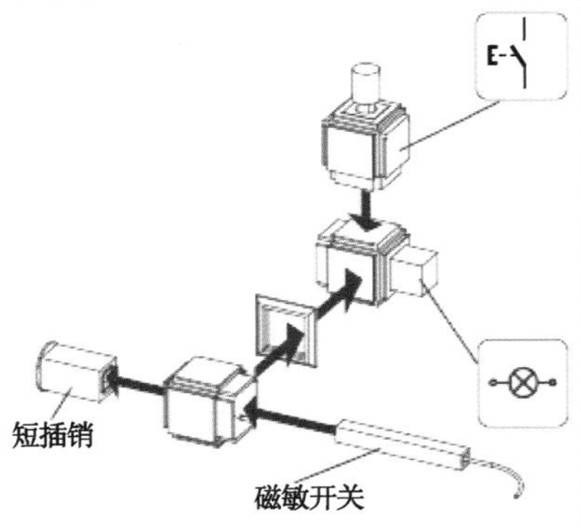

(6) 搭建轿厢整体。

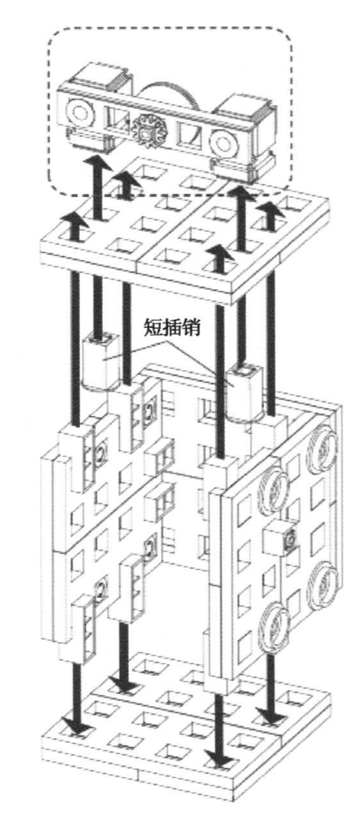

(7) 搭建电梯驱动系统。

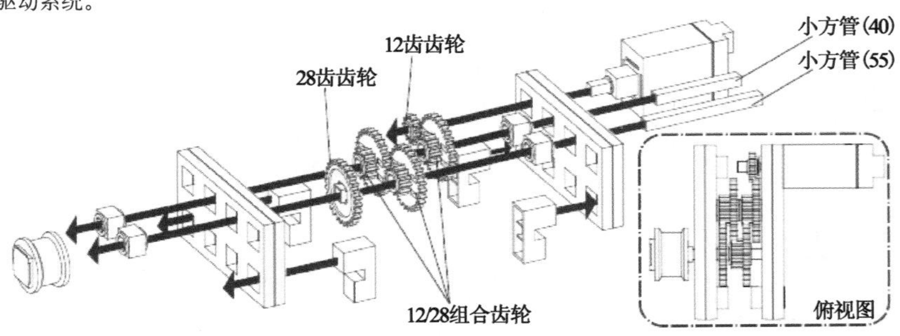

续表

（8）电梯各部分组合为整体。	（9）用曳引钢丝绳（棉线）连接轿厢。
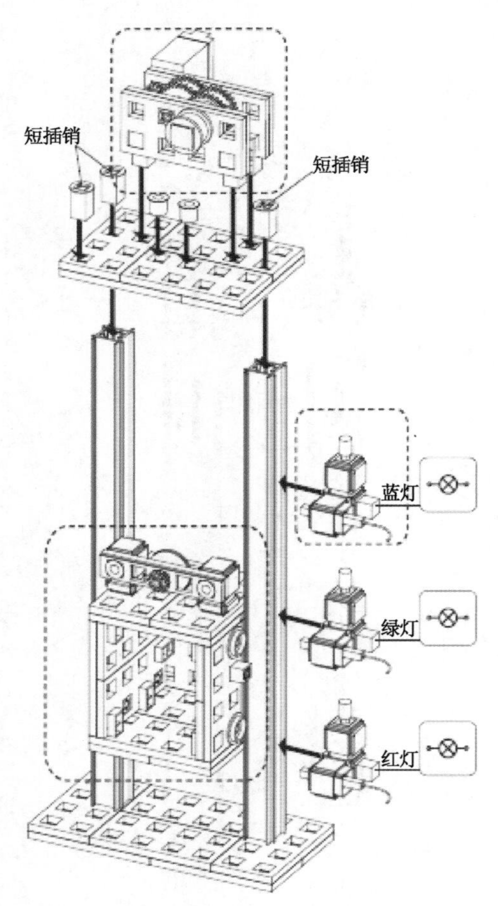	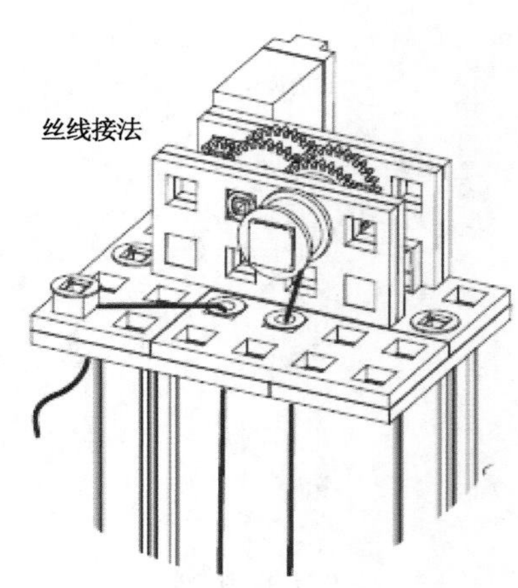

五、程序设计

我的电梯Baby出生了，下面我要给他灌输思想了，Go! Go! Go!

首先，设计电梯主程序的流程图，如图 3–4 所示。

主程序流程图对应的 VJC 流程图，如图 3–5 所示。

在电梯系统中，人为断电或者意外断电都可以保证电梯的轿厢停靠在一层，在一段时间内没有服务申请时轿厢会自动停靠在一层，某层有服务申请时，控制系统会根据算法响应并在平层传感器的帮助下到达指定的楼层。

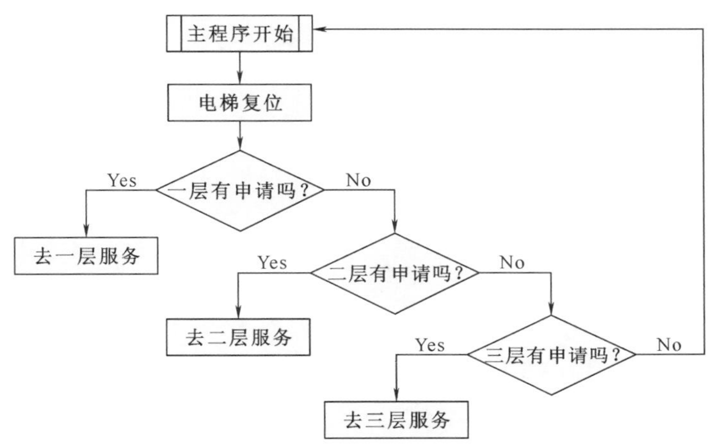

图 3-4 电梯主程序流程图

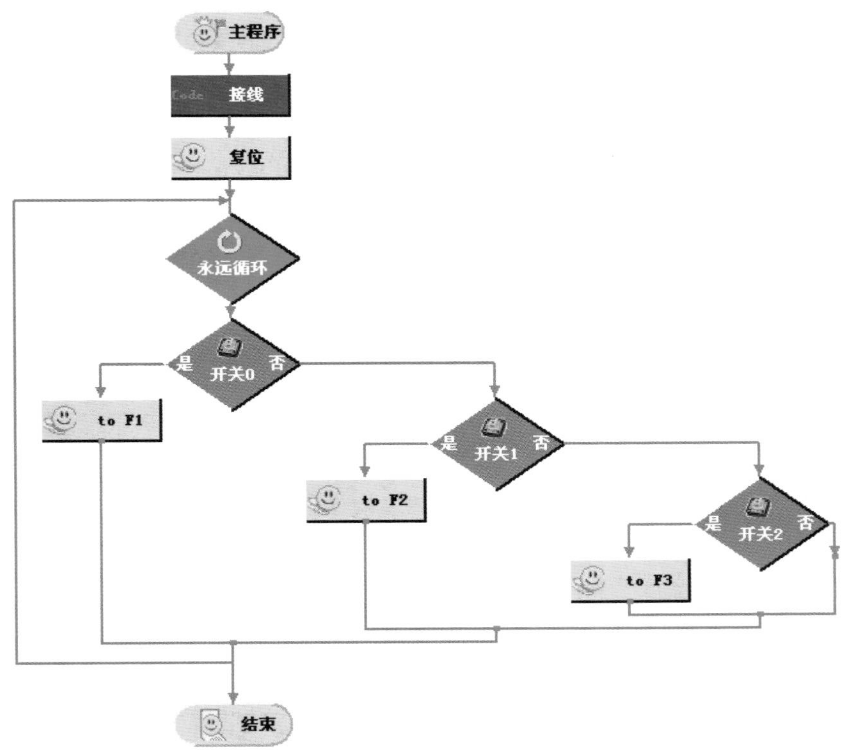

图 3-5 主程序流程图对应的 VJC 流程图

一点建议：

由于实物仿真不可能仿真每一个部件，在仿真的三层电梯中，鉴于直流电动机的特定属性，复位的过程会具有“试探”性，在“试探”的同时电梯要“自学习”，确定电动机的正转和反转分别对应于轿厢的上升或者下降，对应于这个“试探”的“自学习”过程，设计流程图如图3-6所示。

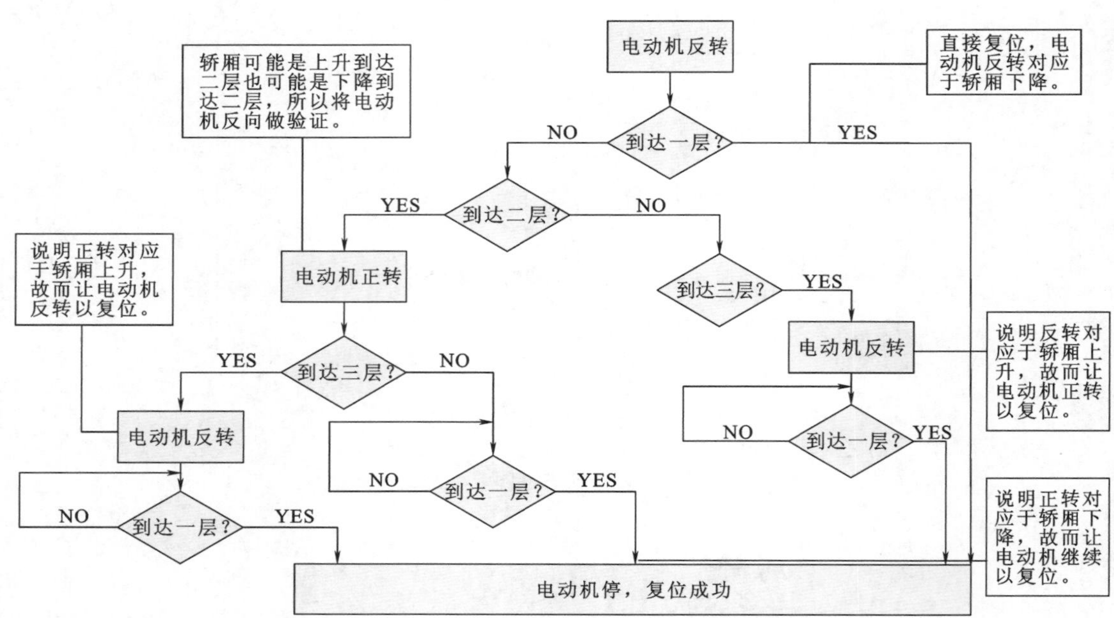

图 3-6 电梯设置流程图

六、调试记录

调试记录表见表 3-4。

表 3-4 调试记录表

调 试 项 目	调试过程记录	调 试 人 员

经验之谈：

（1）棉线的长度需要控制到轿厢刚好能到底层；

（2）如果电动机无法拖动箱体上升，请检查齿轮系装配，减少摩擦；

（3）调节三个磁敏开关的伸出长度，保证箱体在运动过程中能够被各个磁敏传感器检测到。

七、项目拓展

项目拓展1：四层电梯

你现在的智能电梯有几个问题：

（1）如果是四层的，到三层之后就得爬楼梯了；

（2）不能在轿厢内选择要到达的楼层；

（3）轿厢里没有灯，黑乎乎的；

（4）电梯的呼唤按钮只有一个，无法选择上行和下行。

我有对策：

（1）做一个四层的电梯；

（2）在轿厢内增加选层器；

（3）在轿厢的顶部加一个灯，有人的时候灯亮，无人的时候灯灭；

（4）除一层和最高层外多增加一个按钮，使其具有上行和上行的选择功能。

实物四层电梯如图 3–7 所示，仿真四层电梯如图 3–8 所示。

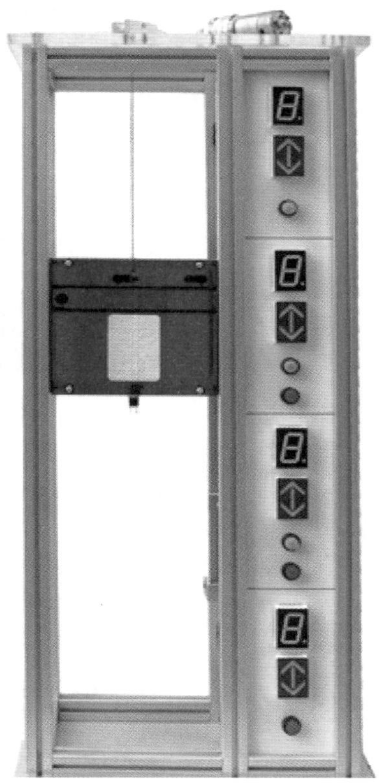

图 3–7 实物四层电梯

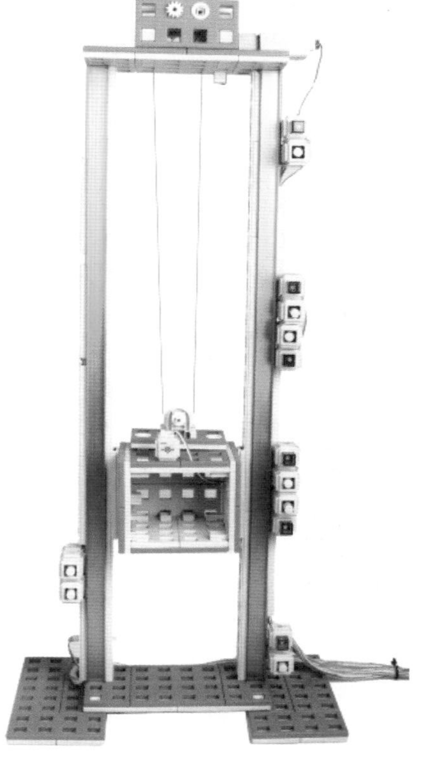

图 3–8 仿真四层电梯

技术要点：

（1）第二层和第三层要增加上行和下行选择按钮；

（2）电梯的左侧增加选层按钮，由于控制器接口的限制，选层按钮只有两个，编程时需要巧妙设计；

（3）提高电梯的利用率，采用SCAN和FCFS相结合的算法。

项目拓展2：联控电梯

你的电梯只有一个轿厢，即使楼层很低也无法及时响应所有的服务申请，你还有什么对策吗？

我可以选择并联控制哦，一个智能电梯系统含多个井道和轿厢（见图3–9）。

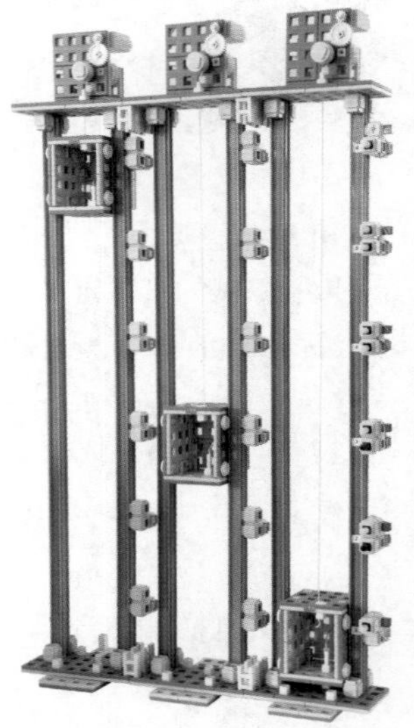

图3–9　联控电梯

技术要点：

（1）三个电动机分别控制三个轿厢；

（2）要考虑上行和下行选择按钮；

（3）综合考虑调度算法。

小　　结

利用能力源创新课程套件仿真了一个三层电梯，在仿真系统里，仿真了电梯的轿厢、曳引系统、导向系统、驱动系统、电气控制系统（操纵箱、召唤盒、平层装置）等，通过虚拟仿真，加深了智能电梯系统的工作原理和核心技术的理解。

用能力源创新课程套件同样可以仿真技能大赛设备THJDDT–5型四层智能电梯，并可搭建三台联控电梯。通过四层电梯，联控电梯的搭建，可以更清晰了解技能大赛设备的联控技术。

Let's go! 我们开始
THJDDT–5型电梯的训练了……

第四篇 项目实战——高仿真智能电梯的安装与调试

通过在第二篇对智能电梯核心技术的学习，已经掌握了安装和调试一个智能电梯所必需的知识点。现在就以 THJDDT-5 高仿真电梯为例进行实战演练，即对这个电梯进行安装、编程和调试。

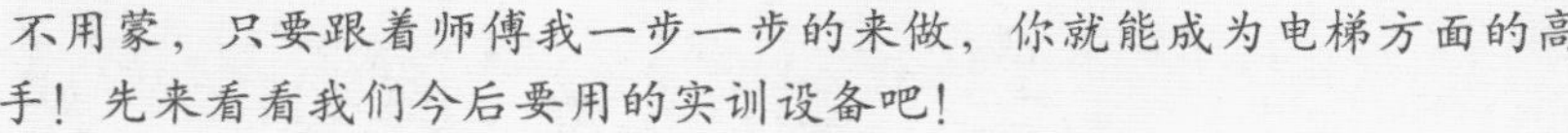

THJDDT-5 高仿真电梯实训装置的实物图如图 4-1 所示，主要是由两台四层单梯组成，两台电梯可以单机运行，又可以群控运行。每台电梯由梯身部分和电气控制柜部分组成，梯身和电气控制柜之间通过航空电缆连接。该装置根据智能建筑中升降电梯的机构，按照一定的比例缩小设计，所用设备、器件与实际电梯基本一致，集低压电气、PLC、变频调速、智能人机界面、传感检测、视频监控、智能考核系统等于一体，不仅能够实现智能电梯复杂的开关量控制、时序逻辑控制，还可以对电梯进行群控功能调试、故障排除和运行维护等。

THJDDT−5 高仿真电梯实训装置的具体技术参数见表 4−1。

图 4−1 THJDDT−5 高仿真电梯实训装置的实物图

表 4−1 THJDDT−5 高仿真电梯实训装置的具体技术参数

名　称	具　体　内　容
输入电源	三相五线制 AC 380×(1+10%) V　50 Hz
装置容量	< 1.5 kV · A
工作环境	温度 −10 ~ +40 ℃ 相对湿度< 85%(25℃) 海拔< 4 000 m
整机尺寸	4 360 mm × 1 000 mm × 3 000 mm
单梯尺寸	1 000 mm × 1 000 mm × 3 000 mm
控制方式	开关量 / 数字量双控及 VVVF 技术
安全保护	具有接地保护、漏电保护功能，安全性符合相关的国标标准

这么多功能啊，能不能先让我看看效果？

当然可以，你看看咱们的教学光盘里面，有实际的演示哦！和真实电梯太像了！

哈哈，有意思，跟真的电梯一样，快点告诉我，怎么让咱们的实训设备也动起来？

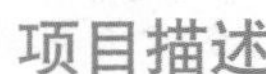

好的，现在咱们就来看看怎样让咱们的设备也像教学视频当中那样运行起来。首先，咱们得布置一下任务，讲一下工作思路。

要实现整台电梯的运行，首先还是要对电梯的各个部分进行安装，电梯主要由梯身和电气控制柜两大部分组成，所以要分别对这两部分进行安装和接线，安装完成后用航空电缆将这两部分连接起来，以便于从梯身上所采集的信息能够到达电气控制柜中，从电气控制柜中所发出的控制信号也能够到达梯身。所有硬件都安装完成之后就是对 PLC 进行软件编程，并且将编辑好的程序下载到 PLC 中进行上电调试。首先，还是先来学习一下电梯梯身部分的安装。

工作内容1：电梯梯身部分的安装

THJDDT–5 高仿真电梯实训装置的整体梯身部分见图 4–1，该设备高度仿真，按照实际电梯缩小比例设计，包含电梯全部要素，电梯为四层，高度 3.05 m，看起来与真实的电梯一样，可谓是“麻雀虽小，五脏俱全”！不仅包含了电梯的四大部分、八大系统，还有可视监控、消防等扩展功能。

首先对照在第二篇里面学习到的电梯的八大系统来看看 THJDDT–5 高仿真电梯实训装置，可以清楚地看到电梯的机械系统，包括导向系统、重量平衡系统、轿厢系统、曳引系统和门系统等，这次可以结合之前所学，对照实物分别找一下电梯中主要设备，包括曳引机、编码器、对重装置、限速器、永磁感应器、门驱双稳态开关、环形磁钢、限位开关、直流电动机、行程开关、安全触板、光幕等。这些大部分是已经安装好了的，只是个别需要在调试时再稍做调整。

将在本篇任务一中对部分器件进行安装和接线，梯身部分的电气接线还可以参考光盘宝典中电气图纸。本工作内容需要完成安装和调整的是以下几个部件 ：

1．限速器和安全钳的安装与调整

在电梯的安全系统中，限速器和安全钳保护着电梯，使之不会突然坠落，就像汽车上的安全带一样，“为了您的人身安全，请您系好安全带”。

因此，首先要对限速器和安全钳进行安装，并对其进行调整。通过练习，进一步理解它们的原理和作用，达到在“做中学”的目的。图 4–2 为 THJDDT–5 高仿真电梯实训装置上的安全钳。

2．呼梯盒的安装与接线

想一想，在乘坐电梯的时候，是不是首先要按下外呼按钮，等上了电梯又要按下内选按钮，才能顺利乘坐电梯。因而，要对外呼按钮盒和内选按钮盒进行安装和接线，通过练习进一步摸清它们的内部接线情况，包括按钮和楼层显示。THJDDT–5 高仿真电梯实训装置上的内选按钮盒和外呼按钮盒如图 4–3 所示。

图 4–2 THJDDT–5 高仿真电梯实训装置上的安全钳

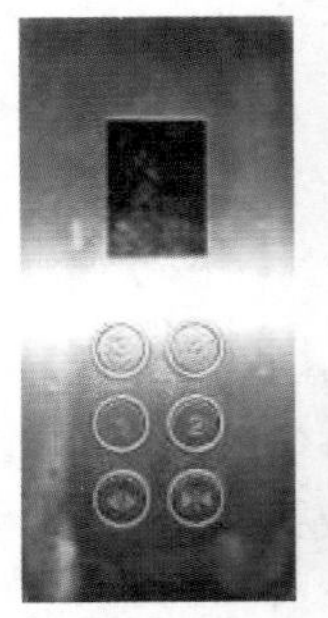

图 4–3 THJDDT–5 高仿真电梯实训装置上的内选按钮盒和外呼按钮盒

3．井道信息系统安装与接线

在乘坐电梯的过程中，电梯在到达目标楼层之前会提前减速，这样会使人们感到比较舒适，那么电梯如何能够在到达楼层之前提前停止呢？这就需要减速感应器将减速信号传送给控制系统的“大脑”PLC。还有电梯在实际运行过程中，有可能会出现冲顶和蹲底等极特殊情况，为了避免这些情况，设置了强返开关、上下限位开关和极限位开关等。

因而，要求读者能够根据电梯实际工作情况正确安装与连接减速感应器、强返开关、上下限位开关及极限位开关。进一步理解它们的作用及工作原理。图 4–4 所示为 THJDDT–5 高仿真电梯实训装置上的减速感应器。

4．平层开关检测机构的安装与调整

有没有发现在乘坐有些电梯的时候，当你一踏进轿厢，就会感觉到它里面的地面会比外厅地面高出一点或是低了一点，想想这是为什么呢？这就要靠门驱双稳态开关来保证电梯的平层效果，于是要求根据门驱双稳态开关的工作特性，正确安装感应磁钢，并调整至合适的位置，以保证电梯的平层效果。图 4–5 为 THJDDT–5 高仿真电梯实训装置上的平层开关检测机构。

图 4–4 THJDDT–5 高仿真电梯实训装置上的减速感应器

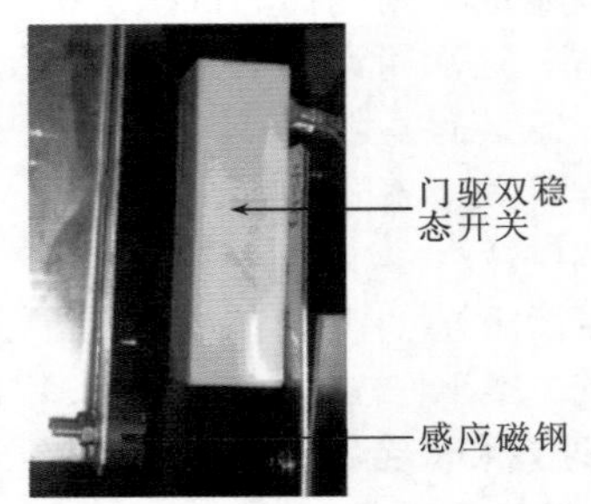

图 4–5 THJDDT–5 高仿真电梯实训装置上的平层开关检测机构

想一想，电梯的平层除了和双稳态开关有关，是不是还跟减速感应器有关呢？答案是肯定的。

工作内容2：电梯电气控制柜的安装

完成了电梯梯身部分的安装后，下面要来完成电梯电气控制柜的安装。作为一个合格的电梯安装和调试工，首先应该学会读图，一般有三种电气图纸需要理解，分别是电气原理图、设备布局图和电气接线图。而要想理解后两种图纸，一般需要首先理解电气原理图，搞清楚总的系统由几个子系统构成？每个子系统的信息流又是如何？在此基础上，再根据电气控制柜的设备布局图以及电气接线图进行设备的安装和接线。

1. 电梯电气控制原理图的分析

在对电气控制柜进行安装之前，应该先要对电梯的电气控制原理图进行分析、理解，弄清楚整个电梯系统的几个子系统，诸如曳引系统、门机控制系统、楼层显示系统、内选外呼系统、井道信息系统、安全保护系统、检修和排故系统等。分别对几个子系统的控制原理及信号流做到了然于胸是安装和接线之前的必修课。

第二篇项目备战中学过的电梯电气控制系统和电力拖动系统常见的有哪几种啊？看完原理图告诉我这个设备属于哪一种？

2. 电梯电气控制柜内的器件安装

THJDDT–5 高仿真电梯实训装置的电气控制柜设备布局图如图 4–6 所示。其中主要包括可编程控制器（PLC）、变频器、空气开关、继电器及底座、交流接触器、相序保护器、变压器、可调电阻元件、熔断器、整流桥、接线端子排等。一般在设计布局图时，应该做到层次清楚、供电方便、减少信号干扰、节省原材料等。在拿到设备布局图时，需要首先弄清楚每个器件的安装位置，对器件的安装要稳定、合理、规范。

3. 电梯电气控制柜内的线路连接

根据电气控制原理图和设备布局图，比较容易完成电气接线图。在本篇任务二中还要根据控制柜的电气接线图，完成整个电梯控制柜原理图的接线以及控制柜与梯身部分的连接。在对线路进行连接时，应做到能实现正确的电气功能，接线要符合工艺标准，各线连接处要套有号码管，工作完成后要盖上线槽盖，安装好的电气控制柜的整体外形如图 4–7 所示。

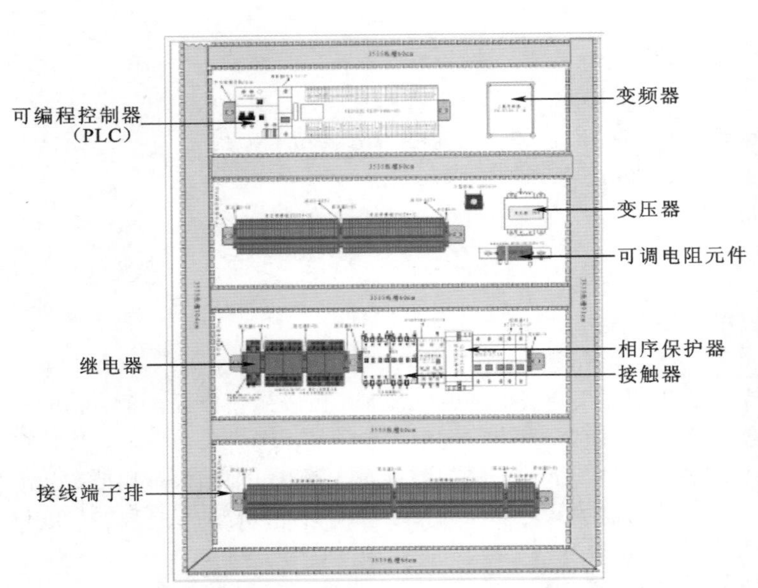

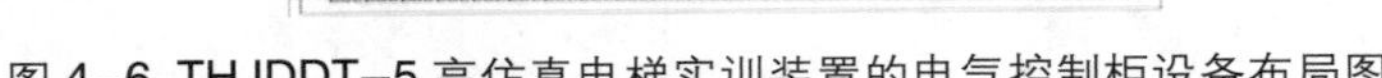

图 4–6 THJDDT–5 高仿真电梯实训装置的电气控制柜设备布局图

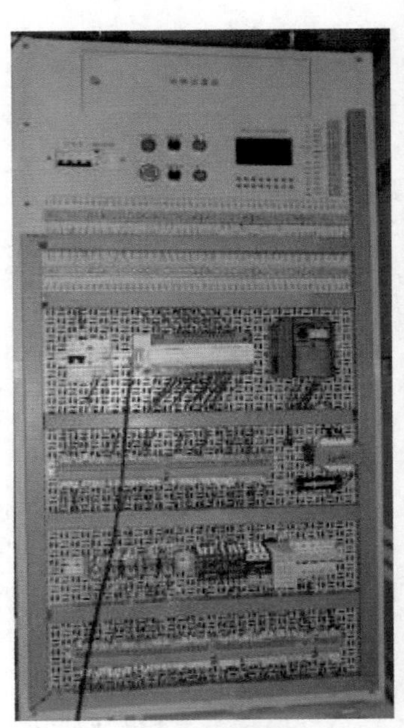

图 4–7 电气控制柜整体外形

工作内容3：单台电梯的编程与调试

在弄清楚所有的硬件分布和电气接线之后，就要对电梯进行编程和调试了。通过前面的分析已经知道，THJDDT–5 高仿真电梯实训装置采用的是 PLC 控制系统，该装置提供三菱、汇川等国内外不同厂家生产的 PLC，本书以三菱 FX2N–64MR–001 型 PLC 为例讲解电梯的控制程序。此外本系统采用三菱 FR–D740–1.5kW 型变频器来驱动曳引机，因此需要对该系列的变频器的硬件接线和参数设置有所了解。

1．电梯基本功能要求

在编写程序之前，首先应该了解一下电梯的基本功能。对于单台电梯，应该具备以下基本功能：

（1）上电时，电梯处于任意一层。

（2）电梯应能按照逻辑要求正确地响应各种内选信号与外呼信号。

（3）输入按钮带有指示灯。当按内选 / 外呼按钮时，指示灯亮，到达内选 / 外呼楼层后，内选 / 外呼信号解除，指示灯灭。

（4）电梯到达响应楼层后，电梯门应能自动打开，5 s 后，电梯门应能自动关闭。

（5）电梯超载时，电梯开门等待。

（6）电梯在本层处于关门状态，外呼按钮能开门。

（7）电梯可以在数字量控制或开关量控制任意状态均可以正常运行。

（8）当打开消防开关时，电梯能迫降至底层，同时电梯停用，当关闭消防开关时电梯恢复正常工作。消防开关可在触摸屏中组态。

（9）电梯应具有以下安全防护功能：

① 电梯未平层或运行时，开门按钮和关门按钮均不起作用。平层且电梯停止运行后，按开门按钮电梯门打开，按关门按钮电梯门关闭。

② 电梯有极限位置防护功能。

③ 电梯有安全触板和光电对射传感器双重防护措施，当电梯关门时，两者任意一项有信号时，电梯立即停止关门，并开始开门。

④ 打开电梯锁（梯锁有信号）时，电梯（从其他楼层返回）停在一层，并开门 10 s 后自动关门，此时不响应所有内选和外呼信号，等关闭电梯锁时，电梯恢复正常工作。

⑤ 电梯要求安全节能，当轿厢处于正常关门状态，且 8 s 内无内选或外呼信号时，内部照明灯和风扇停止工作，当有信号时恢复正常工作。、

基本功能都这么多啊？这个程序编起来太麻烦了。

呵呵，猛一看是有点麻烦，但是只要你按照上面的基本功能要求，耐下心来逐段程序进行攻破，最终你会觉得其实电梯的控制程序如此简单。

2. 单台电梯运行时的逻辑要求

单台电梯在什么情况下响应内选和外呼信号，这需要涉及到电梯常用的一些调度算法，之前已经了解到每种算法都有其优缺点，因此要根据实际情况合理地选择调度算法，以期能够达到最高的运行效率。因此，这里根据四层电梯的一般运行情况，对单台电梯提出以下逻辑要求：

（1）能正确响应任一楼层内选和外呼信号，到达该楼层时，电梯停止运行，电梯门打开，5 s 后自动关门。

（2）对多个同向的内选信号，按到达位置先后次序依次响应。例如，电梯在一层上客后，内选信号有二层、三层和四层，则电梯先响应二层，再响应三层，最后响应四层。

（3）对同时有多个内选信号与外呼信号时，响应原则为“先按定向，同向响应，顺向截梯，最远端反向截梯”。

最后那个逻辑还是不太懂啊，什么叫顺向截梯？什么又叫最远端反向截梯？

好吧，我们还是举例来说吧。电梯上行时，在到达三层之前，若该层有内选或上行外呼，电梯在到达三楼时则停止，这称为同向响应、顺向截梯；而四层没有上行外呼，此时电梯只能响应四层的下行外呼，这称为最远端反向截梯。

3. 电梯舒适系统设计与调试

提到电梯的舒适度，每个人都应该深有体会，在乘坐有些电梯的时候，电梯在刚刚启动或者将要停车的情况下，总会让人感到一阵头晕，这就是所说的电梯的舒适度问题。在对电梯进行编程和调试时，应该根据电梯平稳度以及节能的要求，合理地编写变频器的控制程序，正确地设置变频器参数，实现变频器多段速度之间的平稳切换，使电梯能够平稳起停，轿厢振动尽量小，准确达到电梯平层的要求。

以下给出变频器的建议性参数设置值：

(1) 运行模式：外部 /PU 组合运行模式 1；

(2) 加速时间 1.5 s，减速时间 2.2 s；

(3) 运行频率：高速为 35 Hz，低速为 10 Hz，检修为 5 Hz；

啊！这个地方一定要调好了，否则电梯乘坐起来会很不舒服的。

4. 触摸屏工程设计

在某些高级场合，电梯的内选和外呼不再是普通的按钮，电梯的楼层显示和运行方向也不再是七段 LED 显示器，而是工业当中常用的触摸屏，这些触摸屏不仅能够使电梯的控制更加方便、信号更加稳定，还使整体的显示效果更加美观、大方，使整个电梯显得有档次。

THJDDT-5 高仿真电梯实训装置中每台电梯都提供了 MCGS 的 TPC7062KX 触摸屏，触摸屏与 PLC 程序同步运行显示，为电梯功能的进一步开发提供了相当好的平台。可以将轿厢当前楼层信息、轿厢运行方向，甚至 PLC 运行状态（正常或检修）等内容显示在触摸屏上，还可以将内选和外呼信号做在触摸屏里。

5. 单台电梯的整体调试

在完成了电梯的所有器件的安装和接线，以及 PLC 的编程和变频器的参数设置等任务之后，就要对单台电梯进行整体调试，在调试的过程中，会遇到各种问题，不断地去解决这些问题，就能成为真正的高手。

工作内容4：两台群控电梯的编程与调试

我们学校的第二教学楼中有两台非群控电梯，一台在八层，一台在四层，如果我想从一层去八层，应该呼叫哪台电梯？

哈哈，当然是呼叫四层那台电梯了，八层那台电梯离得太远了。

对于上面的问题，你的回答如果和熊猫是一样的，那你恐怕就大错特错了。想一想，如果四层那台电梯正在上行中呢？如果它现在已经有了八层的内选信号呢？

可以看出，如果两台电梯没有群控功能的话，需要根据实际情况来选择正确的电梯，否则不仅浪费了时间，还浪费了宝贵的电能。因此，希望两台电梯具有群控功能，所谓群控电梯，就是指两台及以上的电梯集中排列，共有厅外召唤按钮，按规定程序集中调度和控制的电梯。这样具有集中调度和控制功能的电梯，人们在乘坐时就不需要再考虑具体应该呼叫哪台电梯，而是给出呼叫信号后，控制中心会自动分配任务，将最快能够到达的电梯调度过来供人们乘坐，这样可以有效地避免长时间等待和能量的浪费。

THJDDT-5 高仿真电梯实训装置每套设备具有两台电梯，两台电梯的 PLC 可以通过 RS-485 进行通信，相互交换信息，合理调度，实现群控功能。这里将电梯分为待召、上客、运行三种状态，并定义：A 梯为主梯（A 梯 PLC1 为主站），B 梯为副梯（B 梯 PLC2 为从站）。两台电梯内选信号的响应规则与单台电梯一致，其群控功能主要考虑两台电梯对外呼信号如何响应，外呼信号统一管理，两台电梯外呼信号作用相同，响应逻辑应遵循路程最短、时间最少与任务均分原则，相同情况下主梯优先响应。

对于任一楼层有外呼信号时，响应规则如下：

（1）按“路程最短”原则响应。若 A、B 与外呼楼层距离相同时，无论信号是 A 外呼还是 B 外呼，则由 A 梯响应。

（2）按“时间最少”原则响应。考虑到电梯上下客时间，无论待召电梯与外呼在哪个楼层，都是待召电梯响应。

（3）综合考虑路程、时间及任务分配原则，一般情况为待召电梯响应。只有外呼信号满足运行电梯“沿途顺带”要求，且运行电梯当前位置比待召电梯离外呼楼层更近，运行电梯当前位置到外呼楼层之间没有需要响应的内选或外呼楼层（即不存在上下客状态），才使运行电梯响应外呼。

（4）按“路程最短”与“时间最少”原则响应，分三种情况：

① 若外呼楼层对某台电梯满足“沿途顺带”要求，对另一台电梯不满足，则满足“沿途顺带”要求的电梯响应外呼；

② 若外呼楼层对两台电梯都满足“沿途顺带”要求，则看中途上下客次数，次数少的电梯响应。若中途没有上下客或上下客次数相同，则运行电梯响应；

③ 若外呼楼层对两台电梯都不满足“沿途顺带”要求，则需计算最大反向路程，按“路程最短”原则响应；若路程也相同，则运行电梯响应。

在很多电梯的内选按钮中是没有13这个数字的，这是为什么呢？

任务一　电梯梯身部分部件的安装与接线

任务目标

1．会对限速器、安全钳、井道信息系统等机械部件安装和调整；

2．会对平层开关、磁感应开关和双稳态开关等机械部件安装和调整；

3．会呼梯盒的安装与接线。

子任务一　限速器和安全钳的安装与调整

1．检查元件和工具

当电梯发生意外事故时（如曳引钢丝绳折断，轿顶滑轮脱离，曳引机蜗轮蜗杆啮合失灵，电动机下降转速过高等），导致轿厢超速或高速下滑，这时限速器反向旋转摩擦力增大，导致其紧急制动，通过钢丝绳及连杆机构，带动安全钳动作，使轿厢卡在导轨上而不会下落。同时，它们还能将电气信号通过安全钳开关（见图 4-8）传送给安全回路，及时地断开控制回路，切断曳引机主回路，使曳引机紧急制动。

图 4–9 为 THJDDT–5 高仿真电梯实训装置上的限速器，安装于实训装置梯身的顶部。完全根据实际的限速器仿制而成。

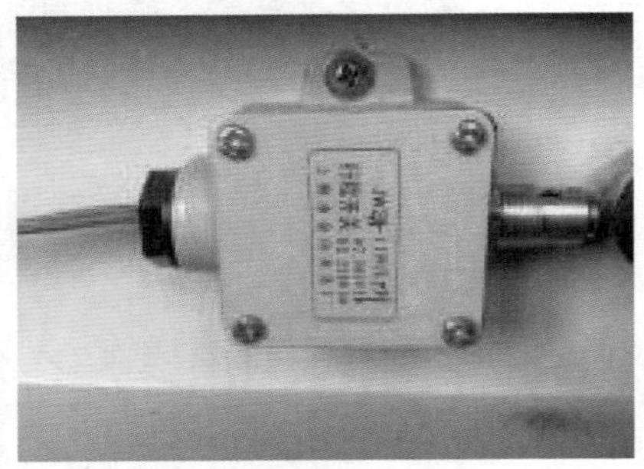

图 4–8　安全钳开关

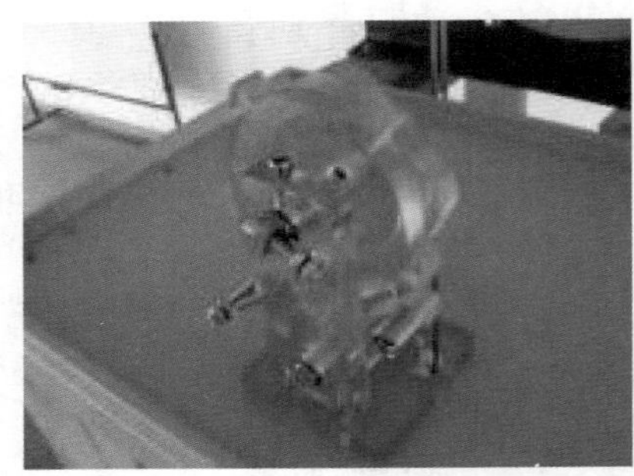

图 4–9 THJDDT–5 高仿真电梯实训装置上的限速器

注意：限速器只能单向限速，所以在安装的时候千万不能把它安装反了哦！

那要是安全钳钢丝绳断了，安全钳不就起不了作用了吗？

限速器保护系统对电梯的安全起至关重要的作用，可它是由钢丝绳连接起来的，如果钢丝绳断裂，安全钳就不能再起到保护作用，因此设置了断绳开关来监测安全钢丝绳。当电梯非正常运行或其他原因造成安全钢丝绳断裂时，安全钢丝绳下端的配重会下落触到断绳开关，使电梯安全回路断电，使电梯马上停止运行，从而保护轿厢中乘客的安全。

图 4–10 为 THJDDT–5 高仿真电梯实训装置上的断绳开关，实际的断绳开关一般安装在底坑中，位于限速器张紧装置的侧下方。

图 4–10 THJDDT–5 高仿真电梯实训装置上的断绳开关

限速器保护系统既包括限速器、安全钳等机械保护装置，又包括安全钳开关、断绳开关等电气保护装置。详细的材料清单见表 4–2。请根据以下材料清单仔细检查核对元件的型号、规格、数量，并检查元件的质量，确定其是否合格。如有损坏，请及时找老师进行更换。

表 4–2 限速器保护系统材料清单

元件名称	型　　号	数　　量	代　　号	对应线号
单向限速器		1只		
安全钳		1只		
钢丝绳		7 m		
安全钳开关	JW2–11H/	1只	AQK	111/112
底坑断绳开关	DICGU	1只	SDS	113/114
钢丝绳固定扣		2只		
限速器张紧装置		1个		

在检查以上各种材料的质量时，对于机械装置，主要检查其外观是否有破损，滑轮的滑动是否过紧，螺钉是否有滑丝、脱扣等现象。如果滑轮滑动过紧，请及时调整其固定螺钉的松紧度，并进行必要的润滑；螺钉如果有滑丝、脱扣等现象，请及时更换。

对于电气行程开关，检查其好坏时，不仅要检查其外观是否破损，还需要使用万用表对其电气性能进行测量。首先将万用表打到二极管挡位，将万用表的两个表笔与行程开关的两个端子连接，按下行程开关的推杆，看其动合（常开）触点或动断（常闭）触点是否能够正常地通断。另外，对于安全钳开关，还需要用旋具将其外壳打开，完成其内部触点的接线。

安装限速器保护系统所需的工具清单见表 4–3。请各组学生根据以下工具清单仔细检查核对所领用的工具的型号、规格、数量，并检查工具的质量，确定其是否合格。对于万用表，要检查其是否有足够的电源，其表笔、插头及连接线是否有破损，如有破损，必须更换，防止在测量大电压和大电流时造成人身伤害。对于人字梯，也要仔细检查，看其连杆是否有破损，底座胶垫是否牢固，如有损坏，必须更换或修理，以免上行梯子时出现卧梯、打滑等危险事故。

表 4–3 安装限速器保护系统所需的工具

工　　具	型号与规格	单　　位	数　　量
万用表		个	1
内六角扳手	ϕ1.5 ~ ϕ10	把	1
活扳手	6″	套	1
一字旋具	6″	把	1
十字旋具	6″	把	1
铝合金人字梯	1.5 m	架	1
绝缘胶带			若干

每次对元件和工具进行检查时，一定要认真仔细，有了好的“利器”，就事半功倍了。

本任务主要完成机械安装和调整，配置一些基本的电工工具和机械安装工具。请各组学生根据表 4–2 中所列工具清单仔细检查核对所领用工具的型号、规格、数量，并检查工具的质量，确定其是否合格。

2．限速器保护系统的安装与调整步骤

安装与调整步骤（见图 4–11）：

（1）登上人字梯，将限速器固定在井道顶部，用内六角扳手将其各个螺钉拧紧。

（2）将安全钳提拉杆和安全钳开关固定在轿厢顶部上面，并适当地调整螺钉松紧度；然后将安全钳开关固定好，螺钉拧紧。

（3）登上人字梯，将钢丝绳穿过井道顶并绕过限速轮再从井道顶部穿下，把钢丝绳的两端分别用固定扣锁在安全钳提拉杆的两端，将断绳开关固定好，并调节好钢丝绳松紧度使断绳配重侧面触板距离断绳开关 2 ～ 3 cm。

（4）用绝缘胶带把钢丝绳头缠好，以免长时间使用造成钢丝绳头分散。

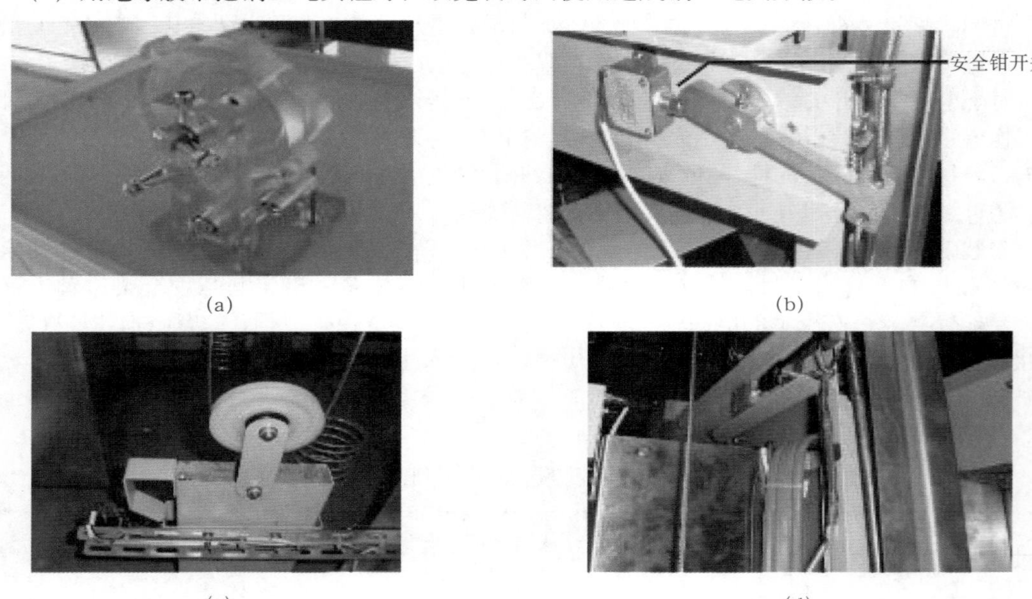

图 4–11 限速器保护系统的安装与调整步骤

按照以上步骤将限速器保护系统安装完成后，还要对其断绳开关和安全钳行程开关进行接线。其中关于断绳开关和安全钳行程开关的接线图如图 4–12 所示。

安装注意事项：

（1）由于限速器只能单向限速，所以在安装安全钢丝绳时，一定要保证限速器在轿厢下行的过程中起作用；

（2）在安装限速器和安全钢丝绳时，需要用到人字梯，在上下梯子的时候要注意安全；

（3）钢丝绳的长短要把握好，既不能太松而压到断绳开关，也不能太紧，否则会导致张紧装置摆动甚至脱出；

（4）请确保断绳开关和安全钳行程开关所使用的动断触点。

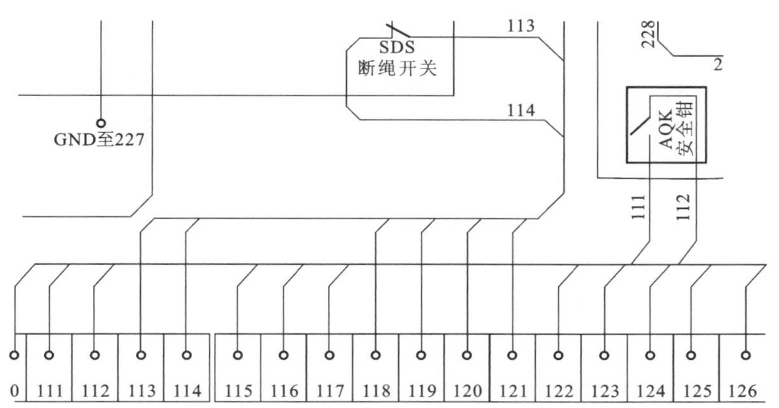

图 4–12 断绳开关和安全钳行程开关的接线图

子任务二 井道信息系统的安装与接线

1. 检查元件和工具

THJDDT–5 高仿真电梯实训装置的井道信息系统包括：减速磁感应开关四个，上、下强返开关各一个，上、下限位开关各一个，上、下极限位开关各一个，共十个磁感应开关。它们的型号见表 4–4。请根据以下材料清单仔细检查核对元件的型号、规格、数量，并检查元件的质量，确定其是否合格。如有损坏，请及时找老师进行更换。

表 4–4 井道信息系统材料清单

元件名称	代号	数量／个	型号	线号	对应 PLC 输入点
减速永磁感应器	1PG	4	YG–1A	116、227	X002
上强返减速开关	GU	1	YG–1A	118、227	X003
下强返减速开关	GD	1	YG–1A	119、227	X004
上限位开关	SW	1	YG–1A	120、227	X010
下限位开关	XW	1	YG–1A	121、227	X011
上极限位开关	SJK	1	YG–1A	219、001	—
下极限位开关	XJK	1	YG–1A	220、001	—

对于磁感应开关，在检查其好坏时，与行程开关的检查方法类似，不一样的地方在于行程开关需要按下推杆来判断其动合动断触点的好坏，而磁感应开关需要用铁板等导磁材料挡住磁感应开关的中间空隙，看其动合触点或动断触点是否能够正常通断。

在整个井道信息系统中，共有十个磁感应开关，每个磁感应开关的型号都为 YG–1A，其实物图如图 4–13 所示。

其中最上面和最下面的磁感应开关分别称为上、下极限位开关，表示轿厢不可超出这两个位置。在设计时它们被串联在安全回路中，在本实验装置中，它们的动断触点被直接串联在电源接触器 YC 的线圈回路中。当轿厢由于意外情况而出现冲顶或蹲底时，极限位开关的动断触点断开，从而断开电源接触器，使整个系统断电，曳引机的抱闸线圈抱紧，电梯制动。

图 4-13 YG-1A 磁感应开关实物图

从上数第二个和从下数第二个磁感应开关分别为上、下限位开关，跟上、下极限位开关不同，这两个限位开关是直接将信号传送给 PLC 的，因此在对 PLC 进行编程的时候要考虑到这两个信号，当发生特殊情况，这两个信号由动断变为动合时，PLC 程序中必须发出使曳引机制动的信号。

从上数第三个和从下数第三个磁感应开关分别为上、下强制返回限位开关，这两个限位开关也是直接将信号传送给 PLC 的，在对 PLC 进行编程的时候应当考虑到这两个信号，当发生特殊情况，这两个信号由动断变为动合时，曳引机应该强制反转，轿厢冲顶或蹲底。

位于中间的四个磁感应开关分别是每层的减速开关，它们共用一个 PLC 输入信号，当该层为目标层时，电梯运行至该层则自动减速，同时更新楼层显示信息。

注意：我们在本装置中所用到的YG-1A型磁感应开关其内部自带了永磁铁，所以在正常情况下，其干簧管内动合触点闭合、动断触点断开。只有当YG-1A型磁感应开关的中间空隙被铁板遮挡之后，阻断了磁感线，这样干簧管的动合和动断触点才恢复至常态。因此，我们在后面接线的时候，千万不能把动合和动断触点安装反了。

安装井道信息系统所需的工具清单见表 4-5。请各组学生根据以下工具清单仔细检查核对所领用工具的型号、规格、数量，并检查工具的质量，确定其是否合格。对于万用表等工具的检查办法与子任务一中类似。

表 4-5 安装井道信息系统所需的工具

工　具	型号与规格	单　位	数　量
万用表		个	1
内六角扳手	ϕ1.5 ~ ϕ10	套	1
活扳手	6″	把	1
一字旋具	6″	把	1
十字旋具	6″	把	1
铝合金人字梯	1.5 m	架	1

2. 井道信息系统的安装与接线步骤

安装与接线步骤（见图 4-14）：

（1）使用内六角扳手和活扳手固定磁感应开关，螺钉先不要拧太紧。并注意调整开关的位置，使轿厢挡板位于感应器空隙的正中间，避免轿厢运行碰触损坏器件。

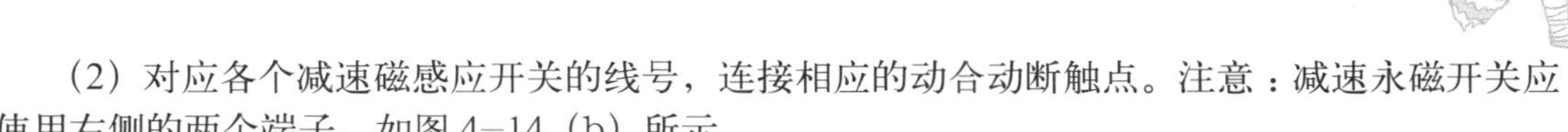

（2）对应各个减速磁感应开关的线号，连接相应的动合动断触点。注意：减速永磁开关应使用右侧的两个端子，如图 4–14（b）所示。

（3）对应各个限位磁感应开关的线号，连接相应的动合动断触点。注意：限位开关应使用左侧两个端子，如图 4–14（c）所示。

（4）检查各个磁感应开关的位置是否对中，确保轿厢挡板顺利通过中间空隙。确认各个线号连接无误，将所有磁感应开关固定螺钉拧紧加固。最终效果图如图 4–14（d）所示。

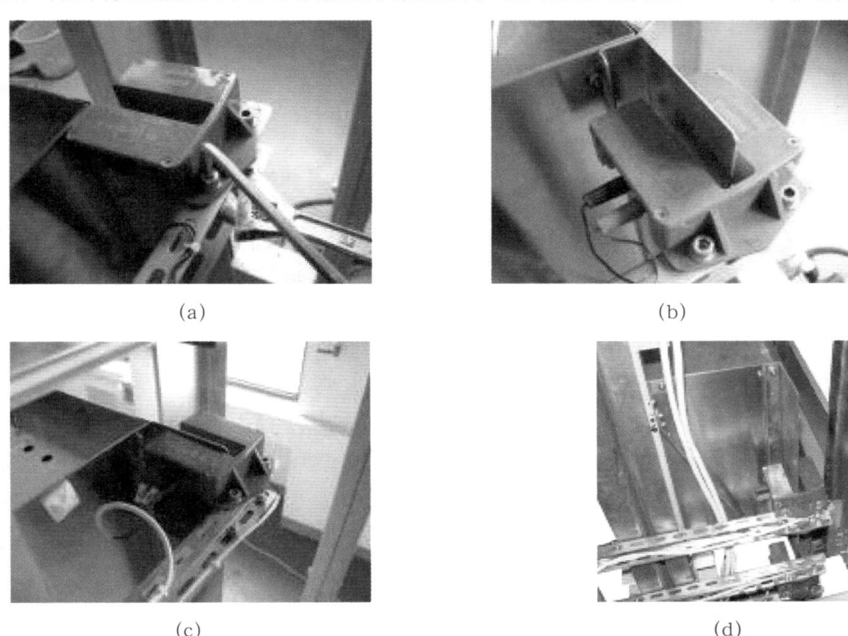

(a) (b) (c) (d)

图 4–14　井道信息系统的安装与接线步骤

按照以上步骤将井道信息系统安装完成后，还要对其各个磁感应开关进行接线，其中各个磁感应开关的部分接线图如图 4–15 所示。

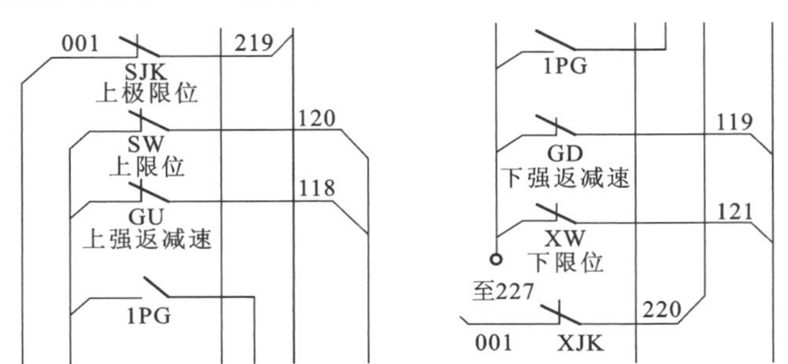

图 4–15　各个磁感应开关的部分接线图

安装注意事项：

（1）在安装磁感应开关时，一定要保证各个开关的中间空隙与轿厢挡板对应，以免运行时轿厢挡板撞坏磁感应开关；

（2）在安装上面几个限位开关时需要用到人字梯，在上下梯子的时候要注意人身安全；

（3）各个磁感应开关的动合触点和动断触点与图纸中所表示的正好相反，请确保不要接错；

（4）每个磁感应开关的线号一定要连接正确。

子任务三 平层开关检测机构的安装与调整

1. 检查元件和工具

THJDDT-5 高仿真电梯实训装置的平层开关检测机构包括门驱双稳态开关一个，磁豆八个，它们的型号见表 4-6。请根据以下材料清单仔细检查核对元件的型号、规格、数量，并检查元件的质量，确定其是否合格。如有损坏，请及时找老师进行更换。

表 4-6 平层开关检测机构材料清单

元件名称	代号	数量	线号	对应PLC输入点
门驱双稳态开关	PU	1个	115/228	X033
磁豆		8只	—	—

对于门驱双稳态开关，在检查其好坏时，与磁感应开关的检查方法类似，不一样的地方在于磁感应开关需要用铁板等导磁材料挡住磁感应开关的中间空隙，来检查其动合触点或动断触点的通断，而门驱双稳态开关需要将磁豆分别放在门驱双稳态开关的两个感应区，来检查其触点的通断。

门驱双稳态开关的实物图和内部结构图如图 4-16 所示。根据其内部结构图，容易分析门驱双稳态开关的工作原理：在干簧管上设置两个极性相反磁性较小的维持状态磁铁，因有它的存在，可使干簧管中的触点维持现有状态。但因两个小磁铁吸力不足，不会使干簧管吸合，只有受到外界同极性的磁场作用时才能吸合，受到异极性磁场作用时才能断开。当这个 S 极的磁豆离开双稳态磁开关后，双稳态磁开关内的触点仍吸合；当外界的 S 极的磁豆由右向左与双稳态磁性开关相遇，通过 S 极小磁铁时，由于磁场方向相同，则保持干簧管吸合；通过 N 极小磁铁时，由于场方向相反，磁力降低，不能再维持原状态，使干簧管触点断开。

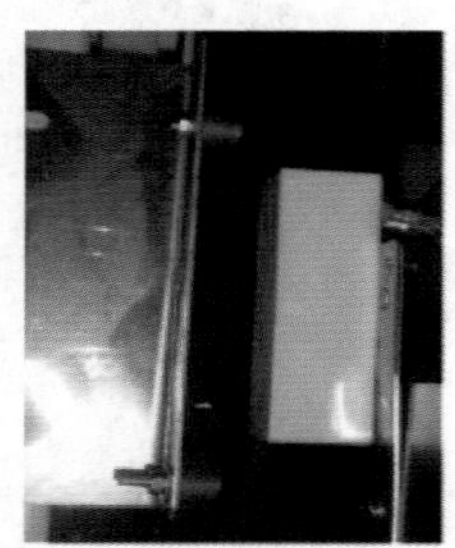
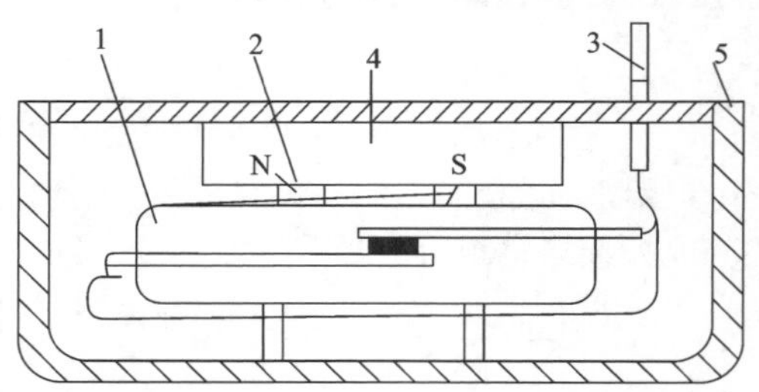

图 4-16 门驱双稳态开关的实物图和内部结构图

1—干簧管；2—维持状态磁铁；3—引出线；4—定位弹性体；5—壳体

安装平层开关检测系统所需的工具清单如表 4-7 所示。请各组学生根据以下工具清单仔细检查核对所领用工具的型号、规格、数量，并检查工具的质量，确定其是否合格。

表 4-7 安装平层开关检测系统所需的工具

工具	型号与规格	单位	数量
万用表		个	1
内六角扳手	$\phi 1.5 \sim \phi 10$	套	1
活扳手	6″	把	1
十字旋具	6″	把	1
铝合金人字梯	1.5 m	架	1

2．平层开关检测机构的安装与调整步骤

安装与调整步骤：

（1）取一个磁豆，用它的一极去吸门驱双稳态开关，听到有明显响声则此极为 S 极，否则为 N 极；

（2）将每层安装两颗磁豆（上下各一颗），下面磁豆朝门驱双稳态开关的为 S 极，上面磁豆朝门驱双稳态开关的为 N 极；

（3）调整两颗磁豆之间距离大约为 4 cm；

（4）安装固定门驱双稳态开关，并将接线接至动断触点；

（5）用内六角扳手调节固定板，使磁豆距离门驱双稳态开关为 6 ~ 8 mm。安装好的效果图如图 4–17 所示。

图 4–17　平层开关检测系统安装好的效果图

安装注意事项：

（1）在安装双稳态开关时，一定要注意两个磁豆的极性；

（2）要保证每层两个磁豆之间的距离适当，还要保证磁豆与双稳态开关之间的距离适当。在调试时，还要与减速磁感应开关进行适当的距离调整；

（3）在安装上面几个限位开关时需要用到人字梯，在上下梯子的时候要注意人身安全。

子任务四　呼梯盒的安装与接线

这里所说的呼梯盒主要包括外召呼梯盒和内选呼梯盒。一般楼层显示部分都嵌入在呼梯盒内，用以在厅外和轿厢内显示楼层，以及电梯的运行状态。

1．检查元件和工具

THJDDT–5 高仿真电梯实训装置的呼梯盒由四个外召呼梯盒和一个内选呼梯盒组成。两个呼梯盒中一共包括以下各个部分元件（见表 4–8）。请根据以下材料清单仔细检查核对元件的型号、规格、数量，并检查元件的质量，确定其是否合格。如有损坏，请及时找老师进行更换。

表 4–8　内外呼梯盒中元件清单

元件名称	代　号	数量 / 个	型　号	线　号	对应 PLC 点
内选一层按钮	1AS	1	E11		X020
内选二层按钮	2AS	1	E11		X021
内选三层按钮		1	E11		
内选四层按钮		1	E11		
一楼上呼按钮	1SA	1	E11		X024
二楼上呼按钮	2SA	1	E11		X025
三楼上呼按钮		1	E11		
二楼下呼按钮		1	E11		
三楼下呼按钮		1	E11		
四楼下呼按钮	4XA	1	E11		X031
一层内呼灯	1R	1	DC 24 V		Y010
二层内呼灯		1	DC 24 V		

续表

元件名称	代　号	数量/个	型　号	线　号	对应PLC点
三层内呼灯		1	DC 24 V		
四层内呼灯		1	DC 24 V		
一层上呼灯	1G	1	DC 24 V		Y014
二层上呼灯		1	DC 24 V		
三层上呼灯		1	DC 24 V		
二层下呼灯	2C	1	DC 24 V		Y030
三层下呼灯		1	DC 24 V		
四层下呼灯		1	DC 24 V		
楼层指示ABC、驻停、上下指示		5	DC 24 V		

表4-8中，部分元件的代号和线号以及其所对应的PLC点并未完全给出，请查阅光盘宝典中相关表格（THJDDT-5高仿真电梯实训装置对象接线图、变频变压电梯电气元件代号明细表、PLC控制电梯I/O端口分配图），将其补充完整。

内外呼梯盒主要由呼梯按钮、显示灯和楼层显示部分组成，最复杂就是显示电路部分。

图4-18为楼层显示电路接线图，其中208号线用于显示驻停信号，209、210号线显示轿厢上、下运动状态。227、231号线分别用于接地和提供电源。205到207号线接楼层显示器的ABC三个端子，经三－八译码器译码后显示楼层对应的数字。在轿厢内选面板和楼层呼叫面板上都有一个楼层显示的七段数码管以及电梯上下运行指示，通过显示板的三－八译码器来控制楼层数字显示，具体说明见表4-9。其中，A为BCD码的最低位，C为BCD码的最高位。

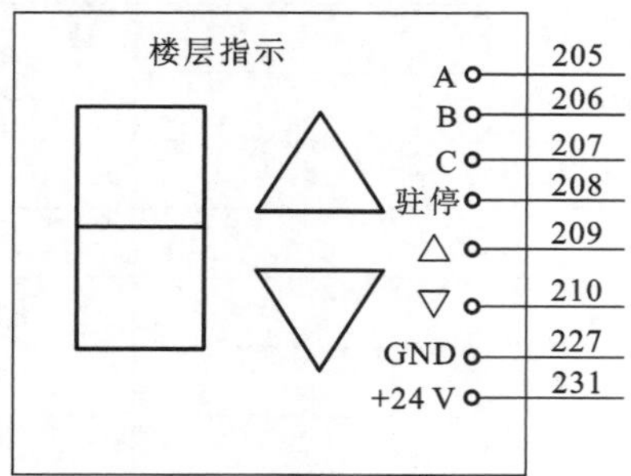

图4-18 楼层显示电路接线图

表4-9 三－八译码器的状态对于的楼层

层数＼端子	A	B	C
一层	1	0	0
二层	0	1	0
三层	1	1	0
四层	0	0	1

安装内外呼梯盒所需的工具清单如表4-10所示。请各组学生根据以下工具清单仔细检查核对所领用工具的型号、规格、数量，并检查工具的质量，确定其是否合格。

表4-10 安装内外呼梯盒所需的工具

工　具	型号与规格	单　位	数　量
万用表		个	1

续表

工　具	型号与规格	单　位	数　量
内六角扳手	ϕ1.5 ~ ϕ10	套	1
铝合金人字梯	1.5 m	架	1

2. 呼梯盒的安装与接线步骤

安装与接线步骤（见图 4-19）：

(1) 将各个按钮和灯正确的分别安装在内外呼梯盒内。如图 4-19 (a) 所示，人性化地从上往下排列数字，上升键在上，下降键在下。

(2) 使用内六角扳手固定所有内外呼梯盒，确保其稳固，表面平整。如图 4-19 (b) 所示。

(3) 对照附表中 THJDDT-5 高仿真电梯实训装置对象接线图，弄清楚每个线号所对应的信号。如图 4-19 (c) 所示。

(4) 对应线号，将端子正确地插在排针上，确保每个信号线的连接良好。如图 4-19(d)所示。

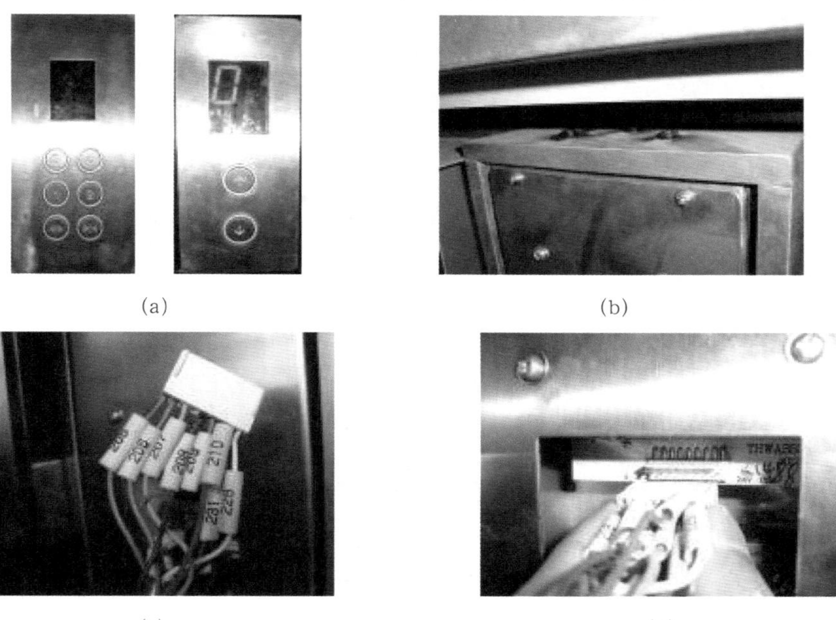
(a)　(b)　(c)　(d)

图 4-19 呼梯盒的安装与接线步骤

教你一招：

安装时一定要把信号线安装正确。怎样保证接线的正确与否？需要对照电梯对象接线图，用万用表来测量其按钮的通断。例如，将万用表表笔连接至132端和227端，按下二层的下呼按钮，看这两端是否通电？

任务评价

在完成了整个任务一之后，老师和学生都要对任务一的完成情况进行评价，同时老师要对学生的表现进行评价。将评价结果填入表 4-11 中。

表 4–11 任务一完成情况评价表

姓名		队友		开始时间			
专业／班级				结束时间			
项目内容	考核要求		配分	评分标准	自评	互评	教师评
元件的检查和工具的使用	(1) 按照材料清单正确检查元件的型号、数量等； (2) 按照要求正确检查元件的质量； (3) 安全规范地使用各种工具。		20	(1)材料清点有误,每次扣2分； (2) 元件检查方法有误，每次扣2分； (3) 损坏元件没能及时查出，每次扣2分； (4) 工具使用不规范，每次扣1分			
限速器和安全钳的安装与调整	(1) 正确理解限速器安全系统的保护原理； (2) 正确理解行程开关的工作原理和接线； (3) 正确完成装配； (4) 元件安装位置合理，紧固件无松动		15	(1) 未正确理解限速器安全系统的保护原理，扣5分； (2) 未正确理解行程开关的工作原理，扣2分； (3) 装配未完成，扣6分； (4) 元件安装位置不合理，紧固件有松动，每处扣1分			
井道信息系统的安装与接线	(1) 正确理解井道信息系统的开关布置情况； (2) 正确理解磁感应开关的工作原理和接线； (3) 正确完成装配； (4) 元件安装位置合理，紧固件无松动		15	(1) 未正确理解井道信息系统的开关布置情况，扣5分； (2) 未正确理解磁感应开关的工作原理，扣2分； (3) 装配未完成，扣6分； (4) 元件安装位置不合理，紧固件有松动，每处扣1分			
平层开关检测机构的安装与接线	(1) 正确理解平层开关检测装置的布置情况； (2) 正确理解门驱双稳态开关的工作原理和接线； (3) 正确完成装配； (4) 元件安装位置合理，紧固件无松动		15	(1) 未正确理解平层开关检测装置的布置情况，扣5分； (2) 未正确理解门驱双稳态开关的工作原理，扣2分； (3) 装配未完成，扣6分； (4) 元件安装位置不合理，紧固件有松动，每处扣1分			
呼梯盒的安装与接线	(1) 正确理解内外呼梯盒的接线情况； (2) 正确完成装配； (3) 元件安装位置合理，紧固件无松动		15	(1) 未正确理解内外呼梯盒的接线情况，扣5分； (2) 装配未完成，扣6分； (3) 元件安装位置不合理，紧固件有松动，每处扣1分			
职业素养与安全意识	安全		10	现场操作安全保护符合安全操作规程			
	规范		5	(1)工具未摆放整齐,扣1～2分； (2) 导线线头处理不规范，扣1～2分； (3) 走线工艺不规范，视情况扣1～2分			
职业素养与安全意识	纪律		5	遵守课堂纪律，尊重教师和同组成员；爱惜赛场的设备和器材，保持工位的整洁			

续表

姓名		队友		开始时间		
专业／班级				结束时间		
项目内容	考核要求	配分	评分标准	自评	互评	教师评
成绩合计						
自我点评						
队员点评						
教师点评						

知识、技术归纳

按照电梯的八大系统来看 THJDDT-5 高仿真电梯实训装置，本任务首先完成电梯的机械系统的安装（包括导向系统、重量平衡系统、轿厢系统、曳引系统和门系统等），对照实物检查电梯中主要设备，包括曳引机、编码器、对重装置、限速器、永磁感应器、门驱双稳态开关、环形磁钢、限位开关、直流电动机、行程开关、安全触板、光幕等。选择合理的安装和调试检测工具，使设备在整机调试之前已处于基本工作状态，为后续任务打下扎实的基础。

工程创新素质培养

在完成电梯梯身部分部件的安装与接线后，参考光盘宝典中的图纸，可不要随意施工！

任务二　电梯电气控制柜部件的安装与接线

任务目标

1. 能完成 PLC 控制系统的安装与接线；
2. 能完成曳引机主回路的安装与接线；
3. 能完成门机系统的安装与接线；
4. 完成安全回路的安装与接线，并对整套设备进行初步电气调试。

子任务一　PLC控制系统的安装与接线

在完成梯身的安装与接线后，下面着手电气控制柜的安装与接线，先从电气控制柜的核心 PLC 入手，THJDDT-5 高仿真电梯实训装置用的是三菱 FX2N-64MR-001 型 PLC，围绕这个核心扩展完成其输入／输出设备的接线，整套电气系统就完成大部分了，如果把整个系统比喻成一个人的话，PLC 就像是人的大脑。

1. PLC的控制原理图分析

THJDDT–5 高仿真电梯实训装置的整个 PLC 控制系统主要由曳引机控制部分、门机控制部分、井道信息部分、内外呼梯盒部分和安全回路部分等组成。图 4–20 为 PLC 系统的电气控制原理图，图中关于井道信息部分和内外呼梯盒部分的控制原理已在本篇的任务一中做了详细的介绍，至于曳引机的控制和门机的控制还有安全回路的内容，将在后面的子任务中陆续做详细分析。

PLC 系统 I/O 分配表见表 4–12。

表 4–12 PLC 系统 I/O 分配表

I/O 点	信 号 流	线 号	I/O 点	信 号 流	线 号
X000	BMQ 编码器 A 相	217	X034	EDP 们感应器	221
X001	BMQ 编码器 B 相	218	X035	PKS 梯锁	222
X002	1GP 减速感应器	115	Y000	QC1 转换继电器线圈	QC1 线圈
X003	GU 上强返减速	118	Y004	RH 变频器	RH
X004	GD 下强返减速	119	Y005	RL 变频器	RL
X005	DYJ 电压继电器	148	Y006	STF 变频器	STF
X006	MSJ 门联锁继电器	149	Y007	STR 变频器	STR
X007	MK 检修开关	MK	Y010	1R 选层指示灯	137
X010	SW 上限位开关	120	Y011	2R 选层指示灯	138
X011	XW 下限位开关	121	Y012	3R 选层指示灯	139
X012	RUN 变频器	RUN	Y013	4R 选层指示灯	140
X013	KMJ 开门继电器	KMJ NC	Y014	1G 一层上指示	141
X014	KAB 安全触板开关； AK 开门按钮	122、123	Y015	2G 二层上指示	142
X015	AG 关门按钮	124	Y016	3G 三层上指示	223
X016	CZK 超载开关	117	Y017	楼层数码显示 A	205
X020	1AS 轿厢内一层； TD 慢下按钮	125、TD	Y020	楼层数码显示 B	206
X021	2AS 轿厢内二层	126	Y021	楼层数码显示 C	207
X022	3AS 轿厢内三层	127	Y022	驻停	208
X023	4AS 轿厢内四层； TU 慢上按钮	128、TU	Y023	数码显示上	209
X024	1SA 一层上按钮	129	Y024	数码显示下	210
X025	2SA 二层上按钮	130	Y025	CHD 超载指示	211
X026	3SA 三层上按钮	131	Y026	关门继电器 NO	155
X027	2XA 二层下按钮	132	Y027	开门继电器 NO	154
X030	3XA 三层下按钮	133	Y030	2C 二层下指示	202
X031	4XA 四层下按钮	134	Y031	3C 三层下指示	203
X032	HK 模数转换开关	HK	Y032	4C 四层下指示	204
X033	PU 门驱双稳态开关	115	Y033	DZ1 照明风扇	212

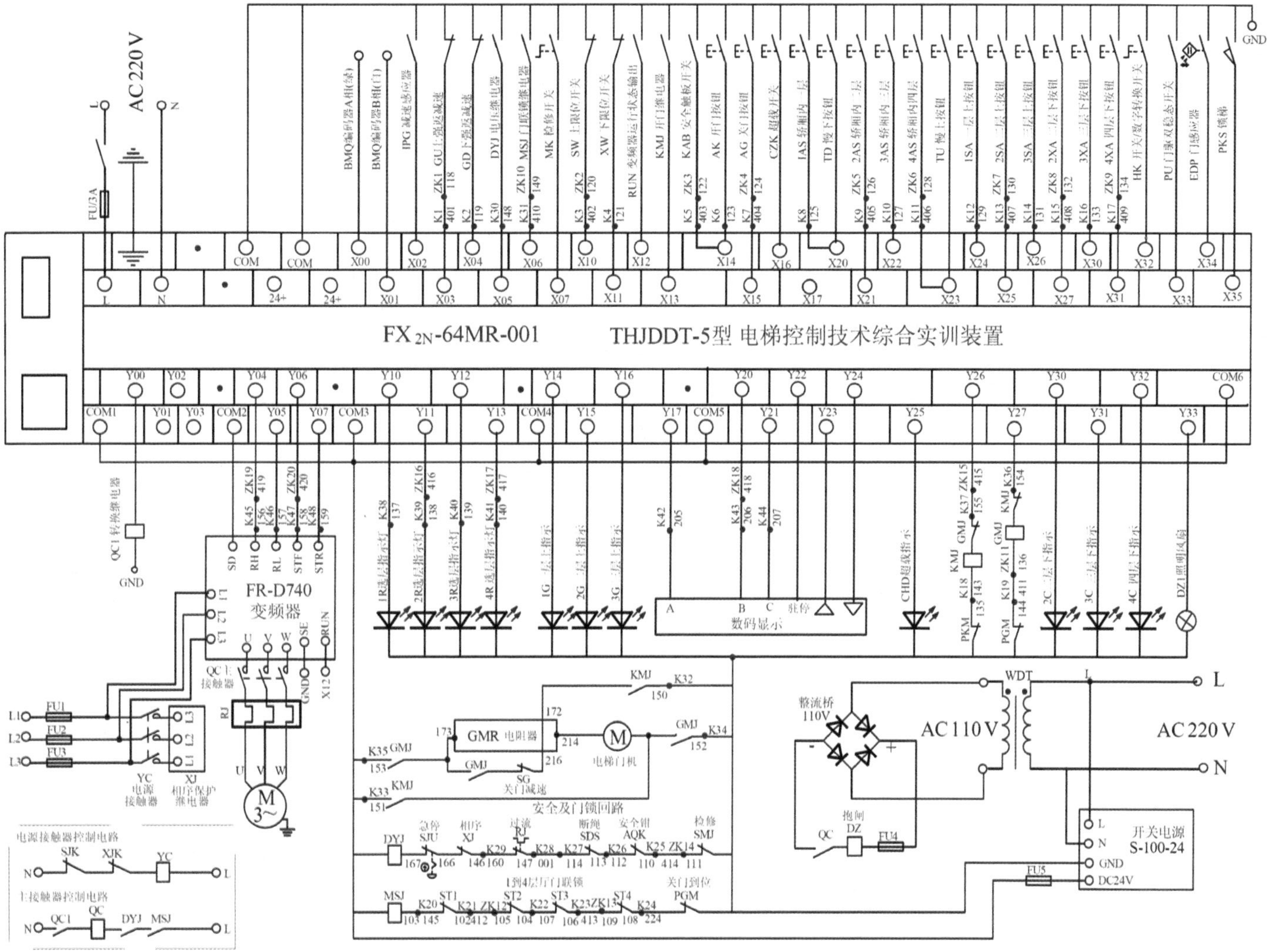

FX2N-64MR-001 THJDDT-5型 电梯控制技术综合实训装置

AC 220 V L N FU/3A

BMQ编码器A相(绿)
BMQ编码器B相(白)
IPG 减速感应器
GU 上强迫减速
GD 下强迫减速
DYJ 电压继电器
MSJ 门联锁继电器
MK 检修开关
SW 上限位开关
XW 下限位开关
RUN 变频器运行状态输出
KMJ 开门继电器
KAB 安全触板开关
AK 开门按钮
AG 关门按钮
CZK 超载开关
1AS 轿厢内一层
TD 梯下按钮
2AS 轿厢内二层
3AS 轿厢内三层
4AS 轿厢内四层
TU 梯上按钮
1SA 一层上按钮
2SA 二层上按钮
3SA 三层上按钮
2XA 二层下按钮
3XA 三层下按钮
4XA 四层下按钮
HK 开关/数字转换开关
PU 门驱双稳态开关
EDP 门感应器
PKS 锁梯
GND

QC1 转换继电器
FR-D740 变频器
1R 选层指示灯
2R 选层指示灯
3R 选层指示灯
4R 选层指示灯
1G 一层上指示
2G 二层上指示
3G 三层上指示
数码显示
驻停
CHD 超载指示
2C 二层下指示
3C 三层下指示
4C 四层下指示
DZ1 照明风扇

QC 主接触器
RJ
YC 电源接触器
XJ 相序保护继电器
电源接触器控制电路
主接触器控制电路
GMR 电阻器
电梯门机
SG 关门减速
安全及门锁回路
急停 SJU
相序 XJ
过流 RJ
断绳 SDS
安全钳 AQK
检修 SMJ
1到4层厅门联锁
关门到位 PGM
整流桥 110V
AC 110 V
WDT
抱闸 DZ
FU4
FU5
开关电源 S-100-24
AC 220 V

图 4-20 PLC 系统的电气控制原理图

2. 检查元件和工具

THJDDT-5 高仿真电梯实训装置的 PLC 控制系统包括可编程控制器一个、空气开关（带漏电保护器）一个、熔断器（带熔丝）一个、输入输出端子排共两个、固定导轨两个，以及 1.5 mm^2 导线（红，绿，黄，黑）和 0.7 mm^2 导线（绿）、接线端子、号码管等材料。它们的型号见表 4-13 所示。请根据以下材料清单仔细检查核对 元件的型号、规格、数量，并检查元件的质量，确定其是否合格。如有损坏，请及时找老师进行更换。

表 4-13 PLC 控制系统材料清单

元件名称	数量	型号与规格
可编程控制器	1	FX2N-64MR
空气开关（带漏电保护器）	1	2P/6A
熔断器一个	1	RT18-32-1P
单层弹簧端子排	2	RST4×32
固定导轨	2	平行铝制 44 cm
固定卡子	2	挡片 D-RST4 固定器 E-UK
导线	若干	1.5 mm^2 导线（红，绿，黄，黑）和 0.7 mm^2 导线（绿）
其他	若干	接线端子、号码管、线槽等

安装 PLC 控制系统所需的工具清单如表 4-14 所示。请各组学生根据以下工具清单仔细检查核对所领用工具的型号、规格、数量，并检查工具的质量，确定其是否合格。

表 4-14 安装 PLC 控制系统所需的工具

工具	型号与规格	单位	数量
万用表		个	1
活扳手	6″	把	1
一字旋具	6″	把	1
十字旋具	6″	把	1
剥线钳	YS-1	把	1
压线钳	CP-376VR，8P	把	1
斜口钳	DL2336	把	1

3. PLC控制系统的安装与接线步骤

安装与接线步骤（见图 4-21）

（1）根据光盘中所提供的电气控制柜布局图，正确地将 PLC 的固定导轨和端子排的固定导轨安装在网孔板上，并将 PLC 与端子排固定在相应的位置。

（2）根据布局图依次把空气开关、漏电保护器、熔断器、安装在导轨上，如图 4-21（b）所示。

（3）将导轨两侧用固定卡子卡住，确保 PLC 空气开关等器件稳固，如图 4-21（c）所示。

（4）按照表 4-12 和电气控制柜接线图，正确地将 PLC 的输入输出进行接线，接线要符合工艺标准，各线连接处要套有号码管，如图 4-21（d）所示。

(a)

(b)

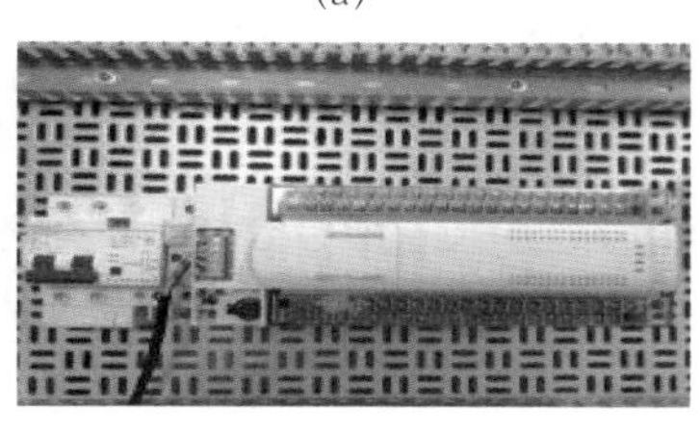

(c)

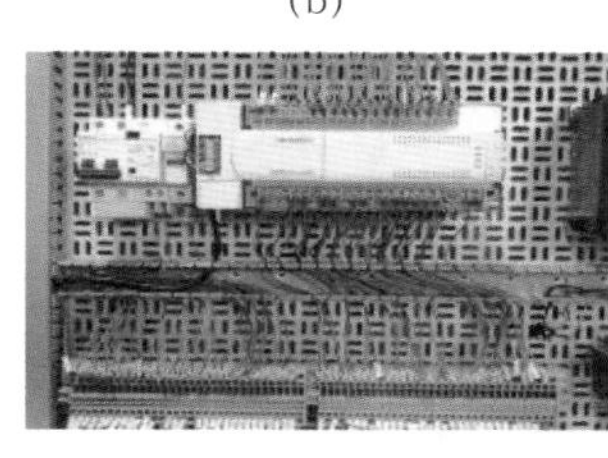

(d)

图 4–21 PLC 控制系统的安装与接线

安装注意事项：

(1) 正确使用工具，操作安全规范。
(2) 部件安装要稳定、合理、规范。
(3) 接线符合工艺标准，各线连接处要套有号码管。
(4) 爱惜公共设备和器材，尽量减少材料的浪费。
(5) 保持工作台及附近区域干净整洁。
(6) 遵守课堂纪律，尊重教师，服从安排。

子任务二 曳引机主回路的安装与接线

1. 曳引机主回路的控制原理图分析

曳引机主回路的控制原理图如图 4–22 所示。曳引机为三相异步交流电动机，采用 FR–D740 变频器驱动其运行，变频器的主回路进线为三相 380 V 交流电，频率为工频 50 Hz，如图 4–22 中 L1、L2、L3 所示；主回路出线为三相交流电，电压和频率为经变频器变化之后的电压和频率，如图 4–22 中 U、V、W 所示；图 4–22 中 XJ 表示的是相序保护继电器，主要为了保证进线电源的相序，关于它的原理，将在本篇子任务四中详细叙述；RUN 端子接 PLC 的输入端子 X12，当变频器运行时，RUN 端子会输出高电平；STF、STR 为正反转控制端；RH、RL 分别为三段速 / 多段速的控制输入端；QC 为主接触器。

图 4–23 中，R/L1、S/L2、T/L3 为变频器主回路的三相进线接线端，通过断路器和主接触器接三相交流电源；U、V、W 为变频器主回路的三相出线接线端，直接接三相交流电动机。图 4–23 为 FR–D740 变频器的主回路端子接线图。

此外，变频器为用户提供了许多控制端，通过连接不同的控制端并且搭配合适的参数，就可以对变频器进行各种复杂的控制。表 4–15 为 FR–D740 变频器控制电路各个端子的功能和规格。

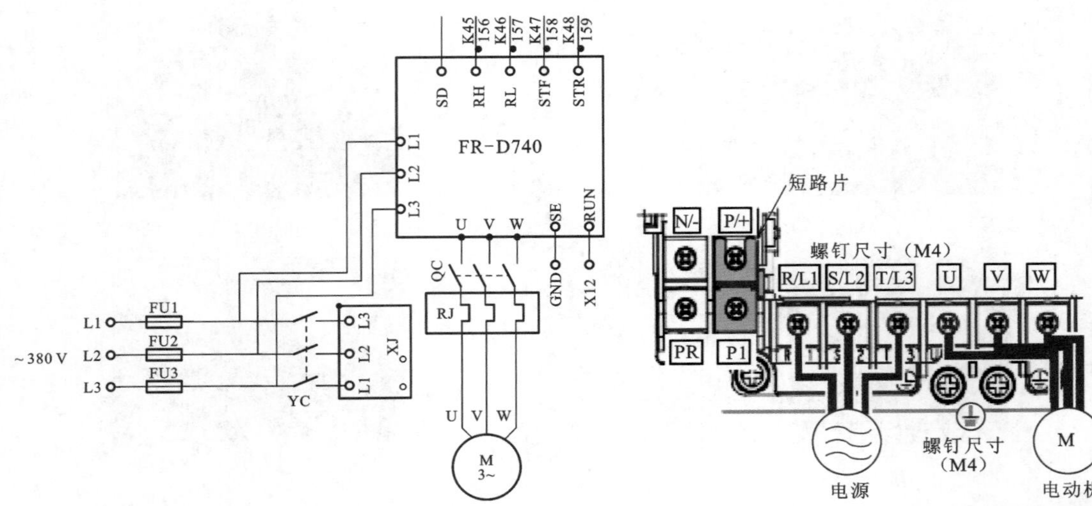

图 4–22 曳引机主回路的控制原理图　　图 4–23 FR–D740 变频器的主回路端子接线图

表 4–15 FR–D740 变频器控制电路各个端子的功能和规格

<table>
<tr><th>种　类</th><th>端 子 信 号</th><th>端 子 名 称</th><th colspan="2">端子功能说明</th><th>额 定 规 格</th></tr>
<tr><td rowspan="9">接点输入</td><td>STF</td><td>正转启动</td><td>ON 时为正转，OFF 时为停止</td><td rowspan="2">STF、STR 信号同时 ON 时为停止</td><td rowspan="3">输入电阻 4.7 kΩ，开路电压 DC 21 ~ 26 V，短路电流 DC 4 ~ 6 mA</td></tr>
<tr><td>STR</td><td>反转启动</td><td>ON 时为反转，OFF 时为停止</td></tr>
<tr><td>RH
RM
RL</td><td>多段速度选择</td><td colspan="2">用 RH、RM、RL 信号的组合可以选择多段速度。参数 Pr.4 ~ 6，Pr.24 可设置速度：RH 为 ON 时，频率为 Pr.4 的值；RM 为 ON 时，频率为 Pr.5 的值；RL 为 ON 时，频率为 Pr.6 的值；RH、RL 同时为 ON 时，频率为 Pr.25 的值</td></tr>
<tr><td rowspan="3">SD</td><td>接点输入公共端（漏型）（初始设定）</td><td colspan="2">接点输入端子（漏型逻辑）的公共端子</td><td rowspan="3">—</td></tr>
<tr><td>外部晶体管公共端（源型）</td><td colspan="2">源型逻辑时当连接晶体管输出</td></tr>
<tr><td>DC 24 V 电源公共端</td><td colspan="2">DC 24 V，0.1 A 电源的公共输出端子。与端子 5 和端子 SE 绝缘</td></tr>
<tr><td rowspan="3">PC</td><td>外部晶体管公共端（漏型）（初始设定）</td><td colspan="2">漏型逻辑时当连接晶体管输出</td><td rowspan="3">电源电压范围 DC 22 ~ 26.5 V 容许负载电流 100 mA</td></tr>
<tr><td>接点输入公共端（源型）</td><td colspan="2">接点输入端子（源型逻辑）的公共端</td></tr>
<tr><td>DC 24 V 电源</td><td colspan="2">可作为 DC 24 V，0.1 A 电源使用</td></tr>
</table>

续表

种　类	端子信号	端子名称	端子功能说明	额定规格
频率设定	10	频率设定用电源	作为外接频率设定用电位器时的电源使用	DC (5.1±0.2) V 容许负载电流 10 mA
	2	频率设定(电压)	如果输入 DC 0～5 V，在 5 V 时为最大输出频率，输入输出成正比。通过 Pr.73 进行 DC 0～5 V 和 DC 0～10 V 输入的切换操作	输入电阻 (10±1) kΩ 最大容许电压 DC 20 V
	4	频率设定(电流)	如果输入 DC 4～20 mA（或 0～5 V，0～10 V），在 20 mA 时为最大输出频率，输入输出成正比。只有 AU 信号为 ON 时端子 4 的输入信号才会有效。通过 Pr.267 进行 4～20 mA 和 DC 0～5V、0～10 V 输入的切换操作	电流输入的情况下：输入电阻 (233±5) Ω，最大容许电流 30 mA。电压输入情况下：输入电阻 (10±1) kΩ，最大容许电压 DC 20 V
	5	频率设定公共端	频率设定信号及端子 AM 的公共端子。勿接地。	—

2. 检查元件和工具

安装曳引机主回路所用元件包括：变频器一只、交流接触器（电源接触器和主接触器）两只、主继电器一只、相序保护继电器一只、热继电器一只、熔断器三只、固定轨道一个。它们的型号见表 4-16。请根据以下材料清单仔细检查核对元件的型号、规格、数量，并检查元件的质量，确定其是否合格。如有损坏，请及时找老师进行更换。清单中部分元件的型号没有给出，请将其补充完整。

表 4-16 曳引机主回路材料清单

元件名称	代　号	数　量	型　号	线　号
变频器		1	FR-D740	
电源接触器	YC	1		上：L21/L22/L23 下：L31/L32/L33
主接触器	QC	1		上：U/V/W 下：U1/V1/W1
相序保护继电器	XJ	1	XJ3-S-AC 380 V	
热继电器	RJ	1		上：U1/V1/W1 下：302/303/304
熔断器	FU	3	5 A	L11/L12/L13 L21/L22/L23、L
固定轨道		1	平行铝制 54 cm	

安装曳引机主回路所需的工具清单见表 4-17。请各组学生根据以下工具清单仔细检查核对所领用工具型号、规格、数量，并检查工具的质量，确定其是否合格。

表 4-17 安装曳引机主回路所需的工具

工　具	型号与规格	单　位	数　量
万用表		个	1
活扳手	6″	把	1

续表

工　具	型号与规格	单　位	数　量
一字旋具	6″	把	1
十字旋具	6″	把	1
剥线钳	YS-1	把	1
压线钳	CP-376VR，8P	把	1
斜口钳	DL2336	把	1

3．曳引机主回路控制系统的安装与接线步骤

安装与接线步骤（见图 4-24）：

（1）根据图 4-6，正确地将变频器固定在网孔板上的相应位置，如图 4-24（a）所示。

（2）根据布局图和参考图，正确地将导轨安装在网孔板上，并将熔断器、主接触器、电源接触器、热继电器、相序保护继电器等固定在相应的位置，如图 4-24（b）所示。

（3）按照图 4-22 曳引机主回路的控制原理图，正确地将变频器的主回路进行接线，接线要符合工艺标准，各线连接处要套有号码管，如图 4-24（c）所示。

（4）按照曳引机主回路的控制原理图、电气控制柜接线图，正确地将材料清单中的接触器、继电器和熔断器等进行接线，接线要符合工艺标准，各线连接处要套有号码管，如图 4-24（d）所示。

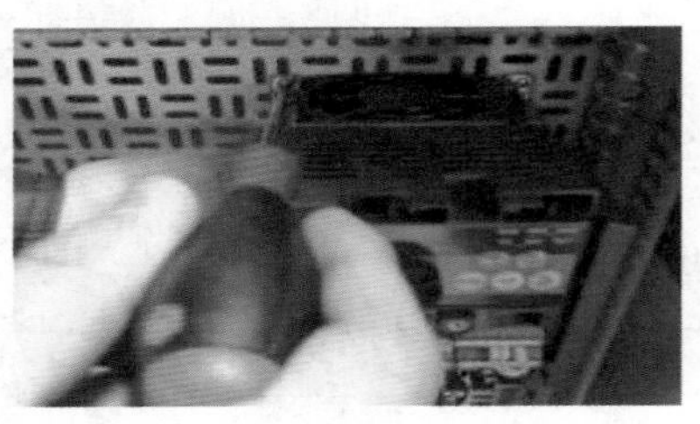

(a)

(b)

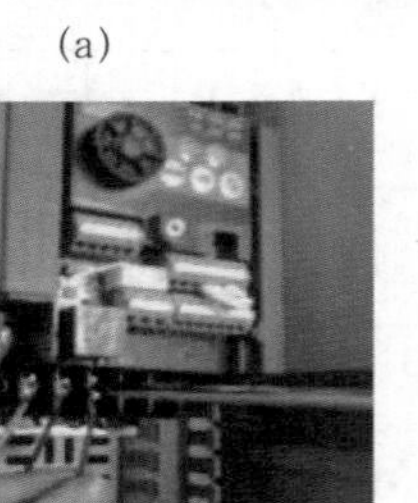

(c)

(d)

图 4-24 曳引机主回路的安装与接线步骤

4．FR-D740变频器的参数设置

首先通过表 4-18 来认识操作面板上各个按钮功能以及指示灯的作用。

表 4-18 操作面板上各个按钮功能说明

操 作 键	功　能	指 示 灯	功　能
PU/EXT键	用于切换 PU/ 外部运行模式	RUN	运行状态显示

续表

操 作 键	功　能	指 示 灯	功　能
MODE 键	用于切换各设定模式。和 PU/EXT 同时按下也可以用来切换运行模式。长按此键可以锁定操作	MON	监视器显示
（旋钮）	用于变更频率、参数的设定值。按该旋钮可显示以下内容： (1) 监视模式时的设定频率； (2) 校正时的当前设定值； (3) 报警历史模式时的顺序	PRM	参数设定模式显示
SET	各设定的确定	PU	PU 运行模式时亮
STOP/RESET	停止运转指令。保护功能生效时，也可以进行报警复位	EXT	外部运行模式时亮
		NET	网络运行模式时亮

比如要将变频器之前所设置的所有参数全部清除，可以按照表 4–19 所列操作流程进行。

表 4–19　清参数操作流程

序　号	操 作 步 骤	显　示
1	电源接通时监视器显示画面	0.00 Hz MON EXT
2	按 PU/EXT 键，进入 PU 运行模式	PU 显示灯亮 0.00 PU
3	按 MODE 键，进入参数设定模式	PRM 显示灯亮 P. 0 PRM 显示以前的参数编号
4	旋转（旋钮），将参数编号设定为 Pr.CL（ALLC）	参数清除 Pr.CL　参数全部清除 ALLC
5	按 SET 键，读取当前的设定值	0 初始值显示为零
6	旋转（旋钮），将数值设定为 1	1
7	按 SET 键确定	1　参数清除 Pr.CL　参数全部清除 ALLC

在 THJDDT–5 高仿真电梯实训装置的电梯样例程序中，需要设置的参数及功能见表 4–20 所示。通过端子控制需设定的参数。

表 4–20 需要设置参数及功能

序　号	变频器参数	出 厂 值	设 定 值	功能说明
1	Pr.79	0	0	操作模式选择 启动信号：外部端子（STF、STR） 运行频率：多段速
2	Pr.160	0	1	扩张功能显示选择：显示全部参数
3	Pr.7	5	1.5	加速时间（1.5 s）
4	Pr.8	5	2.2	减速时间（1.8 s）
5	Pr.4	50	10	3 速设定（高速 10.0 Hz）
6	Pr.6	10	5	3 速设定（低速 5.0 Hz）
7	Pr.25	—	35	多段速设定（速 5，RH、RL 同为 ON）
8	Pr.72	1	5	Soft–PWM 减少噪音
9	Pr.653	0	5	缓和机械共振引起的振动
	变频器断电保存			

然后再试着将参数 Pr.160 改为 1，请将表 4–21 所示的设置参数流程中的操作步骤补充完整。

表 4–21 设置参数流程

序　号	操作步骤	显示结果
1	按(PU/EXT)键，选择 PU 操作模式	PU 显示灯亮。 0.00 PU
2	按(MODE)键，进入参数设定模式	PRM 显示灯亮。 P. 0 PRM
3	拨动设定用旋钮，选择参数号码 P160	P.160
4	按(SET)键，读出当前的设定值	0
5	拨动设定用旋钮，把设定值变为 1	1
6	按(SET)键，完成设定	1　P.160 闪烁

子任务三 门机系统的安装与接线

1. 门机系统的分析

在第二篇中已经初步了解了门系统，这里通过实物进一步来了解它的原理和作用。在乘坐电梯时，当电梯到达某一层，电梯门会自动打开，并且会在几秒之后自动关上，你是否会感到十分神奇呢？并且，如果你仔细观察，电梯每次关门的时候，一开始速度是比较快的，当门快关上的时候速度变得比较慢。

电梯门的打开与关闭首先需要门机来驱动，这里的 THJDDT–5 高仿真电梯实训装置上的门机所采用的是直流电动机，它采用串电阻元件调速，非常容易控制开关门的速度。图 4–25 (a) 中就是表示的就是门驱直流电动机。

图 4–25（b）中，可以看到三个位置开关，它们分别是关门到位开关（PGM）、关门减速开关（SG）和开门到位开关（PKM）。其中开门到位开关和关门到位开关的作用就是当门开到位或关到位时，通过控制电路切断直流电动机的电源，以免电动机继续通电造成损坏。至于关门减速开关，它的作用就是在门即将关上时，在直流电动机的电源回路中串入电阻元件（GMR），以此将电动机的关门速度降下来，防止夹到人或是将门损坏。

图 4–25 门驱直流电动机和位置开关

但是，是不是电梯门在每次即将关上的时候减速一下就能避免夹到人呢？答案当然是否定的。通过之前的学习已经知道，在电梯门的里侧安装有两种传感器，即光幕和安全触板。这两种保护装置进行搭配就可以保证当有人处于门的中间位置时，电梯门及时的打开，防止造成夹伤人的事故。光幕和安全触板如图 4–26 所示。

想一想，如果只有光幕或是只有安全触板，结果会有什么不妥呢？

图 4–26 光幕和安全触板

假如只有光幕保护，此时如果有人抱着玻璃进出电梯，那么玻璃就很有可能被夹碎；如果只有安全触板，那么每次都是碰到人以后电梯门才能再打开。

门驱直流电动机的工作原理图如图 4–27 所示。图的左侧接的是 24 V 直流电，右侧接的是 0 V。图中 GMJ、KMJ 分别表示开门继电器和关门继电器的动合触点，SG 表示关门减速开关的动断触点，GMR 表示电阻元件。可以开到，当开门继电器的动合触点接通时，红色的线路导通，通过观察红色的线路可以看到，由于串联在电动机回路的电阻阻值很小，所以开门速度较快。当关门继电器的动合触点接通时，蓝色的线路导通，通过观察蓝色的线路可以看到，起初关门减速开关的动断触点闭合，电阻的大部分被短路，此时关门速度较快，当门即将关上时，关门减速开关的动断触点断开，此时相当于整个电阻被串入到直流电动机的电源回路，实现关门减速。

2．检查元件和工具

门机系统既包括门感应器、继电器等机械保护装置，又包括行程开关、滑线式变阻器等电气元件。 详细的材料清单见表 4–22。请根据以下材料清单仔细检查核对元件的型号、规格、数量，并检查元件的质量，确定其是否合格。如有损坏，请及时找老师进行更换。清单中部分元件所对应的线号没有给出，请参照电气控制柜接线图将其补充完整。

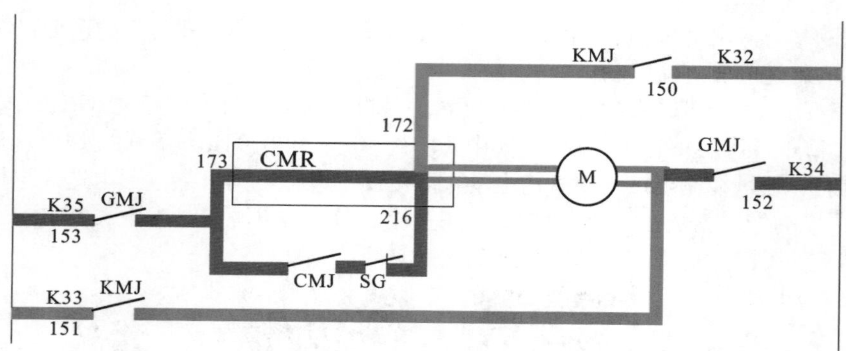

图 4–27 门驱直流电动机的工作原理图

表 4–22 门机系统的材料清单

元 件 名 称	数量／个	代 号	对 应 线 号
开门继电器	1	KMJ	
门感应器	5	EPG	
滑线式变阻器	1	GMR	216
行程开关	3	SG	
电动机	1	M	213/214
关门继电器	1	GMJ	

安装门机系统所需的工具清单如表 4–23 所示。请各组学生根据以下工具清单仔细检查核对所领用的工具的型号、规格、数量，并检查工具的质量，确定其是否合格。

表 4–23 安装门机系统所需的工具

工 具	型号与规格	单 位	数 量
万用表		个	1
活扳手	6″	把	1
一字旋具	6″	把	1
十字旋具	6″	把	1
剥线钳	YS–1	把	1
压线钳	CP–376VR，8P	把	1
斜口钳	DL2336	把	1
电烙铁	40 W	把	1
焊锡丝			若干

3. 门机系统的安装与接线步骤

安装与接线步骤（见图 4–28）

（1）根据所提供电气控制柜布局图和参考图（见图 4–6），正确地将滑线式变阻器安装在网孔板上的相应位置，如图 4–28（a）所示；

（2）根据布局图和参考图（见图 4–6），正确地将开、关门继电器接触器固定在导轨上，如图 4–28（b）所示。

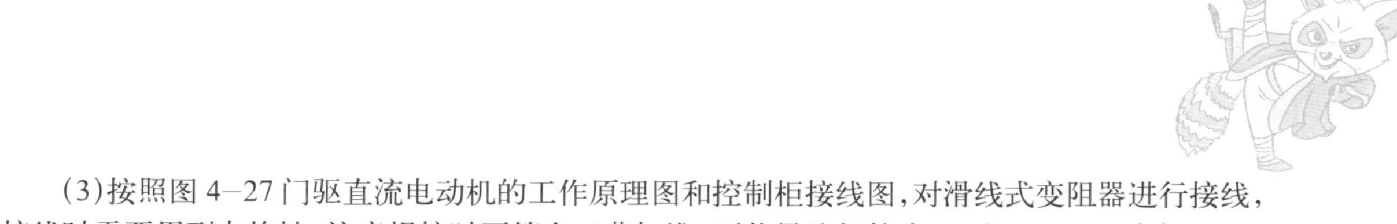

(3)按照图 4–27 门驱直流电动机的工作原理图和控制柜接线图，对滑线式变阻器进行接线，接线时需要用到电烙铁，注意焊接时要符合工艺标准，要将导线焊接牢固，如图 4–28（c）所示。

(4) 按照图 4–27 门驱直流电动机的工作原理图和控制柜接线图，正确开关门继电器进行接线，接线要符合工艺标准，各线连接处要套有号码管，如图 4–28（d）所示。

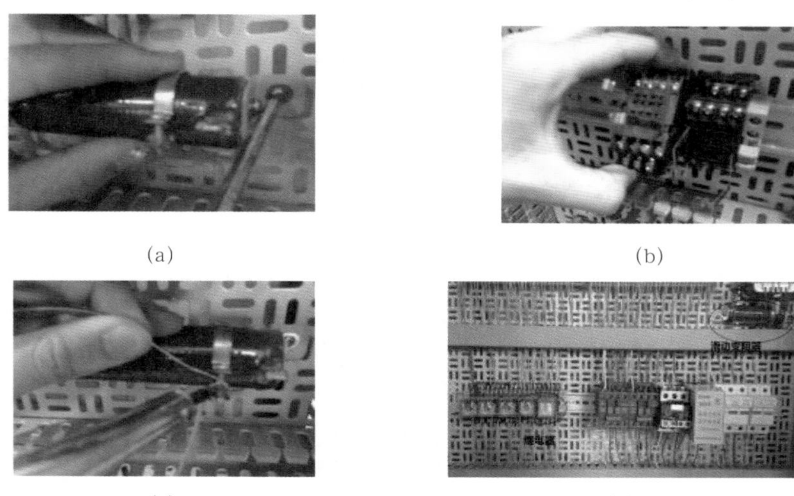

(a) (b) (c) (d)

图 4–28 门机系统的安装与接线步骤

子任务四 安全回路的安装与接线

1. 安全回路的分析

电梯的安全回路原理图如图 4–29 所示。由图可知，电梯的安全回路主要有两个，一个电压继电器回路，另一个是门联锁回路。

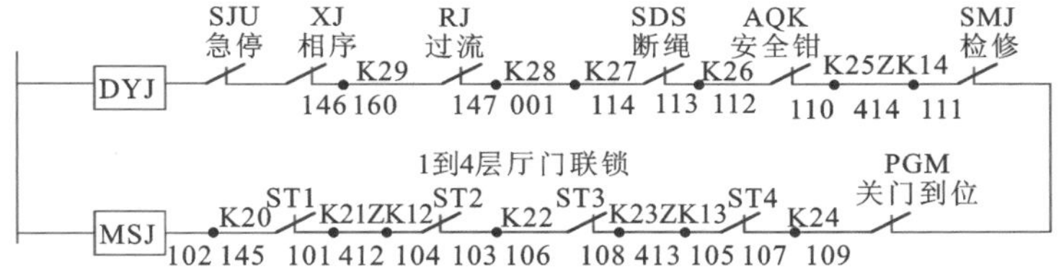

图 4–29 电梯的安全回路原理图

电压继电器回路由急停开关，相序开关，过流开关，断绳开关，安全钳开关，检修开关组成，如果有一个触点出现问题，则将导致电源继电器断电，电梯不能运行。门联锁继电器回路由每层的门关到位以及轿厢的门关到位触电组成，若有一个门刀未关到位，则电梯无法运行。

在前面讲曳引机主回路的时候，已经提到了相序保护继电器。下面再来看一下相序保护继电器的实物图，如图 4–30 所示。

图 4–30 相序保护继电器的实物图

相序保护继电器的全称为断相与相序保护继电器，它在三相交流电路中起过欠电压保护、断相保护；在不可逆转传动设备中起相序保护。具有性能可靠、使用范围广、使用方便等特点。该系列保护继电器按图接入电源控制回路，即能起到保护作用。三相电路中任何一相熔断器开路或供电线路有断相，则相序保护继电器立即动作，切断安全保护回路，从而使电压继电器线圈断电，间接对负载进行断相保护。

如果没有了相序保护继电器，电源进线相序发生改变时，控制系统无法辨别，电梯就会上、下行错乱，极易发生危险。

2. 检查元件和工具

安装安全回路所用元件包括：电压继电器一只、门联锁继电器一只、熔断器一只、固定轨道一个。它们的型号见表 4–24。请根据以下材料清单仔细检查核对元件的型号、规格、数量，并检查元件的质量，确定其是否合格。清单中部分元件所对应的线号没有给出，请参照电气控制柜接线图将其补充完整。

表 4–24 安装安全回路材料清单

元件名称	代　号	数　量	型　号	线　号
电压继电器	DYJ	1	ARM4F–L/DC24V，带灯	
门联锁继电器	MSJ	1	ARM4F–L/DC24V，带灯	
熔断器	FU	1	1 A	24 V/230、231
固定轨道		1		

安装安全回路系统所需的工具清单见表 4–25。请各组学生根据以下工具清单仔细检查核对所领用工具的型号、规格、数量，并检查工具的质量，确定其是否合格。

表 4–25 安装安全回路系统所需的工具

工　具	型号与规格	单　位	数　量
万用表		个	1
活扳手	6″	把	1
一字旋具	6″	把	1
十字旋具	6″	把	1
剥线钳	YS–1	把	1
压线钳	CP–376VR，8P	把	1
斜口钳	DL2336	把	1

3. 安全回路的安装与接线步骤

安装与接线步骤（见图 4–31）：

（1）根据所提供的电气控制柜布局图和参考图（见图 4–6），正确地将电压继电器和门联锁继电器安装在网孔板上的相应位置，如图 4–31（a）所示。

（2）按照电气控制柜接线图（见图 4–6），对门联锁继电器和电源继电器接线，接线时要符合工艺标准，各线连接处要套有号码管，如图 4–31（b）所示。

（3）将几个继电器的水晶插头插在底座上，将所有线走入线槽，盖上线槽盖，如图 4–31（c）所示。

(a)

(b)

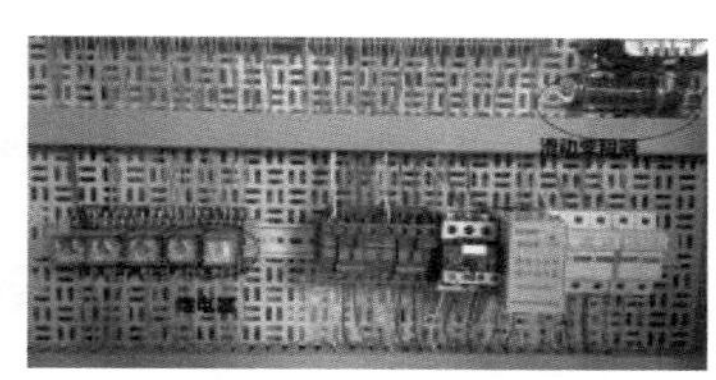

(c)

图 4–31 安全回路的安装与接线步骤

任务评价

至此，THJDDT–5 高仿真电梯实训装置上所有的器件安装和接线都已完成，可以对照电气控制柜安装完成后最终的效果图，仔细检查器件安装和接线，确保接线正确。通过器件的安装和接线，为在下一任务中对电梯进行编程提供良好的基础。此外，在完成了整个任务二之后，老师和学生都要对任务二的完成情况进行评价，同时老师要对学生的表现进行评价（见表 4–26）。

表 4–26 任务二完成情况评价表

姓名		队友		开始时间			
专业 / 班级				结束时间			
项目内容	考核要求		配分	评分标准	自评	互评	教师评
元件的检查和工具的使用	（1）按照材料清单正确检查元件的型号、数量等； （2）按照要求正确检查元件的质量； （3）安全规范的使用各种工具		20	（1）材料清点有误，每次扣 2 分； （2）元件检查方法有误，每次扣 2 分； （3）损坏元件没能及时查出，每次扣 2 分； （4）工具使用不规范，每次扣 1 分。			
PLC 控制系统的安装与接线	（1）正确理解 PLC 的工作原理、型号和机构； （2）正确理解 PLC 的输入输出的接线方法； （3）元件安装位置合理，紧固件无松动； （4）接线正确规范，无少接，错接； （5）正确安装接线端子，号码管套用正确		15	（1）未正确理解 PLC 的工作原理、型号和机构，扣 3 分； （2）未正确理解 PLC 的输入输出的接线方法扣 2 分； （3）装配未完成扣 6 分； （4）元件安装位置不合理，紧固件有松动，每处扣 1 分； （5）接线出现少、错接等，一处扣 2 分； （6）接线端子、号码管未安装，视情况扣 1–3 分。			
曳引机主回路的安装与接线	（1）正确理解变频器的原理和接线情况； （2）正确理解曳引机主回路的工作原理和接线； （3）元件安装位置合理，紧固件无松动；		15	（1）未正确理解变频器的原理和接线情况扣 3 分； （2）未正确理解曳引机主回路的工作原理和接线扣 2 分； （3）装配未完成扣 6 分； （4）元件安装位置不合理，紧固件有松动，每处扣 1 分；			

续表

姓名		队友		开始时间			
专业／班级				结束时间			
项目内容	考核要求		配分	评分标准	自评	互评	教师评
曳引机主回路的安装与接线	(4) 接线正确规范，无少接，错接； (5) 正确安装接线端子，号码管套用正确		15	(5) 接线出现少、错接等，一处扣 2 分； (6) 接线端子、号码管未安装，视情况扣 1–3 分。			
门机系统的安装与接线	(1) 正确理解门机系统的机构和工作过程； (2) 正确理解门机的工作原理和接线； (3) 元件安装位置合理，紧固件无松动； (4) 接线正确规范，无少接，错接； (5) 正确安装接线端子，号码管套用正确		15	(1) 未正确理解门机系统的机构和工作过程扣 3 分； (2) 未正确理解门机的工作原理和接线扣 2 分； (3) 装配未完成扣 6 分； (4) 元件安装位置不合理，紧固件有松动，每处扣 1 分； (5) 接线出现少、错接等，一处扣 2 分； (6) 接线端子、号码管未安装，视情况扣 1–3 分。			
安全回路的安装与接线	(1) 正确理解相序保护器的工作原理； (2) 正确理解安全回路的工作原理和接线； (3) 元件安装位置合理，紧固件无松动； (4) 接线正确规范，无少接，错接； (5) 正确安装接线端子，号码管套用正确		15	(1) 未正确理解相序保护器的工作原理扣 3 分； (2) 未正确理解安全回路的工作原理和接线扣 2 分； (3) 装配未完成扣 6 分； (4) 元件安装位置不合理，紧固件有松动，每处扣 1 分； (5) 接线出现少、错接等，一处扣 2 分； (6) 接线端子、号码管未安装，视情况扣 1 ~ 3 分。			
职业素养与安全意识	安全		10	现场操作安全保护符合安全操作规程。			
	规范		5	(1) 工具未摆放整齐，扣 1 ~ 2 分。 (2)导线线头处理不规范，扣 1 ~ 2 分。 (3) 走线工艺不规范，视情况扣 1 ~ 2 分			
	纪律		5	遵守课堂纪律，尊重教师和同组成员；爱惜赛场的设备和器材，保持工位的整洁			
成绩合计							
自我点评							

续表

姓名		队友		开始时间		
专业／班级				结束时间		
项目内容	考核要求	配分	评分标准	自评	互评	教师评
队员点评						
教师点评						

知识、技术归纳

分析电梯的电气控制原理图，弄清楚整个电梯系统的几个子系统，诸如曳引系统、门机控制系统、楼层显示系统、内选外呼系统、井道信息系统、安全保护系统、检修和排故系统等。在完成每个系统的所有器件的安装、连接和测试，从电气安全的角度，确保安装的稳定、合理和规范，为机械和电气的程序联调做好准备。

工程创新素质培养

在完成电梯电气控制柜部件的安装与接线后，参考光盘宝典中的图纸，可不要随意施工！

任务三　单台电梯的编程与调试

任务目标

1. 理解单台电梯程序的整体设计思路以及各部分程序的编写方法；
2. 会设置变频器的参数，对电梯的舒适度进行调试；
3. 会编写人机界面，会 MCGS 触摸屏的组态和编程方法；
4. 会单台电梯编程及调试方法。

子任务一　单台电梯控制程序整体分析

1. 单台电梯程序控制要求

在项目描述中已经对单台电梯的基本要求和运行时的逻辑要求进行了说明，这里还要提出，在设计 PLC 控制电梯的控制系统时，应遵循以下基本原则：

(1) 最大限度地满足被控对象的控制要求；

(2) 保证 PLC 控制系统运行安全可靠；

(3) 力求简单、经济、安全；

(4) 适应发展的需要。

井道自学习的目的是让控制器记住电梯的每一层的位置信息，以便在运行中能判断电梯的当前位置，从而可以在数字量控制模式中发出正确的减速及平层信号。

2.单台电梯控制主程序的设计思路

对于电梯的程序，具体的编写方法有多种，这里对教学光盘中提供的 THJDDT−5 高仿真电梯实训装置的电梯单梯控制主程序设计思路做一下简单的分析。

考虑电梯的整个运行过程，在电梯初次上电时，要对电梯做一下井道自学习，为电梯的数字量控制模式做准备，当然其中还包括一些必要的存储器复位程序；之后电梯便进入等待状态，此时电梯程序实时扫描电梯的内选和外呼信号；当有内选和外呼信号时，电梯首先确认本身所在楼层，并且与目标层进行比较，若电梯所在楼层等于目标层时，电梯调用门机服务程序；若电梯所在楼层不等于目标层时，电梯向着目标层运行，直至电梯到达目标层，然后在调用门机服务程序；门机服务程序完成后，即电梯开关门动作完成后，还要重新进入等待状态，重新判断是否有内选和外呼信号。

依照以上思路，画出了单台电梯运行程序的流程图，如图 4−32 所示。

下面将从控制模式、呼梯信号、派梯策略、目标层辨别、轿厢制动、门控制、人机界面编写等七个方面对教学光盘中的单台电梯控制程序进行详细分析。

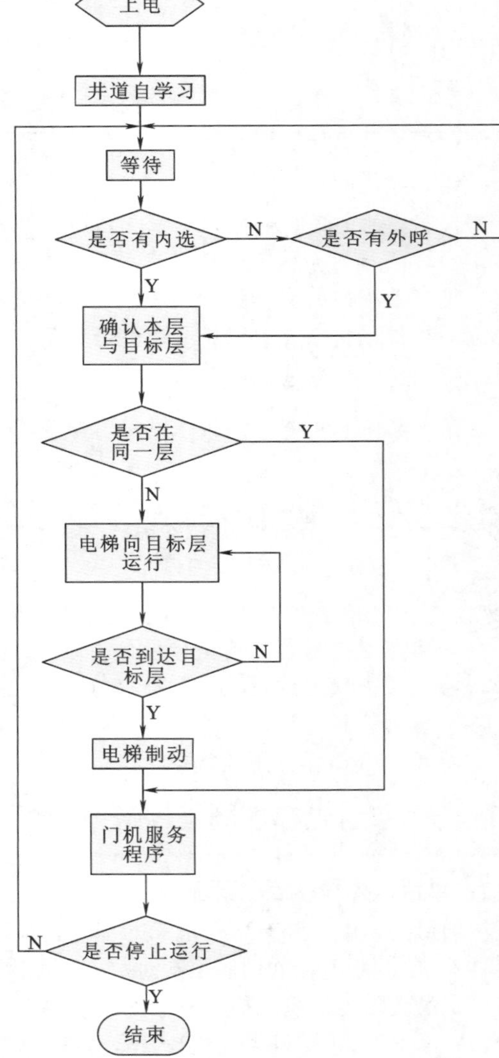

图 4−32 单台电梯运行程序流程图

子任务二 电梯控制模式的选择

THJDDT−5 高仿真电梯实训装置的电梯减速控制有开关量控制和数字量控制两种模式，由电气控制柜中开关 HK 对开关量和数字量控制模式进行选择，对应的 PLC 输入信号是 X32，高电平时为数字量控制模式，低电平时为开关量控制模式。

开关量控制模式时，电梯的减速和停止信号分别由井道内减速感应器1PG（X002）和门驱双稳态开关PU（X033）提供。

数字量控制模式时，电梯的减速和停止信号是由旋转编码器提供脉冲数与电梯自学习时预存的楼层信息（脉冲数）进行比较，得出轿厢的位置从而发出减速、停止信号。

1．开关量控制模式下的程序

开关量控制模式中，当井道内减速感应器 1PG 有信号时，程序会给 M90 置位，为电梯提供减速信号，如图 4–33 所示。

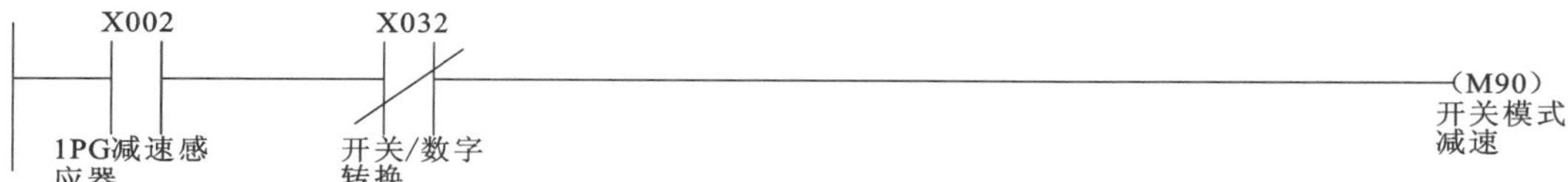

图 4–33 开关量控制模式下的程序

2．数字量控制模式下的程序

数字量控制模式中，由旋转编码器提供脉冲数，这个脉冲数实时反映了电梯的实际运行高度。PLC 将脉冲数进行运算与处理后，得出轿厢的位置从而发出减速、停止信号。

师傅，采用数字量控制模式，是不是可以省去井道内的很多开关呢？

采用数字量控制模式后电梯的减速信号、停止信号不再由井道内减速感应器 1PG 和门驱双稳态开关 PU 提供，避免了由于减速感应器受到干扰而误动作所产生的故障，提高电梯的稳定性。但是这些开关不能省，因为在电梯自学习时需要这些开关的信号。

1）高速计数器赋初值

程序中利用 C235 高速计数器对编码器的高速脉冲进行计数，先为高速计数器 C235 赋初值，该初值需大于电梯轿厢最高位置时对应的编码器脉冲数，例如 90 000。这样可以避免高速计数器 C235 中的计数值溢出，程序如图 4–34 所示。

图 4–34 计数器赋初值程序

2）设置高速计数器计数方式（程序见图 4–35）

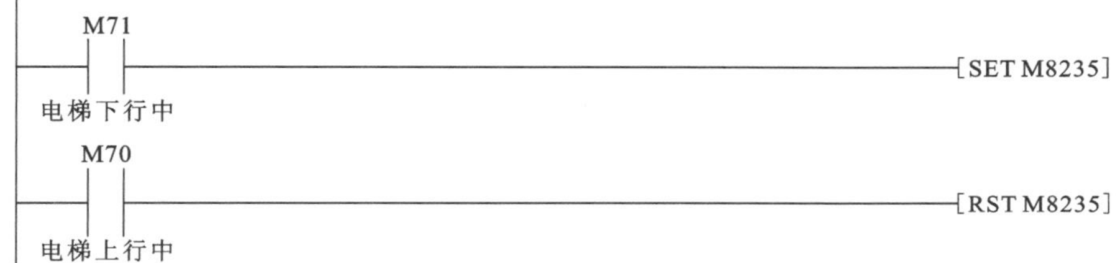

图 4–35 设置计数器计数方式程序

用特殊继电器 M8235 设置高速计数器 C235 的计数方式，即电梯上升时为增计数方式，下降时为减计数方式，其中 M70 和 M71 为电梯运行方向的标记。

3）自学习

初次上电时电梯的位置不定，所以有必要对电梯进行一下井道自学习。PLC 初次上电时，将电气控制柜中的正常／检修开关 MK 扳到检修位置，并将电梯开至下限位处，然后长按电梯的关门按钮 10 s，则电梯进入到自学习程序（见图 4–36），M150 为自学习的继电器。自学习内容包括：记录轿厢位置的 C235 计数器复位、记录减速传感器位置。

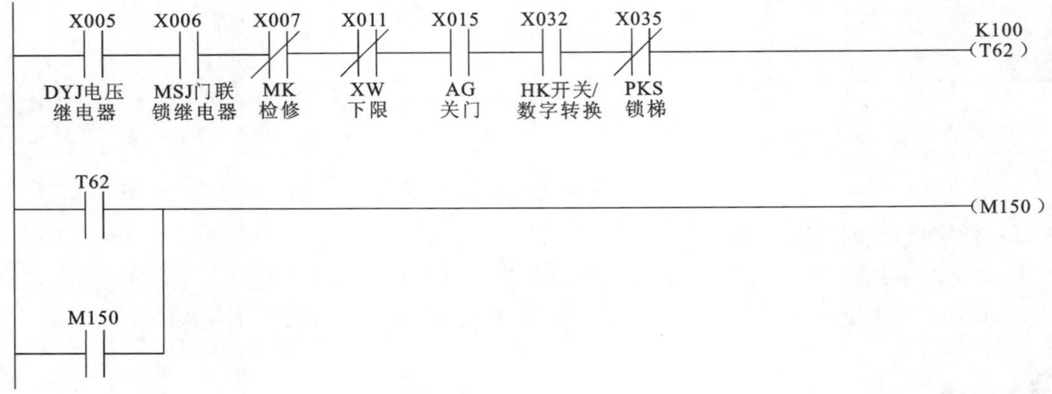

图 4–36 启动自学习程序

当电梯在一层范围内并且门驱双稳态开关有信号时，认为电梯处于地平线，对高速计数器 C235 进行复位，将编码器中计数值清零，程序如图 4–37 所示。

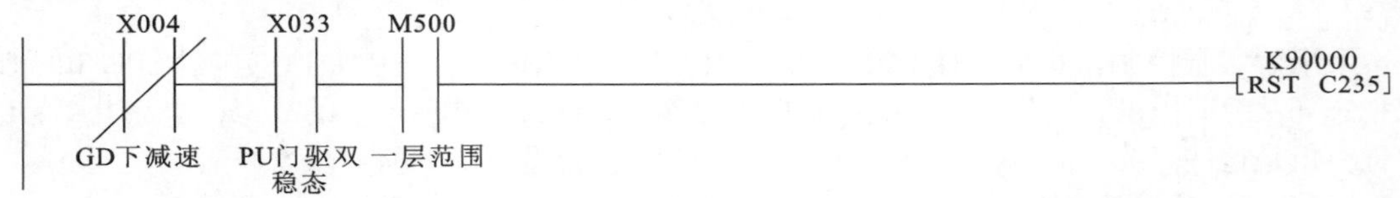

图 4–37 高速计数器 C235 复位程序

自学习过程中，减速感应器每一次得电和每一次失电都将此时所对应的编码器值赋予一个存储器中，即将每一层的上下范围分别存储在以 D230 和 D250 开头的几个数据存储器中，程序如图 4–38 所示。

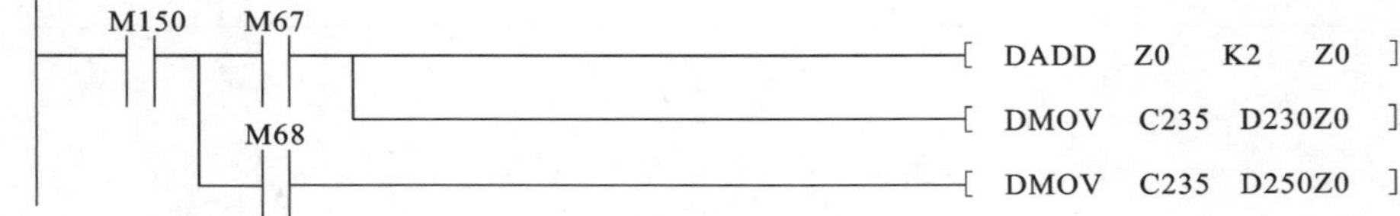

图 4–38 存储楼层位置脉冲数程序

4）轿厢位置的确定

PLC 运行后，一直会用编码器的当前值与之前所记录的每一个楼层的范围值比较，以确定轿厢当前在哪个楼层范围。并为电梯的减速提供信号，程序如图 4–39 所示。

5）减速信号发出

通过之前的比较得出的楼层位置，发出减速信号（M331、M334、M337、M340），电梯将会以数字量模式（M91）减速，程序如图 4–40 所示。

M8000

[DZCP K-2000 D252 C235 M330]
[DZCP D234 D254 C235 M333]
[DZCP D236 D256 C235 M336]
[DZCP D238 D258 C235 M339]

图 4-39 轿厢运行楼层范围确定程序

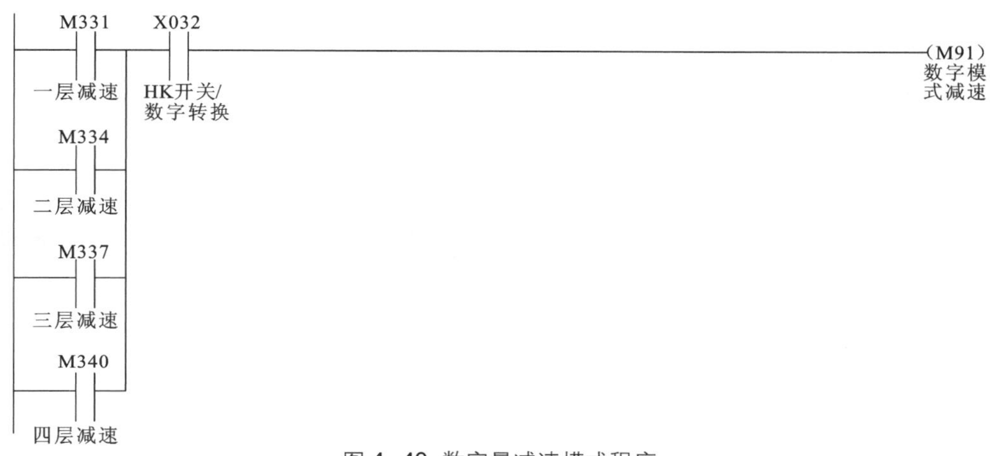

图 4-40 数字量减速模式程序

子任务三 呼梯信号

呼梯信号有内选和外呼两种类型，当按下某个按钮的时候，相应的按钮 LED 灯会点亮，从而反馈 PLC 所收到的楼层选择或者箱外呼叫信号。这个反馈是通过 PLC 的输出点控制来完成的。每当按钮被按下时，与此相对应的 PLC 输出点输出，按钮 LED 灯点亮，当所选楼层到达，输出点复位，LED 灯熄灭。

以一层内选为例，程序如图 4-41 所示。假如目前层不在一层范围（即 M500 断开），此时有人按下一层内选信号（X020 闭合），则 M100 将会自锁，一层内选灯亮。当到达一层停止时，M500 和 M32 闭合，自锁信号断开，一层内选灯灭。

图 4-41 一层内选呼梯信号处理程序

子任务四 派梯运行策略

电梯的运行逻辑应满足以下要求：

(1) 能正确响应任一楼层内选、外呼信号，到达该楼层时，电梯停止运行，电梯门打开，5 s 后自动关闭；

(2) 对多个同向的内选信号，按到达位置先后次序依次响应；如电梯一层上客后，内选信号有二层、三层和四层，则电梯先响应二层，再响应三层，最后响应四层；

(3) 对同时有多个内选信号与外呼信号，响应原则为“先按定向，同向响应，顺向截梯，最远端反向截梯”。

1. 电梯上下行逻辑判断程序

从逻辑功能上来分析，电梯的上行和下行一共有以下六种情况：

(1) 电梯在一层时，当二三四层有内选或者外呼时，电梯上行；

(2) 电梯在二层时，当三四层有内选或者外呼时，电梯上行；

(3) 电梯在三层时，当四层有内选或者外呼时，电梯上行；

(4) 电梯在四层时，当一二三层有内选或者外呼时，电梯下行；

(5) 电梯在三层时，当一二层有内选或者外呼时，电梯下行；

(6) 电梯在二层时，当一层有内选或者外呼时，电梯下行。

可以看出，电梯在满足某些条件的情况下就会上行，电梯上行部分程序如图 4-42 所示。

其中程序中涉及到的一些位存储器的含义已在程序注释中给出，此处需要解释的是，这些内选和外呼信号在程序中优先级依次为：

M100(一层内选)、M110(一层上呼)、M120(一层上呼)；

M101(二层内选)、M111(二层上呼)、M121(二层上呼)；

M102(三层内选)、M112(三层上呼)、M122(三层上呼)；

M103(四层内选)、M123(四层下呼)。

按照这样的优先级，就能够保证“先按定向，同向响应”的逻辑运行原则运行。程序中分别以 M500、M501、M502、M503 来标识一层、二层、三层和四层，当到达该层后得电，从而使得它之前呼选标志消除，该楼层的呼选不再对 M70 电梯上行有影响。

电梯下行部分程序如图 4-43 所示。

该段程序为 PLC 向变频器发出正转信号，控制曳引机上行的程序。

电梯的下行与上行类似，不用赘述。只是需要说明，此时这些内选和外呼信号在程序中优先级依次为：

M103(四层内选)、M123(四层下呼)

M102(三层内选)、M112(三层上呼)、M122(三层上呼)

M101(二层内选)、M111(二层上呼)、M121(二层上呼)

M100(一层内选)、M110(一层上呼)

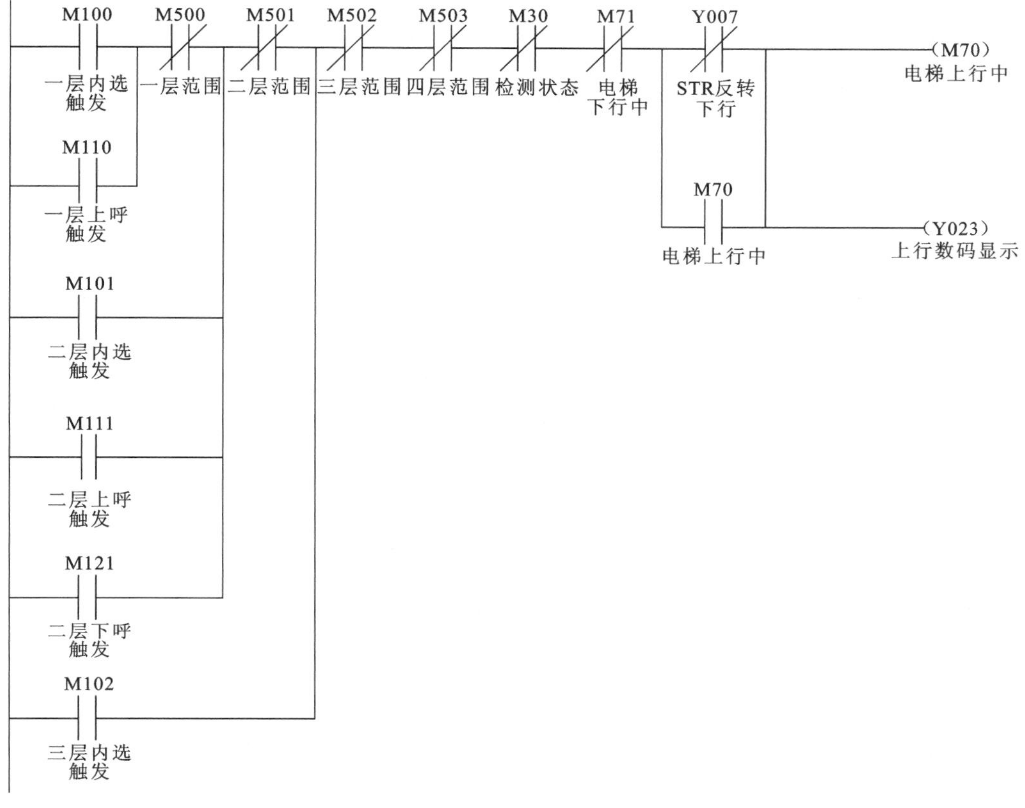

图 4–42 电梯上行部分程序

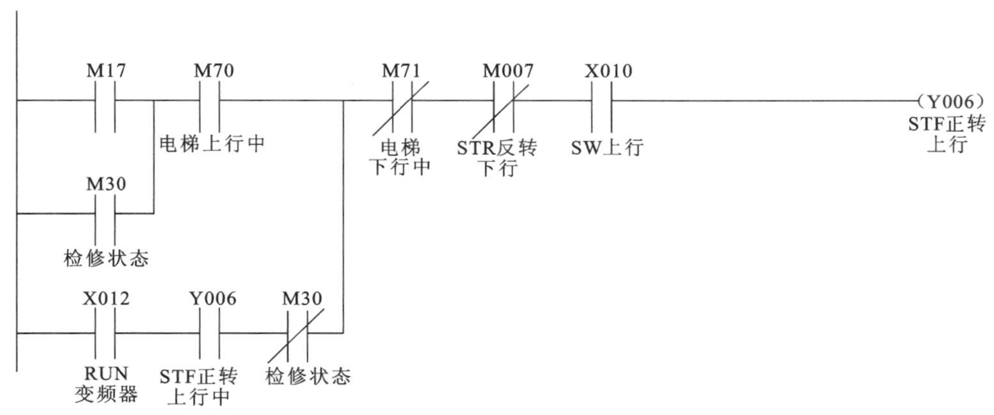

图 4–43 电梯下行部分程序

2. 顺向截梯的判断程序

电梯时如何实现“顺向截梯，最远端反向截梯”的逻辑运行原则的呢？来看一下图 4–44 所示的两段程序：

M31 为电梯到达目标层区域的减速标志，在同向运行时，例如从一层响应到四层，此时二层和三层也呼叫，当到达二层（或三层）时，M70 信号保持，此时 M501（或 M502）得电，M31 得电，致使 M17（电梯正常高速运行）断电，这样就实现了“顺向截梯”。

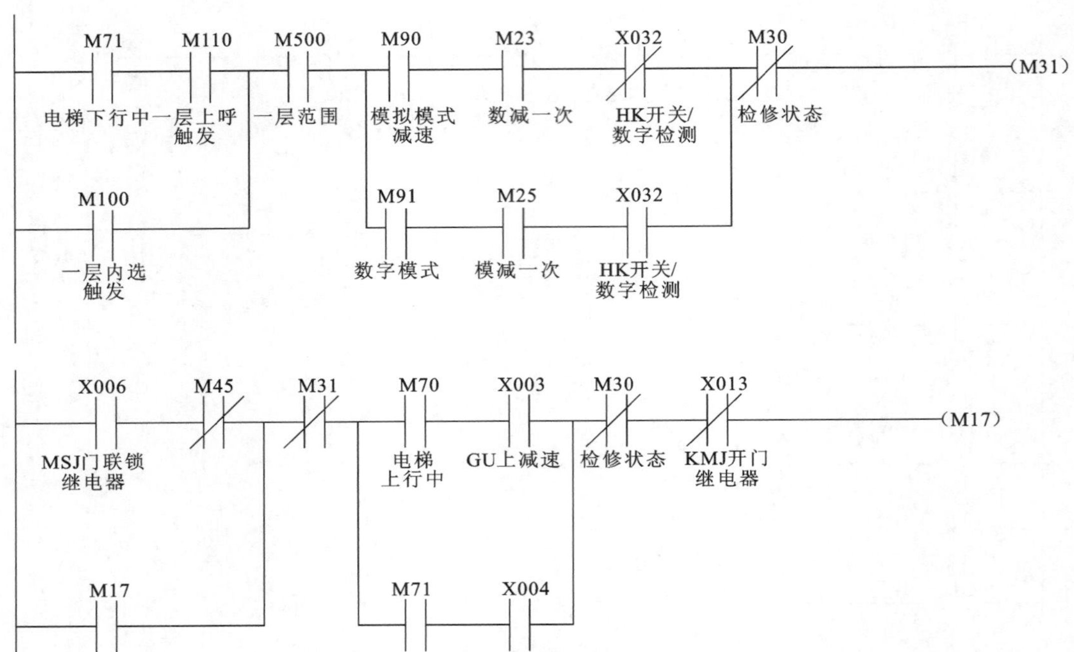

图 4-44 顺向截梯的判断

综合上述，M70、M71、M31、M17 实现了“先按定向，同向响应，顺向截梯，最远端反向截梯”的原则。

子任务五 目标层辨别

通过上一节知道电梯的逻辑运行状况，这一节将继续分析目标层是如何去判别的。相关程序如图 4-45 所示。

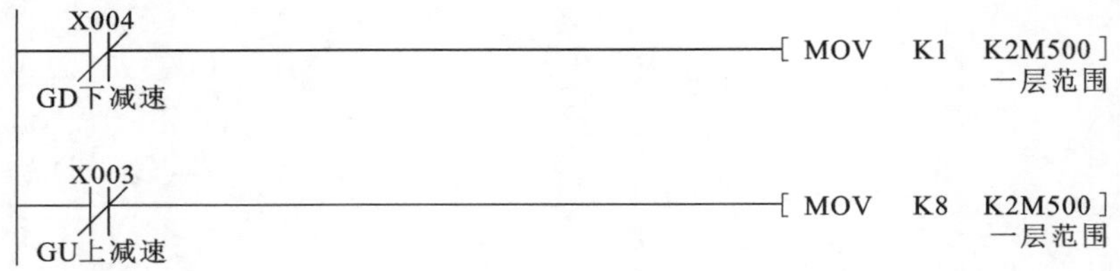

图 4-45 楼层范围程序

当电梯在一层时（X004 断开），M500 闭合，此时 M500 代表一层范围。当电梯在四层（X003 断开），M503 闭合，此时 M503 代表四层范围。

当电梯经过一个减速永磁开关时，电梯会以开关量控制模式或者数字模式减速，进而发出一个上行减速或者下行减速的信号，程序如图 4-46 所示。

首先判别上下行减速，然后利用位左右移指令就可以辨别所在层了，最后可以确定是否到达目标层。比如目前电梯位于一层（M500 闭合），乘客想要去二层，当到达二层的时候上行减速信号触发，利用位左移指令 SFTL 后，M500 断开，M501 闭合即到达二层范围。其他情况以此类推，楼层辨别程序如图 4-47 所示。

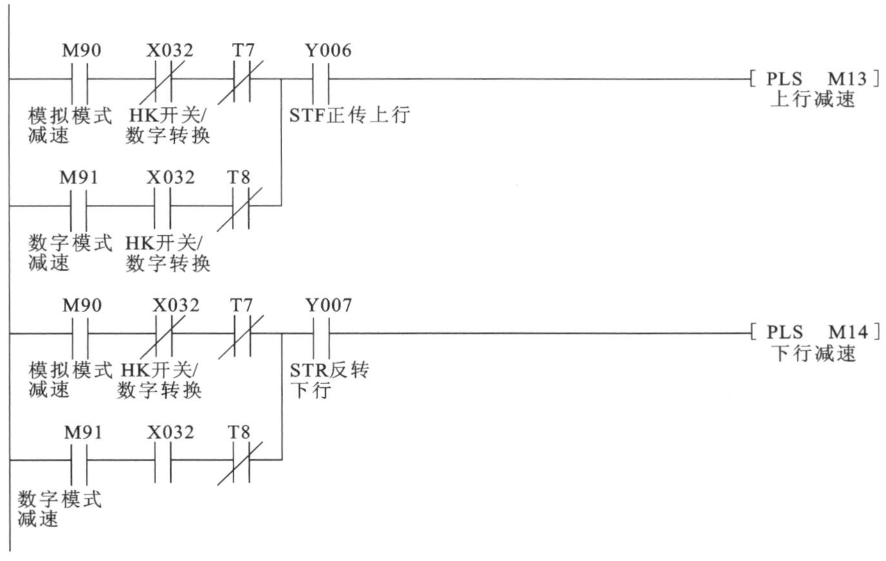

图 4–46 发出减速信号程序

M13
SFTL M350 M500 K8 K1
上行减速
一层范围
M14
SFTR M350 M500 K8 K1
下行减速
一层范围

图 4–47 楼层辨别程序

子任务六 电梯轿厢减速与停止控制

以开关量控制模式为例，轿厢的减速与停止信号分别由井道内减速感应器 1PG 以及门驱双稳态开关 PU 提供。变频器控制有五个控制信号：RH(高速信号)、RM(中速信号)、RL(低速信号)、STF(正转信号) 和 STR（反转信号)，通过对五个信号的控制即可实现对轿厢运行的控制。

变频器的频率由 RH、RM、RL 信号来决定，变频器参数设置如下：Pr.4=10、Pr.6=5、Pr.25=35。当轿厢从停止状态启动时，PLC 的 Y004、Y005 输出，电梯以 35 Hz 高速运行，当经过所选楼层的减速感应器 1PG 以后，PLC 的 Y004 输出，电梯以 10 Hz 运行，最后当 PLC 接收到门驱双稳态信号时，停止输出 STF 或 STR，使变频器输出停止，此时轿厢停在所选楼层。

1. 电梯减速运行程序

电梯的运行方向由 Y006（STF 正转上行）和 Y007（STR 反转下行）控制，速度由 Y004（RH 高速）和 Y005(RL 低速) 控制，电梯由静止开始运动时 Y006（或 Y007）同时触发 Y004 和 Y005，当遇到减速标志（减速感应器 1PG）时 M17 断电，Y005 断电，此时变频器只有 RH（高速）接通，电梯减速，程序如图 4–48 所示。

2. 电梯停止运行程序

当电梯继续运行时遇到 X033(门驱双稳态)，T0 在 1 ms 得电，如图 4–49 所示。T0 得电后，

Y004 随之断电，此时变频器 RUN 信号停止输出，电梯停止运行。

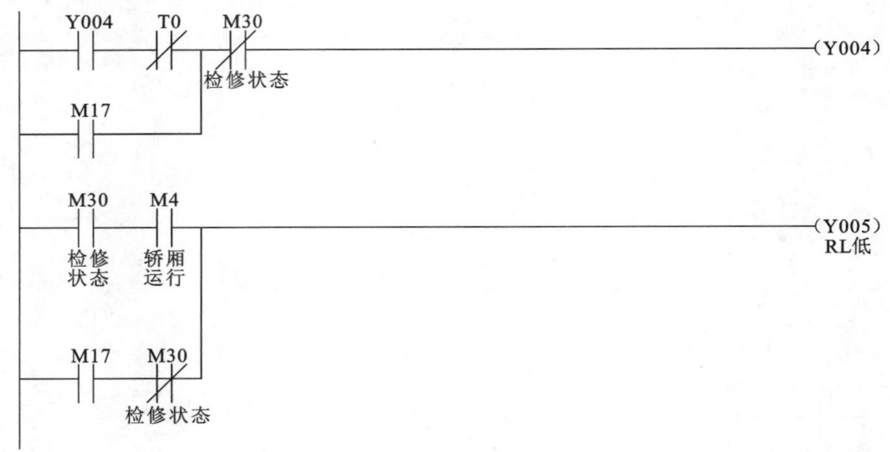

图 4-48 电梯减速运行程序

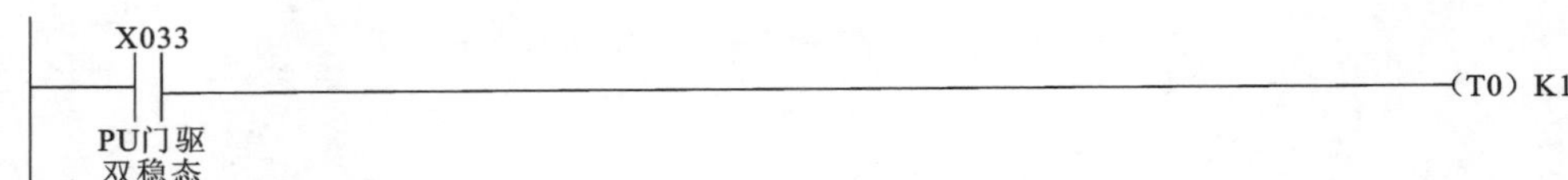

图 4-49 电梯停止运行程序

电梯停止后，变频器 RUN 信号停止输出，X012 断电，此时停止方向信号 Y006(或 Y007) 停止输出，电梯运行标志 M4 也断电，程序如图 4-50 所示。

图 4-50 电梯运行标志复位

子任务七 电梯开门与关门控制

1. 开门控制程序

在正常情况下，当电梯处于非检修状态时，到达目标层或按开门键或安全触板或对射传感器或超载有输入信号时开门，5 s 后自动关上。

当检修状态时，按住开门按钮则开门，松手即停。按住关门按钮则关门，松手即停。在编程时要考虑的是什么情况下发出开门信号，什么情况下发出关门信号。

在以下三种情况下电梯应当开门 :

(1) 本层呼梯开门。人在轿厢所在层，用外呼按钮进行呼电梯。比如，轿厢在三层，那么如果有人在三层要乘电梯，不管他是要上行还是下行，只要按外呼按钮，门就会自动打开。相关程序如图 4-51 所示。

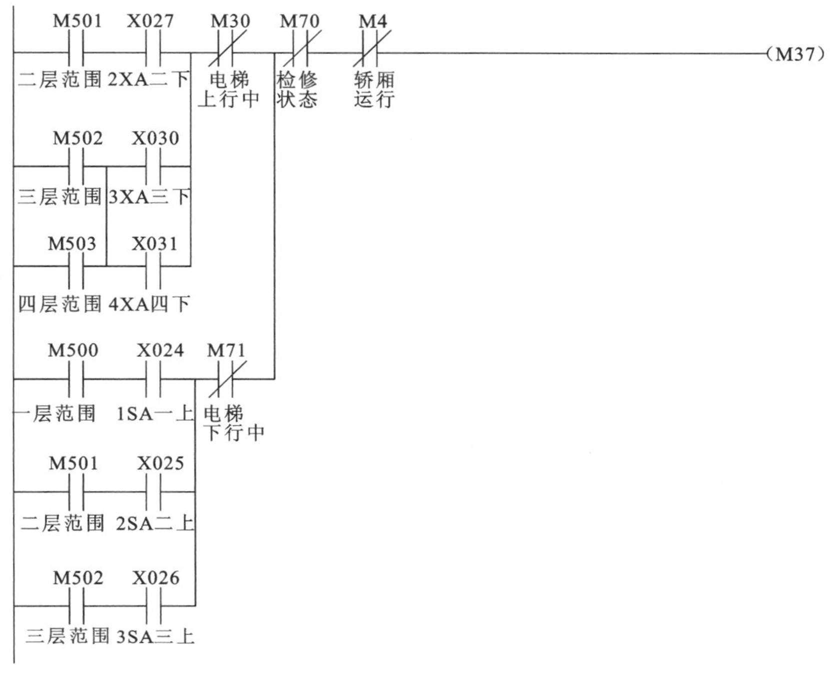

图 4–51 本层呼梯开门程序

X024 ～ X031 分别表示 1 ～ 4 层的外呼按钮，而辅助继电器 M500 ～ M503 分别表示 1 ～ 4 层，当轿厢没有运行时（M4 断开），若轿厢在一层（M500 闭合），当按下本层外呼按钮时（X024 闭合），则 M37 闭合，开门继电器动作。

（2）到达目标层开门。轿厢到达乘客所要到达的楼层或者说到达呼梯的楼层，门就会自动打开。相关程序如图 4–52 所示。

轿厢运行时（M4 闭合，M45 闭合），当到达目标层轿厢停止运行（M4 断开），由于 PLC 是由上向下扫描程序，则 M45 将会自锁（M45 闭合）。

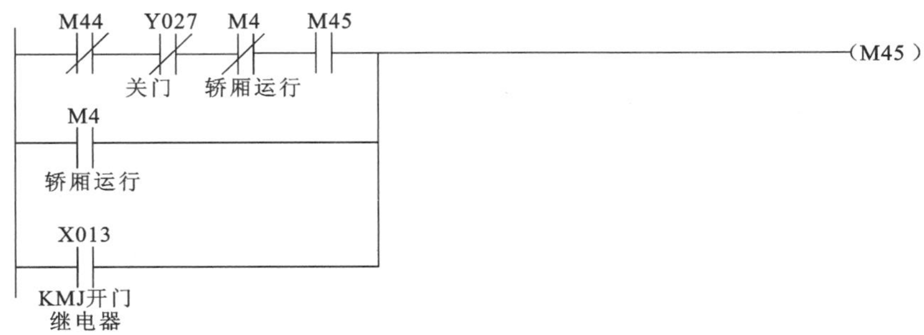

图 4–52 开门信号程序

M45 闭合时，且轿厢处于停止状态（M4 断开）。因为刚到达目标层，所以门联锁继电器是闭合的，此时开门信号会被触发，开门继电器闭合，门联锁继电器断开。当轿厢门碰触到开门到位开关时，则开门继电器断开。目标层开门程序如图 4–53 所示。

（3）按开门按钮开门。按一下开门按钮，门自动打开。这种设计较为简单。相关程序略。

2．关门控制程序

在以下两种情况下电梯应当关门：

(1)按关门按钮关门。当轿厢门处于打开状态时，按一下关门按钮，门自动关闭。相关程序略。

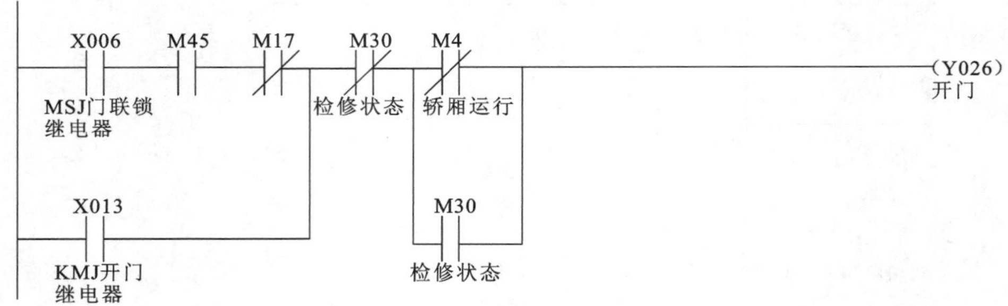

图 4–53 目标层开门程序

(2) 4 s 后还没有人使用，则自动关门。相关程序如图 4–54 所示。

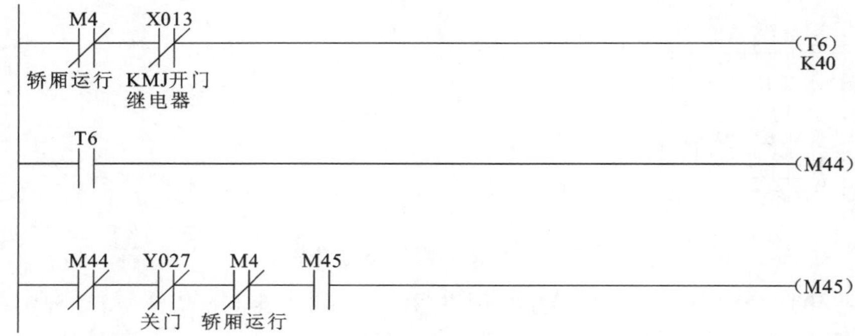

图 4–54 自动关门程序

程序在分析开门状态时介绍过，当轿厢门碰触到开门到位开关时，开门继电器断开。接下来再分析图 4–54 所示程序，轿厢停止（M4 断开），开门继电器由于碰触到开门到位开关后而断开（X013 断开），此时定时器 T6 开始计时，4 s 后 M44 得电闭合，M45 断开。

M45 断开后，且平层开门标志、安全触板、超载等没有信号时，则关门信号会被触发。当轿厢门碰触到关门到位开关时，则关门继电器断开，程序如图 4–55 所示。

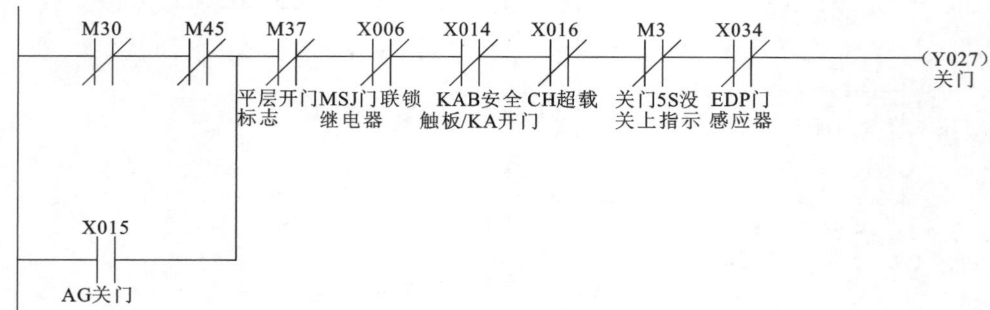

图 4–55 关门动作

子任务八 人机界面编写

人机界面设计参考图 4–56，其中数码 1、2、3、4 用于指示楼层，上下箭头用于指示运动方向，文字“超载”用于超载显示。

为THJDDT-5高仿真电梯实训装置设计人机界面，可实现以下功能：
(1) 能显示电梯轿厢所在楼层；
(2) 能指示电梯轿厢运动方向；
(3) 设计一超载指示灯，正常运行时，超载指示灯不亮；当轿厢超载时，超载指示灯闪烁。

图 4-56 人机界面

1）新建变量表（见图 4-57）

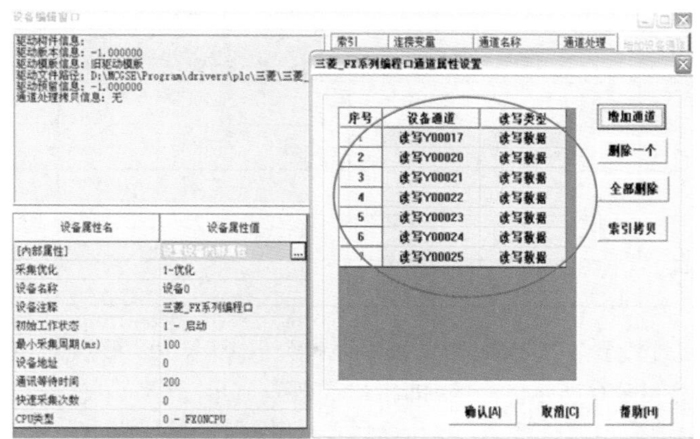

图 4-57 新建变量表

2）建立连接通道（见图 4-58）

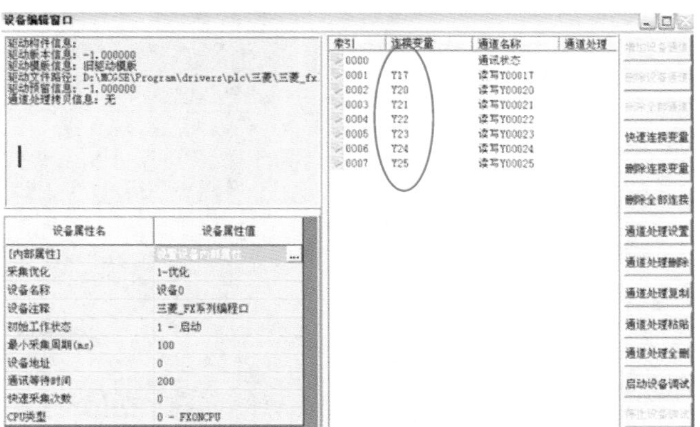

图 4-58 建立连接通道

3）新建窗口

新建窗口 0 和窗口 1，其中窗口 0 为启动窗口，窗口 1 为监控窗口。窗口 0 设置为启动窗口，如图 4–59 所示。

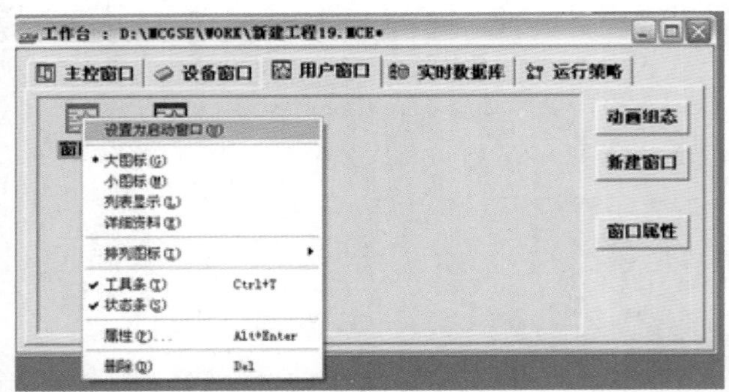

图 4–59 设置启动窗口

4）编辑脚本

电梯轿厢到一层，数码显示“1”，二三四层对应显示 2、3、4。通过编辑脚本可实现该功能。MCGS 中变量 Y17、Y20、Y21 和数码的显示关系见表 4–27 所示。

表 4–27 变量与显示关系表

数 码 显 示	变量 Y21	变量 Y20	变量 Y17
无显示	0	0	0
1	0	0	1
2	0	1	0
3	1	1	1
4	1	0	0

在“数据对象属性设置”对话框的“基本属性”选项卡中，修改对象名称为 smxs，对象类型为“数值”，如图 4–60 所示。smxs 即指代“数码显示”。

在窗口 1 的“用户窗口属性设置”对话框中，切换到“循环脚本”选项卡，根据变量之间的关系编辑的脚本如图 4–61 所示。

数据对象属性设置

基本属性 | 存盘属性 | 报警属性

对象定义

对象名称 smxs　小数位 0

对象初值 0　最小值 -1e+010

工程单位　最大值 1e+010

对象类型

○开关 ◉数值 ○字符 ○事件 ○组对象

对象内容注释

检查(C)　确认(Y)　取消(N)　帮助[H]

图 4–60 数据对象设置

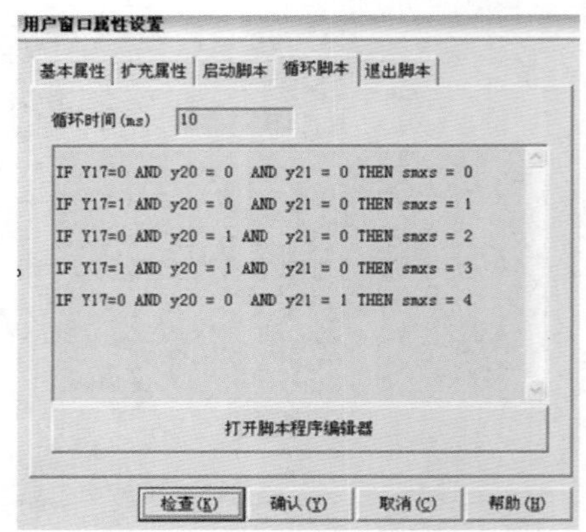

图 4–61 循环脚本编辑

5）组态画面设计

（1）切换按钮的组态。在窗口 0 中编辑一个用于画面切换的按钮。双击“窗口 0”图标，开始编辑动画组态。

创建一个“标准按钮”，切换到“基本属性”选项卡中，输入文本“楼层显示界面”，然后在“操作属性”选项卡中，切换到“按下功能”选项卡，勾选“打开用户窗口”选项，选择“窗口 1”，勾选“关闭用户窗口”选项，选择“窗口 0”，如图 4−62 所示。

（2）楼层数码显示组态。在窗口 1 中创建一个文本标签，输入文本“1”，粗体，大小为 300，无填充颜色，无边线，字符为红色并添加可见度，切换到可见度选项卡表达式文本框中输入 smxs=1，当表达式非零时，选择“对应图符可见”命令，如图 4−63 所示。

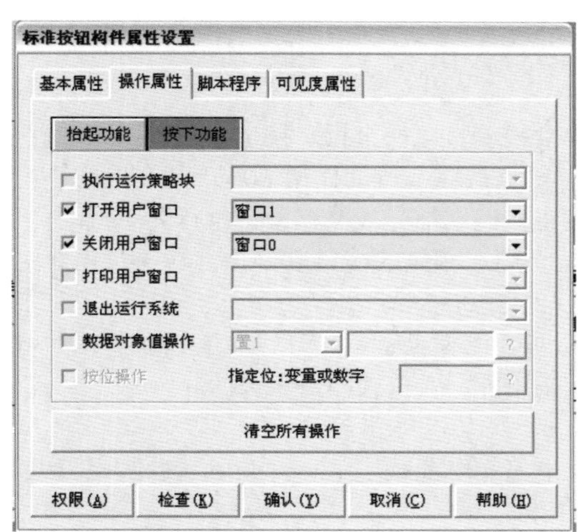

图 4−62 按钮属性设置

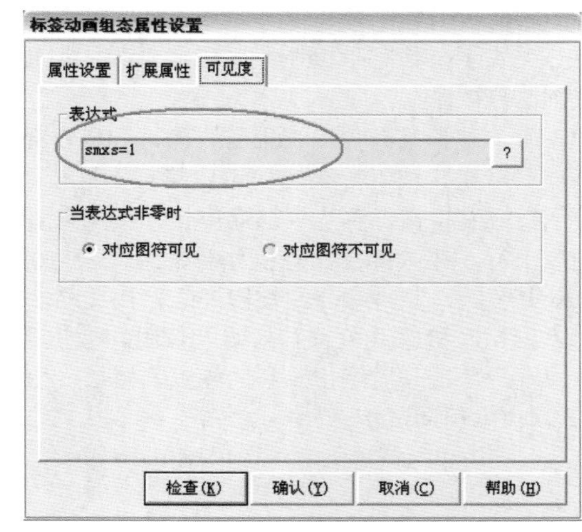

图 4−63 文本标签属性设置

一层的数码显示就完成了，然后复制做好的一层动画标签，粘贴三个，要求分别显示二三四层的数码，因此，修改文本，以及修改可见度的表达式为对应值。（如三层，文本改为 3，可见度表达式改为 smxs=3）

通过 把做好的四个图片调到同样大小，并叠在一起。

（3）轿厢上下指示灯组态。在“常用图符”里找到 △ 按钮，在之前画好的楼层数显右边画两个三角形，分别指示上下两个方向。

向上指示的三角形，可见度设置为 Y23；向下指示的三角形，可见度设置为 Y24。

（4）轿厢超载指示灯。当轿厢超载时，超载指示灯闪烁；正常运行时，超载指示灯不亮。

方法根编辑楼层数码指示一样，通过标签 A，设置无填充颜色，五边线，字符颜色为红，字体设置里设置字的大小为 80，粗体，勾选可见度和闪烁效果选项，切换到“扩展属性”选项卡，在表达式文本框中输入“超载”；“闪烁效果”表达式文本框中输入 Y25；“可见度”表达式文本框中输入 Y25。

最后，在窗口 1 中编辑一个返回窗口 0 的按钮。

6）连接触摸屏和计算机并下载工程

子任务九 单台电梯程序的调试

在对设备的程序理解完成后，就可以对设备进行通电调试，设备通电调试是一个非常复杂的过程，首先再来理解一下设备的控制要求，进而才能进一步熟悉调试步骤。

1．设备控制要求

THJDDT–5 高仿真电梯实训装置分两种控制方式：开关量控制方式，即电梯由井道内减速感应器、门驱双稳态开关提供减速、停止信号；数字量控制方式，即用旋转编码器提供数字脉冲，再经由 PLC（可编程控制器）计数运算处理信号，得出轿厢的位置从而发出减速、停止信号。采用数字量控制方式可以省去井道内许多开关提高电梯的稳定性，减少故障。

THJDDT–5 高仿真电梯实训装置通过转换开关（HK）可进行上述两种控制方式的转换，即开关量控制方式与数字量控制方式的转换。PLC 内存了两套程序，通过转换开关（HK）可自由切换。当转换开关置于“开关量控制”时，井道内开关提供指令开关量信号被使用。当转换开关置于“数字量控制”时由旋转编码器提供的脉冲数作为 PLC 处理的信号，同时开关量控制信号被保存。

在 MK 检修开关置“正常”侧时，在外部召唤盒控制，电梯上行，按上行触发按钮，到达平层后停止，按下行触发按钮，控制信号被保存，待执行完上行动作后响应下行；电梯下行，按下行触发按钮，到达平层后停止，按上行触发按钮，控制信号被保存，待执行完下行动作后响应上行。在内部操作箱操作时，选择相应的楼层，到达相应的楼层后停止。在平层停止后，自动开关门，同时按开门按钮开门，按关门按钮关门。

在 MK 检修开关置“检修”侧时，按慢上按钮时，电梯上行，松开停止；按慢下按钮时，电梯下行，松开后停止，到达相应的楼层，按开门按钮开门，按关门按钮关门。

2．设备调试步骤

（1）将电气控制柜的三相四线电源线连接到市电三相电源插座上，打开电气控制柜总电源开关。

（2）按照变频器使用技术，设置变频器参数。

（3）通过编程电缆连接 PLC 与计算机，打开 PLC 电源，打开教学光盘内的样例程序（或学生自行编写），下载到 PLC，将 PLC 开关置 RUN。

（4）将 MK 检修开关置“检修”侧时，按慢上按钮，电梯上行，松开后停止；按慢下按钮时，电梯下行，松开后停止，到达相应的楼层，按开门按钮开门，按关门按钮关门。测试完成可将电梯慢下到一层平层。

（5）将 MK 检修开关置“正常”侧时，开关 / 数字转换开关置“开关”侧，电梯各部件工作正常，按动各召唤按钮控制电梯运行。

（6）将 MK 检修开关置“正常”侧时，开关 / 数字转换开关置“数字”侧，电梯各部件工作正常，按动各召唤按钮控制电梯运行。如运行不正常，可将“检修 / 正常”开关置“检修”侧，将轿厢下降到最底层，再将“检修 / 正常”开关置“正常”侧，按关门按钮 10 s，对电梯数字控制方式进行复位操作。

3．单台电梯控制调试记录

在对整台电梯进行程序调试的时候，不仅需要对软件程序进行不断修改完善，还要对之前安装好的硬件设备进行不断调整，比如平层开关的位置、滑线式变阻器的位置等。要经过调试使电梯达到最好的运行效果，需要对电梯的整个软硬件都做到了如指掌。

请将调试过程中遇到的问题及解决方法记录表 4–28 中。

表 4–28 单台电梯控制调试记录

序　　号	问 题 描 述	解 决 方 法
1		
2		
3		
4		

任务评价

至此，单台电梯的编程和调试过程都已完成，在实现了单台电梯的运行控制后，为任务四两台电梯群控的编程与调试打下了良好的基础，仔细检查器件安装和接线，确保接线正确。通过器件的安装和接线，为在下一任务中对电梯进行编程提供良好的基础。此外，在完成了整个任务三之后，老师和学生都要对任务三的完成情况进行评价，同时老师要对学生的表现进行评价（见表 4–29）。

表 4–29 任务三完成情况评价表

<table>
<tr><td>姓名</td><td></td><td>队友</td><td></td><td colspan="1">开始时间</td><td colspan="3"></td></tr>
<tr><td>专业／班级</td><td colspan="3"></td><td>结束时间</td><td colspan="3"></td></tr>
<tr><td>项目内容</td><td colspan="2">考核要求</td><td>配分</td><td>评分标准</td><td>自评</td><td>互评</td><td>教师评</td></tr>
<tr><td>单台电梯控制程序的整体掌握情况</td><td colspan="2">（1）能够对电梯的整个运行过程进行描述；
（2）对电梯控制程序的大致架构能够正确掌握</td><td>20</td><td>（1）未正确对电梯的整个运行过程进行描述，扣 0 ～ 10 分；
（2）对电梯控制程序的大致架构未能正确掌握扣 0 ～ 10 分</td><td></td><td></td><td></td></tr>
<tr><td>曳引机控制程序的掌握情况</td><td colspan="2">（1）正确理解曳引机的工作过程；
（2）正确理解程序中电梯上行、下行、减速等过程。</td><td>10</td><td>（1）未能正确理解曳引机的工作过程，扣 5 分；
（2）未能正确理解程序中电梯上行、下行、减速等过程，扣 5 分</td><td></td><td></td><td></td></tr>
</table>

续表

姓名		队友		开始时间			
专业／班级				结束时间			
项目内容	考核要求		配分	评分标准	自评	互评	教师评
门机控制程序的掌握情况	（1）正确理解门机的工作过程； （2）正确理解程序中电梯门打开、关闭和减速等过程。		10	（1）未能正确理解门机的工作过程，扣5分； （2）未能正确理解程序中电梯门打开、关闭和减速等过程，扣5分			
其他控制程序的掌握情况	（1）正确理解内选、外呼的响应原则； （2）正确理解楼层显示程序； （3）正确理解驻停、锁梯、检修、风扇灯功能的控制程序。		15	（1）未能正确理解内选、外呼的响应原则，扣5分； （2）未能正确理解楼层显示程序，扣5分； （3）未能正确理解驻停、锁梯、检修、风扇灯功能的控制程序，扣5分			
变频器参数调试情况	（1）能够正确对变频器的操作面板进行操作； （2）能够正确设置变频器的加减速参数、多段速参数等。		10	（1）未能正确对变频器的操作面板进行操作，扣5分； （2）未能正确设置变频器的加减速参数、多段速参数等，扣5分			
人机界面程序的编写	（1）能够正确使用MCGS软件进行项目工程的建立、编程和下载； （2）能够正确对变量的属性进行设置及简单的脚本程序的编写； （3）能够正确美观的设计组态画面。		15	（1）未能正确使用MCGS软件进行项目工程的建立、编程和下载，扣5分； （2）未能正确对变量的属性进行设置及简单的脚本程序的编写，扣3分； （3）未能正确美观的设计组态画面，扣2分； （4）未能实现元件动画设计，扣5分；			
调试过程中的职业素养和操作规范	安全		10	现场操作安全保护符合安全操作规程			
	规范		5	（1）工具未摆放整齐，扣1～2分。 （2）器件的位置调整操作不规范，扣1～2分。 （3）接线工艺不规范，有乱接、短接等，视情况扣1～2分			
调试过程中的职业素养和操作规范	纪律		5	遵守课堂纪律，尊重教师和同组成员；爱惜赛场的设备和器材，保持工位的整洁			
成绩合计							

续表

姓名		队友		开始时间			
专业／班级				结束时间			
项目内容	考核要求		配分	评分标准	自评	互评	教师评
自我点评							
队员点评							
教师点评							

知识、技术归纳

一台电梯的程序设计主要是选择合理的调度算法，达到最佳的运行状态。从各个子环节的PLC编程实现、变频器的运行和参数设置、触摸显示屏的组态设计，最终达到电梯的乘坐舒适、安全可靠、操作人性化等。

工程创新素质培养

PLC的编程在本实训课程前已经有了基础，大家可熟练地用三菱GX软件编程，也可以参考光盘宝典中的样例程序，逐个子任务调试，最终实现整台电梯的运行！

任务四　两台电梯群控的编程与调试

任务目标

1．会两个FX系列PLC之间的RS—485通信方式；

2．会两台四层群控电梯的调度算法及编程；

3．理解群控电梯的逻辑关系以及其通过RS—485通信方式的实现方法。

两台电梯和单台电梯的硬件基本相同，唯一不同的是两台电梯实现群控需要通过通信实现PLC之间的数据交换，以方便判断当有外呼信号时，到底该哪台电梯来响应。在本任务中重点分析两台PLC的通信方式建立以及群控程序的调度算法。

子任务一　群控程序的设计思路

算法调度是群控电梯的核心，一个算法的好坏决定了群控电梯是否可以安全、高效地运行。THJDDT-5 高仿真电梯实训装置能够根据具体的情况，通过算法具体分析，派梯送人们到目标层。

1．群控程序中的算法设计

每个算法都有其优劣性，这里给出其中一种最简单逻辑调度算法供参考，即哪台电梯的当前位置离外呼楼层最近并且运行方向相同，则哪台电梯响应此外呼。

以厅外有人呼梯向上为例说明，电梯的响应向上外呼的情况。外呼信号出现时，两台电梯处于主从站均静止、主站静止从站运行、主站运行从站静止、主从站均运行四种状态之一。在这四种状态下，电梯响应情况如下：

（1）主从站均静止。此时只要主站距离外呼的距离不比从站远，则主站响应；

（2）主站静止，从站运行。此时根据从站是否满足沿途顺带，若满足，则从站响应，否则主站响应；

（3）主站运行，从站静止。此时要看主站是否满足沿途顺带，若满足，则主站响应，否则从站响应；

（4）主站从站均运行。此时要看主站和从站谁满足沿途顺带，此外还得综合考虑主从电梯与外呼的距离关系，具体判断应该由谁来响应外呼。

图 4-64 表示的是当厅外有人呼梯时，主站响应上呼的几种情况：

2．群控程序中的程序设计

群控程序设计时主要需要考虑主从站电梯轿厢所在位置、轿厢所在位置、轿厢运行状况等因素，并根据情况做出反应。

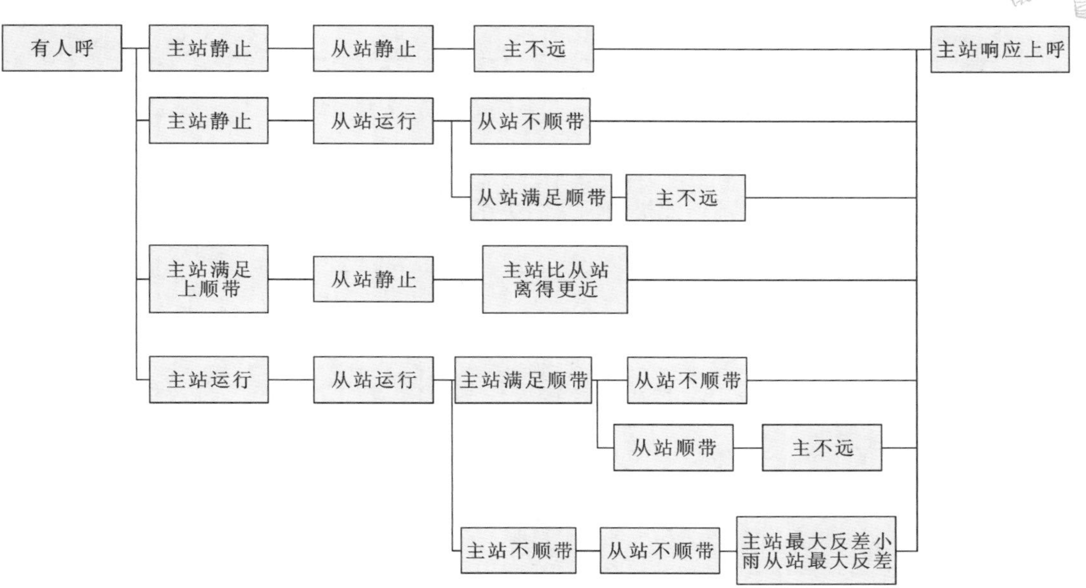

图 4–64 主站响应上呼的几种情况

（1）读取外呼所在楼层、主站电梯轿厢所在楼层、从站电梯轿厢所在楼层。以外呼信号发自一层为例（一层只有外呼向上信号），在电梯群控时，外呼信号由主从站的外呼按钮发出，主站向上信号 X024 直接读取，从站的外呼信号（从站 PLC 的 X024）通过通信的方式从 M1064 传递给主站，并将其保存在 D56 中，程序如图 4–65 所示。

图 4–65 主站读取外呼楼层信号程序

主从站外呼信号表见表 4–30。

表 4–30 主从站外呼信号表

外 呼 信 号	主 站	从 站
一楼外呼向上	X024	M1064
二楼外呼向上	X025	M1065
二楼外呼向下	X027	M1067
三楼外呼向上	X026	M1066
三楼外呼向下	X030	M1068
四楼外呼向下	X031	M1069

主站所在楼层信息直接读取保存在 D52 中，程序如图 4–66 所示。

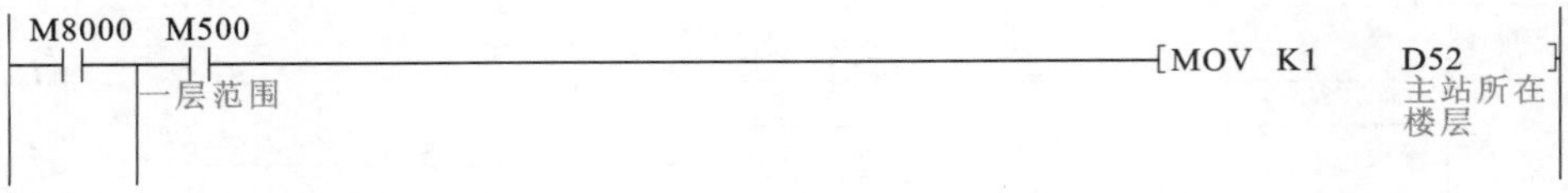

M8000 M500 —[MOV K1 D52]
一层范围　主站所在楼层

图 4-66 主站信息保存程序

从站通过通信方式传递目前所处楼层信息给主站，写入 D54 中，程序如图 4-67 所示。

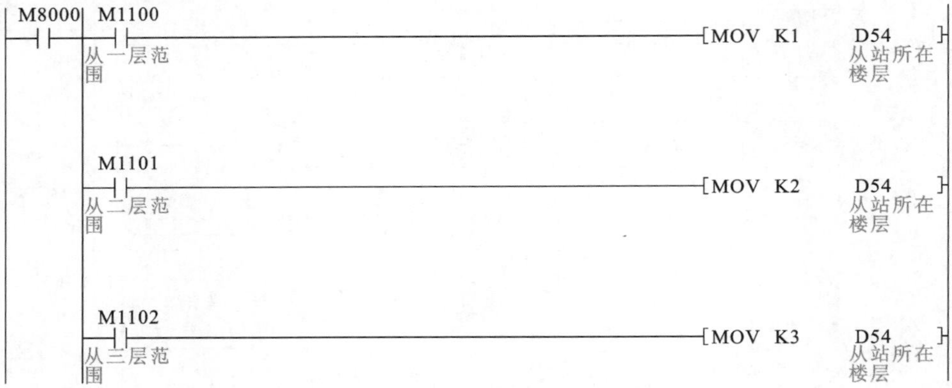

M8000 M1100 —[MOV K1 D54]
从一层范围　从站所在楼层

M1101 —[MOV K2 D54]
从二层范围　从站所在楼层

M1102 —[MOV K3 D54]
从三层范围　从站所在楼层

图 4-67 从站信息保存程序

（2）计算主站轿厢和外呼信号楼层之间的差值（程序见图 4-68）、从站轿厢和外呼信号楼层之间的差值（程序见图 4-69）。

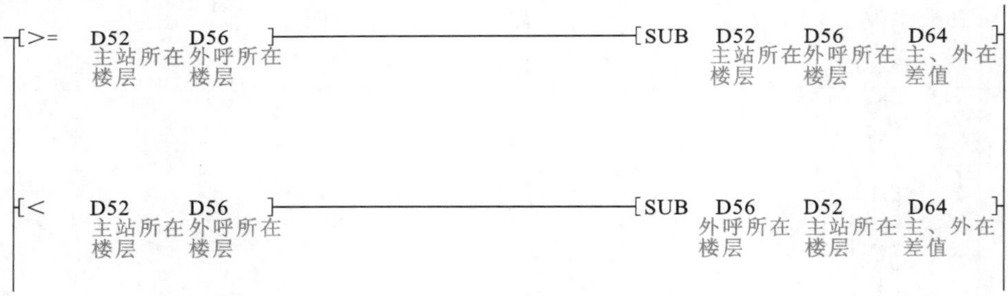

[>= D52 D56] —[SUB D52 D56 D64]
主站所在楼层　外呼所在楼层　主站所在楼层　外呼所在楼层　主、外在差值

[< D52 D56] —[SUB D56 D52 D64]
主站所在楼层　外呼所在楼层　外呼所在楼层　主站所在楼层　主、外在差值

图 4-68 主站轿厢和外呼信号楼层之间的差值

D64 为主站所在楼层与外呼所在楼层的差值，D66 为从站所在楼层与外呼所在楼层的差值。

[>= D54 D56] —[SUB D54 D56 D66]
从站所在楼层　外呼所在楼层　从站所在楼层　外呼所在楼层　从、外在差值

[< D54 D56] —[SUB D56 D54 D66]
从站所在楼层　外呼所在楼层　外呼所在楼层　从站所在楼层　从、外在差值

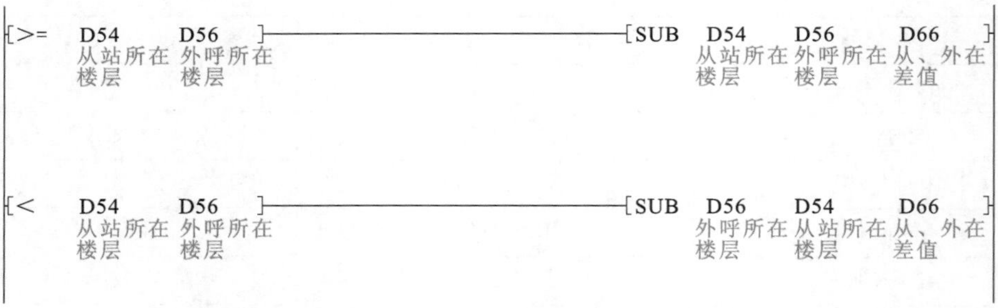

图 4-69 从站轿厢和外呼信号楼层之间的差值

（3）将这两个差值信号进行比较，并将比较结果根据主站响应上呼（从站响应上呼、主站响应下呼，从站响应下呼）情况，根据图 4-68 和图 4-69 的逻辑做出派梯动作。

这里只给出了群控算法的设计思路，具体的主、从站程序，可以参考教学光盘。

子任务二 群控程序的调试

通过之前的分析，应该能够对群控程序有所了解，将两台电梯的硬件进行安装接线，确保无误之后，就可以将教学光盘中的PLC程序分别下载到主站和从站，然后对两台电梯的群控效果进行调试。首先再来了解一下本设备的对群控功能的控制要求，进而再进一步的熟悉调试步骤。

1. 设备控制要求

群控电梯分两种控制方式：开关量控制方式，即电梯由井道内减速感应器、门驱双稳开关提供减速、停止信号；数字量控制方式，即用旋转编码器提供数字脉冲，再经由PLC（可编程控制器）计数运算处理信号，得出轿厢的位置从而发出减速、停止信号。采用数字量控制方式可以省去井道内许多开关提高电梯的稳定性，减少故障。

本群控电梯通过转换开关（HK）可进行上述两种控制方式的转换即开关量控制方式与数字量控制方式的转换。PLC内存了两套程序，通过转换开关（HK）可自由切换，当转换开关置于“开关量控制”时，井道内开关提供指令数字量信号被使用。当转换开关置于“数字量控制”时由旋转编码器提供的脉冲数作为PLC处理的信号，同时开关量控制信号被保存。

在MK检修开关置“正常”侧时，在内部操作箱操作时，选择响应的楼层，到达响应的楼层后停止。在平层停止后，按开门按钮开门，按关门按钮关门。在外部召唤盒控制，两台电梯外部按钮同时有效，电梯上行，按上行触发按钮，到达平层后停止，按下行触发按钮，控制信号被保存，待执行完上行动作后响应下行；电梯下行，按下行触发按钮，到达平层后停止，按上行触发按钮，控制信号被保存，待执行完下行动作后响应上行，根据线路的优化、哪站的行走距离近和主站电梯优先的原则实行群控控制。

在MK检修开关置“检修”侧时，按慢上按钮时，电梯上行，松开停止；按慢下按钮时，电梯下行，松开后停止，到达相应的楼层，按开门按钮开门，按关门按钮关门，在其中一台电梯MK检修开关置“检修”侧时，同时两台PLC都得电的情况下，另一台可正常运行。

2. 设备调试步骤

(1) 将电气控制柜的三相四线电源线连接到电源插座上，打开控制开关总电源和单相电源。

(2) 按照变频器使用技术，设置变频器参数。

(3) 通过RS-485连接线，连接主、从电气控制柜的RS-485接口。

(4) 通过编程电缆连接PLC与计算机，打开PLC电源，打开光盘内的样例程序（或学生自行编写），将“THJDDT-5型（群控主站带触摸屏）”程序下载到主站电气控制柜PLC中，将“THJDDT-5型（群控从站）”程序下载到从站电气控制柜PLC中，将PLC开关置RUN。

(5) 将MK检修开关置“检修”侧时，按慢上按钮，电梯上行，松开停止；按慢下按钮时，电梯下行，松开后停止，到达相应的楼层，按开门按钮开门，按关门按钮关门。测试完成可将电梯慢下到一层平层。

(6) 将 MK 检修开关置“正常”侧时，数－模转换开关置“模拟”侧，电梯各部件工作正常，按动各召唤按钮控制电梯运行，根据线路的优化、哪站的行走距离近和主站电梯优先的原则实行群控控制。如电梯轿厢一台在四层、一台在一层，三层召唤时，四层的电梯轿厢响应，二层召唤时，一层的电梯轿厢响应；当轿厢一台在三层、一台在一层，二层召唤时，主站电梯轿厢响应。

(7) 将 MK 检修开关置“正常”侧时，数－模转换开关置“数字”侧，电梯各部件工作正常，按动各召唤按钮控制电梯运行。如运行不正常，可按关门按钮 10 s，对电梯数字控制方式进行复位操作。

(8) 尝试编写不同的控制程序，实现不同于示例程序的控制效果。

3．两台群控电梯调试记录

在对两台群控电梯进行程序调试的时候，需要不断地对软件程序进行修改完善，所依据的就是“路程最短、时间最少、沿途顺带”等原则，详见项目描述。此外还要对之前安装好的硬件设备进行不断调整。

请将调试过程中遇到的问题及解决方法记录到表 4–31 中。

表 4–31 两台电梯群控调试记录表

序　号	问 题 描 述	解 决 方 法
1		
2		
3		
4		

任务评价

至此，整个群控电梯的编程和调试过程已经完成，在完成了整个任务四之后，老师和学生都要对任务四完成情况进行评价，同时老师要对学生的表现进行评价，将评价结果填入表 4–32。

表 4-32 任务四完成情况评价表

姓名		队友		开始时间			
专业／班级				结束时间			
项目内容	考核要求		配分	评分标准	自评	互评	教师评
RS-485 通信方式的掌握情况	（1）能够正确将两台 PLC 进行通信线路的连接； （2）能够正确理解 PLC 的通信参数； （3）能够正确地对主从站的通信参数进行设置		25	（1）未能正确将两台 PLC 进行通信线路的连接，扣 5 分； （2）未能正确理解 PLC 的通信参数，扣 10 分； （3）未能正确地对主从站的通信参数进行设置，扣 10 分			
群控程序的设计思路	（1）能够正确理解群控程序中常用的判断条件； （2）能够正确理解一种群控程序的调度算法		20	（1）未能正确理解群控程序中常用的判断条件，扣 10 分； （2）未能正确理解一种群控程序的调度算法，扣 10 分			
群控程序的创新	（1）能够在理解教学光盘中给出的程序的基础上，对群控程序进行创新设计； （2）编写出自己的群控程序		35	（1）在理解教学光盘中给出的程序的基础上，对群控程序进行创新设计，没有创新扣 10 分； （2）编写出自己的群控程序，否则扣 25 分			
职业素养与安全意识	安全		10	现场操作安全保护符合安全操作规程			
	规范		5	（1）工具未摆放整齐，扣 1 ～ 2 分； （2）导线线头处理不规范，扣 1 ～ 2 分； （3）走线工艺不规范，视情况扣 1 ～ 2 分			
	纪律		5	遵守课堂纪律，尊重教师和同组成员；爱惜赛场的设备和器材，保持工位的整洁			
成绩合计							
自我点评							
队员点评							

续表

姓名		队友		开始时间		
专业／班级				结束时间		
项目内容	考核要求		配分	评分标准	自评	互评	教师评
教师点评						

知识、技术归纳

THJDDT-5 高仿真电梯实训装置每套设备具有两台单梯，两台电梯的 PLC 可以通过 RS-485 进行通信，相互交换信息，合理调度，实现群控功能。两台电梯内选信号的响应规则与单台电梯一致，其群控功能主要考虑两台电梯对外呼信号如何响应，外呼信号统一管理，两台电梯外呼信号作用相同，响应逻辑应遵循路程最短原则、时间最少原则与任务均分原则，相同情况下主站电梯优先响应。

工程创新素质培养

群控电梯编程算法很多，考虑的因素也很多，具体程序参考光盘宝典中的群控程序，经验可以相互借鉴！

小　　结

在 THJDDT-5 高仿真电梯实训装置上，对照实物认识和检查电梯的机械系统（包括导向系统、重量平衡系统、轿厢、曳引系统和门系统等），按照电梯的八大系统完成电梯梯身部分的安装与初步调试。再分析电梯的电气控制原理图，弄清楚整个电梯系统的几个子系统，诸如曳引系统、门机控制系统、楼层显示系统、内选外呼系统、井道信息系统、安全保护系统、检修和排故系统等。在完成每个系统的所有器件的安装、连接和测试，从电气安全的角度，确保安装的稳定、合理和规范，为机械和电气的程序联调做好准备。

完成电梯的机械和电气安装与调试后，开始先对一台电梯的进行 PLC 程序设计、变频器参数设置、触摸显示屏的组态设计，然后再对两台电梯通过 RS-485 进行通信，合理调度，实现群控功能。

第五篇 项目挑战——高仿真电梯的排故与维护

通过项目实战的练习，已经完成了高仿真电梯实训装置的机械部分和电气部分的安装与调试，电梯也已经能够投入运行。其实，电梯在日常运行过程中还会出现很多人为因素、设备老化和操作不当等造成的设备故障，这些故障威胁着乘员的人身安全。

接下来要实战仿真电梯出现故障时如何及时排除故障，在模拟真实环境下练习排故、维护和保养的本领，这就要求有更高的综合职业素质了，迎接新的挑战吧！

任务一　典型故障的类型及故障设置说明

任务目标

1. 了解智能电梯故障类型；

2. 了解智能电梯排故故障箱、答题器、智能考核系统的使用；

THJDDT-5 高仿真电梯实训装置上具有机械故障设置和智能考核故障设置两种设置方式，具有故障设置、故障排除、演练、远程控制和考核管理等排故考核功能，这样可以在已经完成的设备上练习电梯的排故与维护，方便用户操作。

电梯中会有什么样类型的故障呢？我样样本领都要练！

电梯主要是由机械系统、主拖动系统、电气系统组成。主拖动系统也可以属于电气系统，因而电梯的故障可以分为机械故障和电气故障。

遇到故障时首先应确定故障属于哪个系统，是机械系统还是电气系统，然后再确定故障是属于哪个系统的哪一部分，接着再判断故障出自于哪个器件或那个动作的触点上。

电梯排故一定要全面认识电梯的机械系统和电气系统，否则你就找不到原因了！

怎样判断故障出于哪个系统？
在MK检修开关置“检修”侧时，按慢上按钮时，电梯上行，松开停止；按慢下按钮时，电梯下行，松开后停止，到达相应的楼层，按开门按钮开门，按关门按钮关门。电梯点动运行正常，故障就出自电气系统。反之，故障就出在机械系统或主拖动系统。

因为电梯在检修状态下上行或下行，电气控制电路是最简单的电动电路，按钮按下多长时间，电梯运行多长时间，不按按钮，电梯就不会动作，需要运行多少距离可随意控制，速度又很慢，所以很安全，便于检修人员操作和查找故障所属部位，这是专为检修人员设置的电梯功能。

电气回路没有其他中间控制环节，他直接控制电梯主拖动系统，电梯点动运行只要正常，就可以确认：主要机械系统没问题，电气系统中的主拖动系统没有问题，故障就出自电气系统的控制电路中。反之电梯不能点动运行，故障就出自电梯的机械系统或主拖动系统。

我看到控制柜中有个故障箱，那应该就是设置故障的机关了！

这个模拟电梯故障的机关（故障箱）如果开关“向上”为“正常”，“向下”则为“故障”，设故前钮子开关全部拨向上方。故障箱开关示意图如图 5-1 所示。

在 THJDDT-5 高仿真电梯实训装置上，主要以电气短路、电气开路和器件损坏等形式来模拟电梯的故障，按器件故障类型分主要有感应器故障，触点、开门、按钮故障，PLC 输出继电器故障三类。举例说明见表 5-1。

答题器系统具有故障设置、故障排除、演练、远程控制和考核管理等多项功能，同时该系统也可脱离服务器通过智能答题器在单个的考核台上使用，并且操作过程中的信息都可以随时查询，掉电数据不丢失。

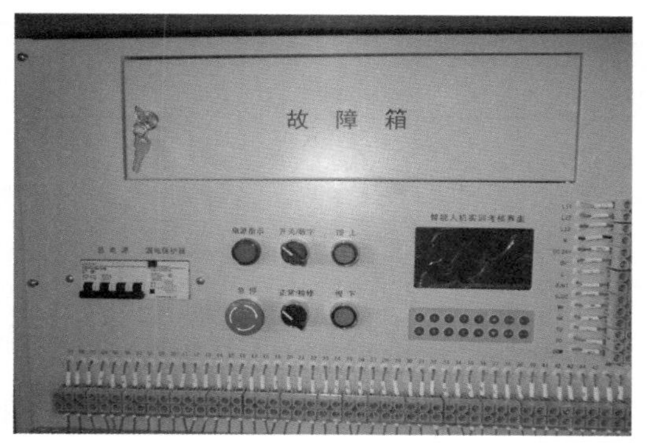

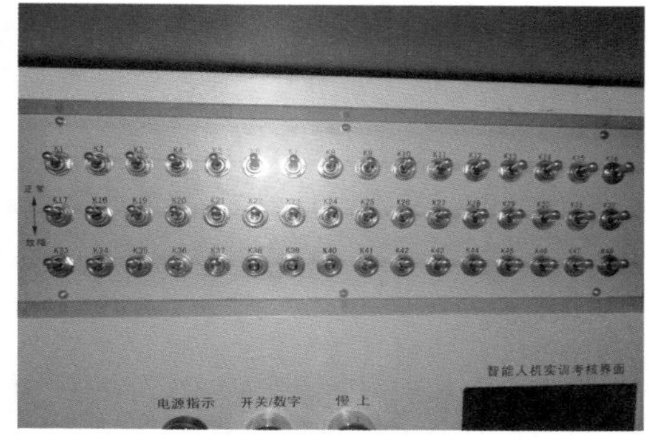

图 5–1 故障箱开关示意图

表 5–1 举例说明三类故障的现象、原因和排故方法

故 障 类 型	故障现象（举例）	故障原因（举例）	排除方法（举例）
感应器故障	电梯不能上行，但可下行，下行直接到底，数码管楼层显示为 4 层	上强返减速感应器损坏	只需短接线号 118 和 PLC 线号 X03
触点、开门、按钮故障	厅门联锁开关回路故障，电梯不能运行	门联锁继电器不能吸合	短接线号 103 和门联锁继电器线号 145（门联锁继电器端子）
PLC 输出继电器故障	按钮灯不亮	内选按钮灯输出继电器损坏，一层按钮灯不亮	短接线号 137 和线号 Y10（PLC 输出）

我们的电梯排故考核装置更加智能化，有专门的智能答题器！

答题器是由 240×128 点阵蓝底背光液晶显示屏、PVC 轻触键盘、单片机、FlashROM、日历时钟、通信模块等组成。答题器操作界面如图 5–2 所示。

在开机进入初始画面后，可以登录设故、排故、按键设置三个不同功能窗口进行操作，进入功能菜单后可以通过不同按键进行故障设置、密码设置、排故状态清零、设故状态清零、日历时钟设置、排故信息查询、考核时间设置和 IP 地址设置等。具体操作流程如图 5–3 所示。

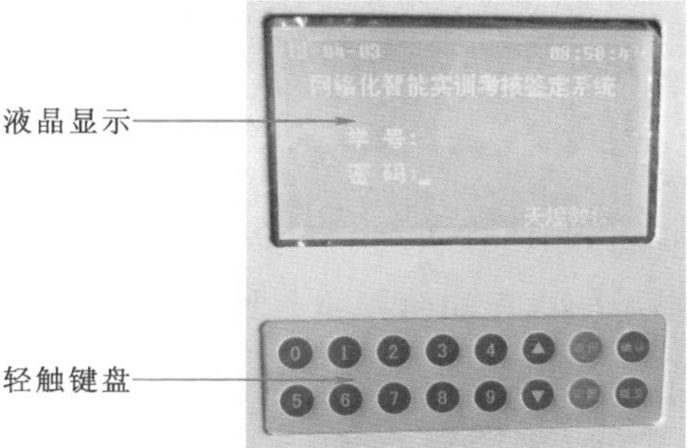

图 5–2 答题器操作界面

师傅，这答题器怎么用啊？

初始界面

登陆方式

设故 密码登录 → 设备名称 → 按确认键 → 功能菜单

排故 密码登录 → 设备名称 → 按确认键 → 排故界面

按设置键 → 设备名称

功能菜单：

按0键 → 故障设置

按1键 → 密码设置

按2键 → 排故状态清零

按3键 → 设故状态清零

按4键 → 日历时钟设置

按5键 → 排故信息查询

按▼键 → 考核时间设置

按▲键 → IP地址设置

图 5–3 答题器操作流程

我在答题器上演示设置一组故障，你看清了，以后就可以自己进行设故与排故练习了！

在初始界面上直接输入设故登录的密码后，按“确认”键进入显示设备名称窗口，再按“确认”键进入功能菜单，如图 5–4（a）所示，按提示分别按“2”、“3”键对排故状态和设故状态进行清零，同时屏幕右侧会显示“发送成功”字样；然后按“▽”键，老师可输入学生考核的时间（例如，60 min）如图 5–4（b）所示，按“确认”键;按“△”键，返回到功能菜单。

再按“5”键进入图 5–4（c）所示界面，可以查到误排个数：005，排故次数：003，而具体的误排点是：K3 误排 1 个，K7 误排 2 个，K9 误排 1 个，K10 误排 1 个，再按“返回”键，返回到功能菜单。

再按“0”键进入图 5–4（d）所示界面，移动光标到 K2，按“设置”键，K2 变为 ON；然后移动光标到 K3，按“设置”键，K3 变为 ON；再分别移动光标到 K8、K9、K12、K14 进行设置，此时 K2、K3、K8、K9、K12、K14 的状态均变为 ON;故障全部设置后按“确认”键，在通信处会显示“发送成功”字样，表示设故成功；这就完成了对高仿真电梯六个故障点的设置。

学生在初始界面上要输入自己的学号、班级及登录的密码，按“确认”键，选择显示排故设备的名称，再进入故障显示窗口，如图 5–5 所示。经过测量分析以后，判断出 K2、K7、K9 三个故障点后；光标移动到 K2 按“设置”键，K2 变为 ON；再移动光标到 K7、K9，进行设置，然后按“确认”键，即排除三个故障；待所有排故完毕，按“返回”键到排故设备名称界面，再按“提交”键进行交卷。

故障就这样设好，可以开始模拟排故了！

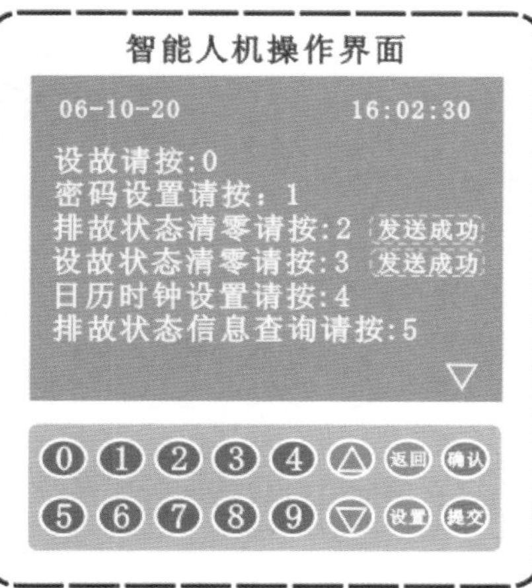

(a)

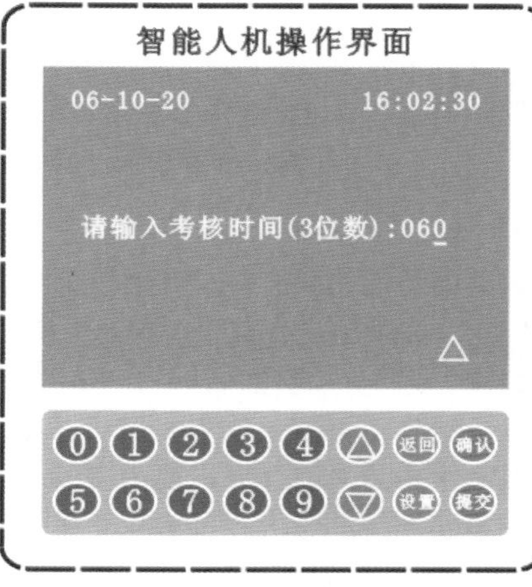

(b)

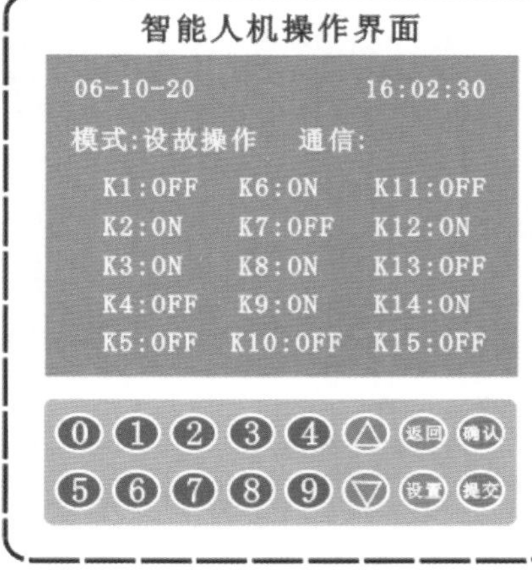

智能人机操作界面

06-10-20 16:02:30

误排个数:005 排故次数:003

K1:00	K6:00	K11:00
K2:00	K7:02	K12:00
K3:01	K8:00	K13:00
K4:00	K9:01	K14:00
K5:00	K10:01	K15:00

(c)

(d)

图 5-4 答题器操作示意图

如果操作过程中出现漏电、超量程、过流等情况，控制屏会报警并跳闸，同时液晶屏也会报警并显示“漏电告警”、“超量程告警”“过流告警”等字样，可以按“复位”按钮消除报警。可以再进入初始界面查询报警次数，如图 5-6 所示。

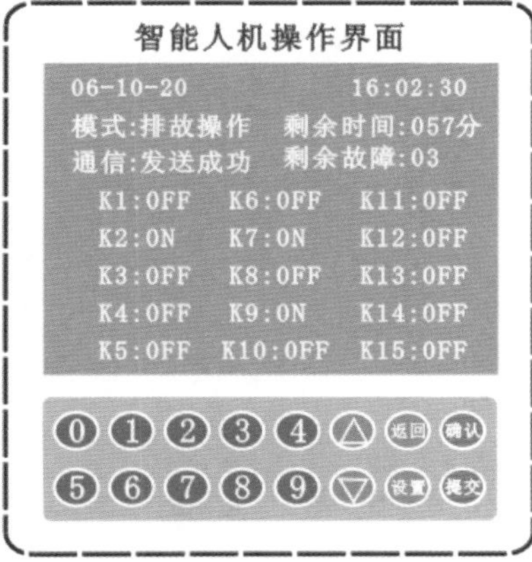

图 5-5 排故操作界面

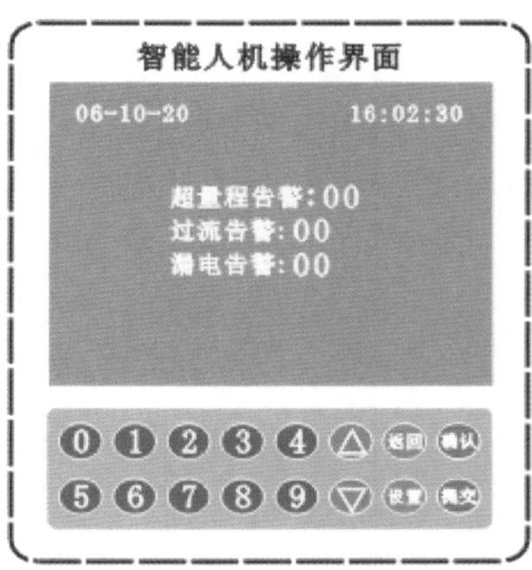

图 5-6 报警查询界面

我还可以从计算机里出排故试题卷，这也很方便！

本实训装置还配有“网络化智能实训考核鉴定系统”，它具有数据管理（集中管理考生信息、教师信息、成绩信息、实验台信息、挂件信息、模块电路信息）、试卷管理（编辑、修改、查看、删除试卷，选配实验台和挂件）和考试管理（管理现场考试学生机，收发试卷）的功能。这样便可以更科学、更有效的方式进行考核。

本软件安装之前计算机要先安装 SQL Server 2000，建立一个后台数据库管理系统，为智能考核鉴定系统的三大功能提供更安全可靠的存储管理功能。

再启动“网络化智能实训考核鉴定系统”中“数据管理”，系统连接默认的数据库，完成系统配置（见图 5–7），进入数据管理登录界面（见图 5–8）。

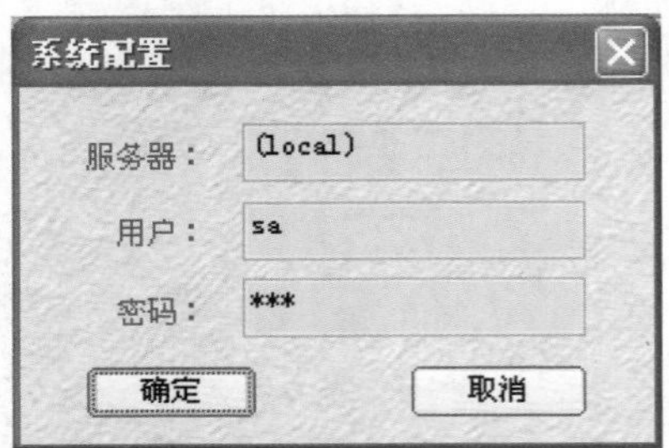

[服务器]：默认 (local)
[用户名]：默认（sa）
[密码]：默认（123）

图 5–7　系统配置界面

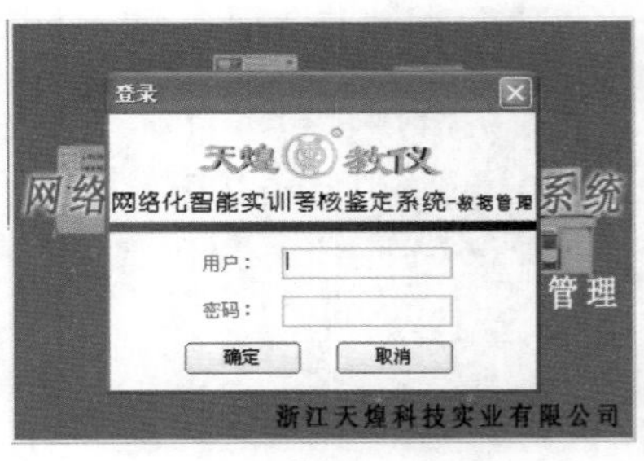

初始用户：admin
初始密码：th

图 5–8　数据管理登录界面

登录界面用户、密码通过验证，进入数据管理主界面（见图 5–9）。数据管理主界面由工具栏、界面选择区、查询工具栏、数据显示区和数据操作区五部分组成。

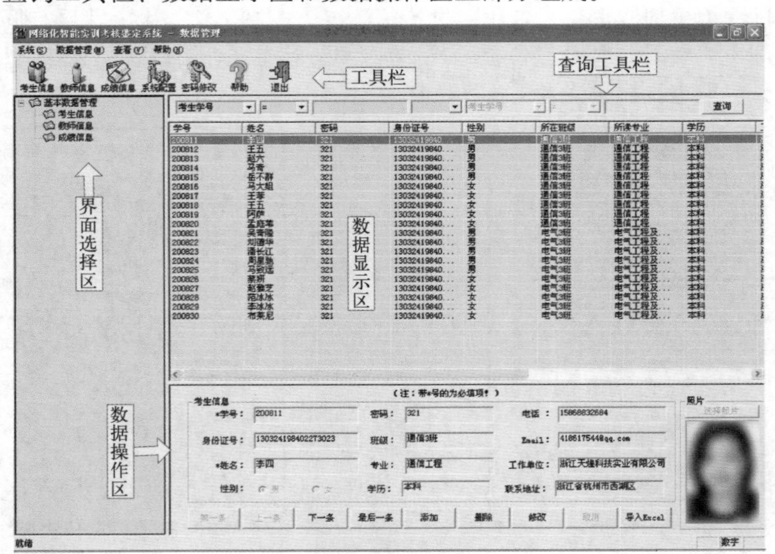

图 5–9 数据管理主界面

再启动“网络化智能实训考核鉴定系统”中“试卷管理”，系统连接默认的数据库，完成系统配置和登录窗口，进入试卷管理主界面（见图5−10）。

依次单击选择选配实验台，弹出选配实验台界面（见图5−11），通过该界面可以选配编辑试卷相关的实验台和挂件，选配后弹出试卷编辑界面，开始进行试卷编辑。

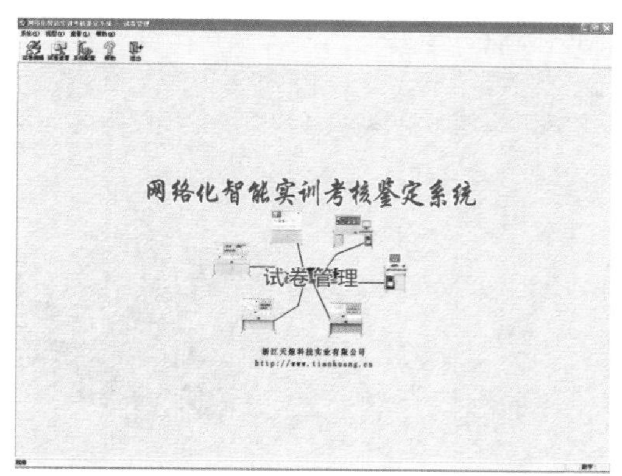

图5−10 试卷管理主界面

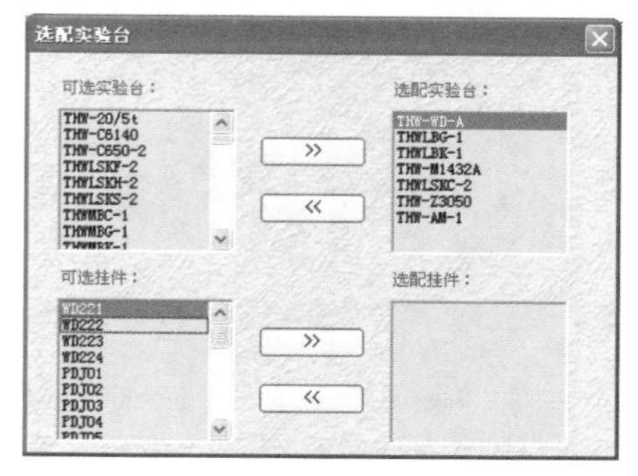

图5−11 选配实验台界面

再启动“网络化智能实训考核鉴定系统”中“考试管理”，登录后进入考试管理主界面（见图5−12），其中控制台由八个功能按钮组成，单独对选择的一台学生机操作，进行发卷、收卷、查询、故障清空等控制（见图5−13）。

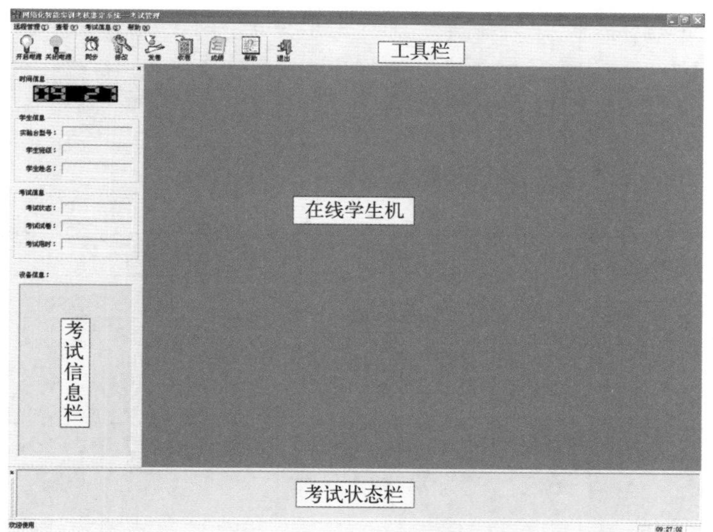

图5−12 考试管理主界面

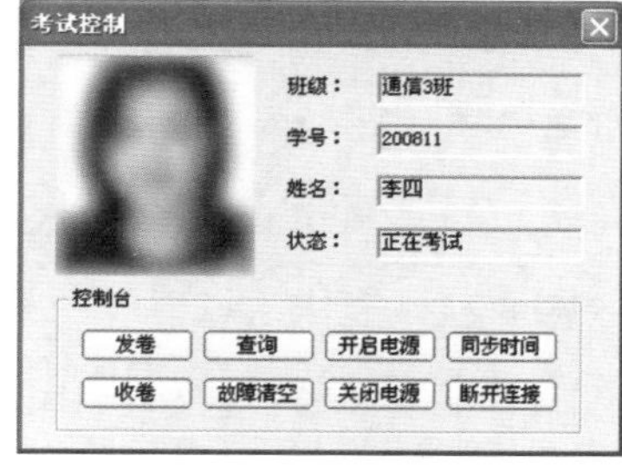

图5−13 考试控制界面

考虑的太周全了，条条大道通罗马，快接近成功了！

知识、技术归纳

THJDDT−5高仿真电梯实训装置的排故练习，可以通过故障箱、答题器、网络考核系统等方式进行设备排故实操练习，达到仿真模拟排故的效果。

工程创新素质培养

在配套光盘中有设备排故说明书、答题器说明书、网络考核系统软件及说明书，可以系统周全地帮助初学者入门。

任务二　典型故障的排除

任务目标

1. 掌握故障现象判断和故障查找的方法；
2. 能使用正确方法和工具排除故障；
3. 能对典型故障排除进行总结和经验分析。

在执行一个故障检查与排除的过程中，要完成“电梯故障处理记录表”（见表 5–2），便于后期的查阅和经验借鉴。

表 5–2 电梯故障处理记录表

单位名称：＿＿＿＿＿＿＿＿　　　　＿＿＿＿年＿＿月＿＿日

电梯编号	故障位置	开始时间	结束时间	维修人员
故障原因及内容：				
维修过程及安全措施： 维修人：（签名）				
检定结论（含技术参数功能）： 检验人：　　　　日期：				
备注：				

在排除故障时也要按照此表设计，先根据故障现象判断故障原因及内容，再安全合理排除故障，并对故障进行分析总结。

师傅已经给我设好故障了，我先看看故障现象是什么样的。

1. 故障现象

先将控制柜的三相四线电源线连接到市电三相电源插座上，打开电气控制柜总电源开关和PLC电源开关，按照变频器使用技术设置变频器参数，将已经编写完成的PLC单台电梯控制程序下载到PLC中，初步准备工作就绪。

再将MK检修开关置“正常”侧，开关/数字转换开关置“开关”侧，开始按动各召唤按钮控制电梯运行操作。

发现故障现象：
按下各层内选、外呼信号电梯都不能运行，各按钮指示灯正常点亮，只有开关门按钮仍有效，可以控制开关门（见图5-14）。

图 5-14 故障后不能操作

故障现象我已经看清了，我想想是什么原因造成的？

2. 查找思路

重新把电梯MK检修开关置“检修”侧时，判断电梯是否也能上下运行，这样能判断电梯整个拖动系统是否正常。如果能够运行的话，则与电动机拖动主电路部分无关，可以继续检查相关程序控制和外围电路。

单机程序中的主控N1程序段（见图5-15），实现功能：Y006、Y007实现控制变频器STF、STR的正反转，还有Y004、Y005实现控制变频器RH、RL高低速（检修与非检修的速度），以及Y000控制的QC主继电器，从而直接影响到变频器主电路控制曳引电动机的拖动。

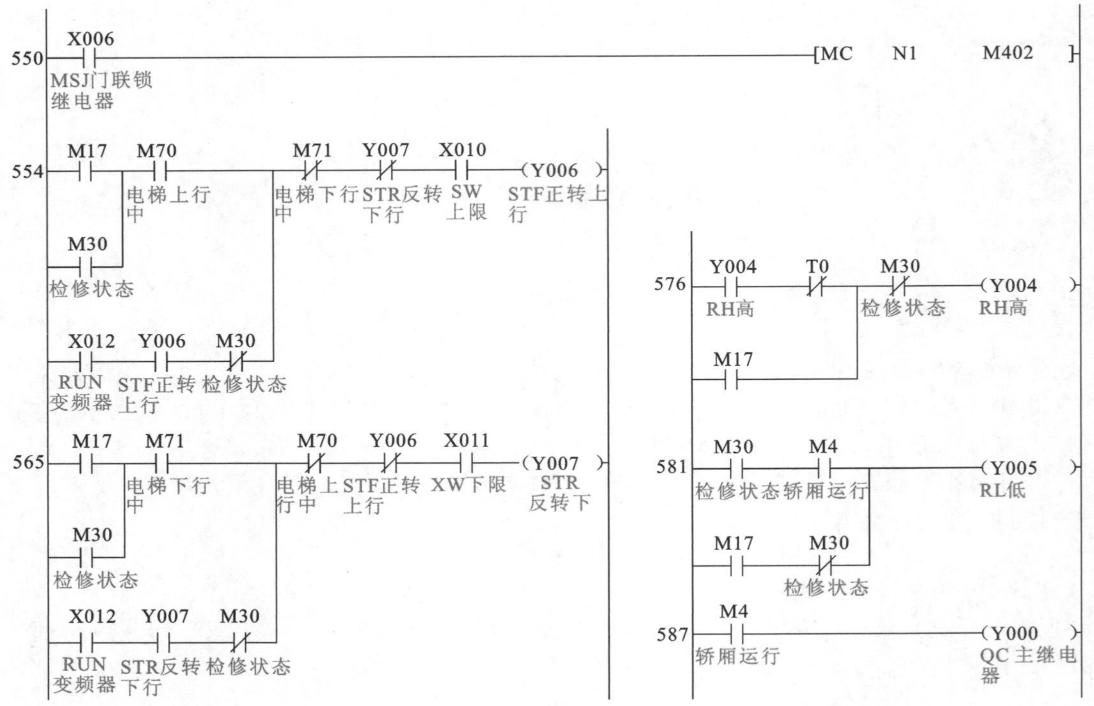

图 5-15 控制拖动的主控程序

主控 N1 程序段受 X006（MSJ 门联锁继电器）控制，故先观察 PLC 上 X006 输入继电器指示灯是否有信号？

如果 X006 没有信号，检查 X006 输入回路（见图 5-16），判断是否是 MSJ 门联锁继电器线圈没有得电或 MSJ 触点没有闭合或 X006 输入回路中有断路。

X006 K31 410 ZK10 149 MSJ门联锁继电器 COM

图 5-16 X006 输入回路

如果 MSJ 门联锁继电器线圈没有得电，则检查一到四层厅门联锁回路（见图 5-17），回路包含了一到四层厅门联锁开关 ST1 ～ ST4、关门到位开关 PGM 和电源。

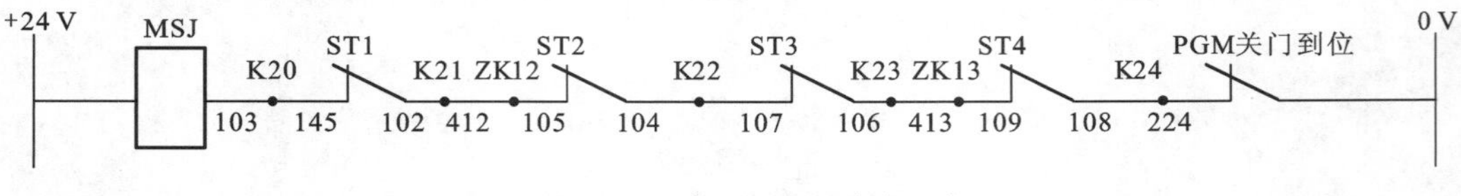

+24 V MSJ K20 103 145 ST1 102 K21 412 ZK12 105 ST2 104 K22 107 ST3 106 K23 413 ZK13 109 ST4 108 K24 224 PGM关门到位 0 V

图 5-17 一到四层厅门联锁回路

MSJ 门联锁继电器触点还会影响到主接触器控制电路（见图 5-18），里面包含 MSJ 门联锁继电器触点、转换继电器 QC1 触点、电压继电器 DYJ 触点和电源。其中转换继电器 QC1 触点是受 PLC 的 Y000 输出控制，电压继电器回路（见图 5-19）由急停开关，相序开关，过流开关，断绳开关，安全钳开关，检修开关组成，如果有一个触点出现问题，则将导致电梯的锁死。

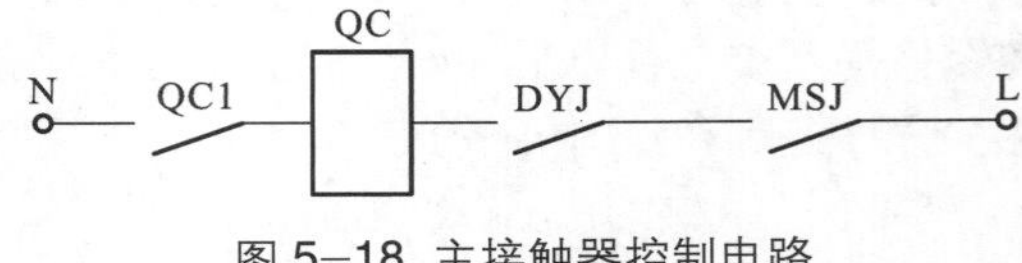

图 5-18 主接触器控制电路

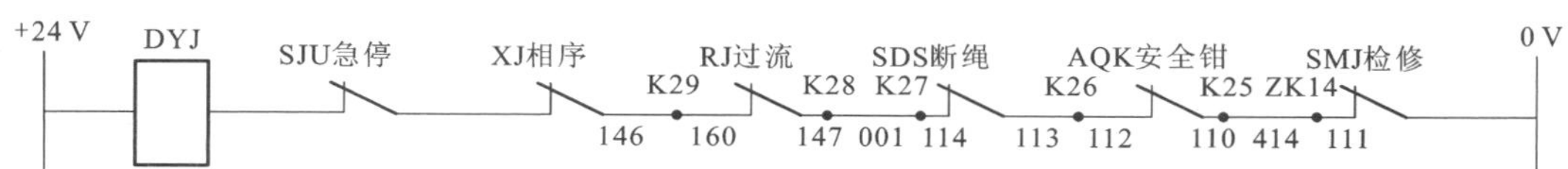

图 5–19 电压继电器回路

QC 主触点将控制变频器 U、V、W 端与三相电动机连接，在变频器主电路检查完成同时，要注意变频器的 STF、STR 正反转功能端子受 Y006、Y007 信号控制，以及 RH、RL 受 Y004、Y005 信号控制，可以观察这些 PLC 输出是否有信号，以及连接到端子之间的线路，如图 5–20 所示。

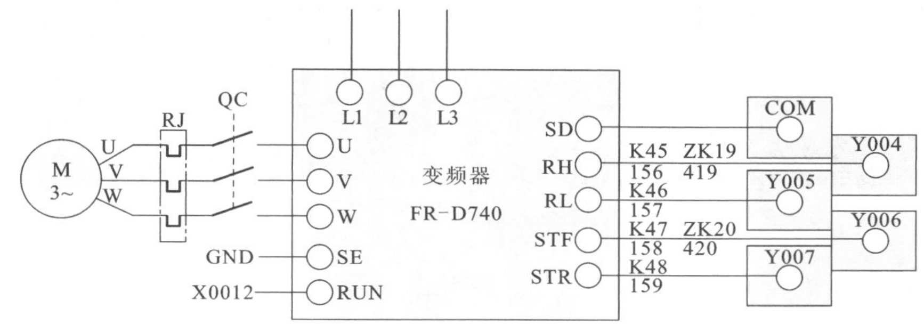

图 5–20 变频器拖动主电路

哈哈，我知道原因了，
下面我要动手排故了！

3．故障排除

测量故障的方法有很多，主要有：程序检查法、静态电阻测量法、电位测量法、短路法、断路法、经验排故法等。

前面利用了程序检查法对功能进行分析，也利用 PLC 程序在线监控来判断故障。在理清故障现象和思路后，在断电情况下，可用静态电阻测量法测量对应电路，在找到故障点后，可以用短路法或断路法进行故障排除，在不断练习和实战的经验积累后，每个熟练的检修工程师都会总结出一套排故经验手册，这才是最宝贵的啊！

有了上面的分析，可开始用静态电阻测量法来逐个测量上述电路了。

静态电阻测量法（见图5–21）：就是在断电情况下，用万用表电阻挡测量电路的电阻值是否正常，任何一个电气元件都有一定阻值；连接电气元件的线路或开关，电阻值不是等于零就是无穷大。因而测量它们的电阻值大小是否符合规定要求就可以判断好坏。检查一个电子电路好坏、有无故障也可用这个方法，而且比较安全。

按照前面故障排查思路确定检查步骤：

（1）检查测量变频器主电路：逐个检查测量三相电源接入端（L1、L2、L3）、变频器（U、V、W）接入电动机端、接地、RUN 端、RH → Y004、RL → Y005、STF → Y006、STR → Y007、SD → COM 接线。

（2）检查测量电压继电器电路：逐个检查测量 +24 V 和 0 V 电源、急停开关，相序开关，过流开关，断绳开关，安全钳开关和检修开关。

(3) 检查测量主接触器电路：逐个检查测量单相交流电源、MSJ 门联锁继电器触点、转换继电器 QC1 触点和电压继电器 DYJ 触点。

(4) 检查测量厅门联锁回路：逐个检查测量 +24 V 和 0 V 电源、一到四层厅门联锁开关 ST1 ~ ST4、关门到位开关 PGM。

(5) 检查测量 X006 输入回路：逐个检查测量 X006、MSJ 触点、输入公共端 COM。

(6) 检查 PLC 控制程序：检查监控 N1 主控程序段的运行。

图 5–21 静态电阻测量法测量电路和检查厅门联锁开关

恭喜你，你答对了！

最后在门联锁继电器的动合辅助触点连接到PLC的输入X006端子是断路，在门联锁正常状况下X006都无信号，最终程序无法启动N1主控功能（Y006、Y007的上下运动）。
现短接线号149（门联锁继电器端子）和线号X006（PLC输入），电梯即可正常运行。

4．其他故障现象分析与排除

哈哈，曳引系统还可能还有这些故障的！

THJDDT–5 高仿真电梯实训装置上曳引系统的故障设置形式很多，在掌握了基本排故查找思路和方法后，就可以以一推三了。下面列举一些该装置上关于曳引系统的故障现象、原因及排除方法，见表 5–3。

表 5–3 曳引系统故障汇总

故 障 现 象	故 障 原 因	排 除 方 法
电梯不能上行，但可下行，下行直接到底	GU(118) 上强返减速感应器损坏	短接线号 118 和 PLC 线号 X003
	SW(120) 上限位感应器损坏	短接线号 120 和 PLC 线号 X010
电梯不能下行，但可上行，上行直接到顶	GD(119) 下强返减速感应器损坏	短接线号 119 和 PLC 线号 X004
	XW(121) 下限位感应器损坏	短接线号 121 和 PLC 线号 X011

故 障 现 象	故 障 原 因	排 除 方 法
MSJ 门联锁继电器不得电，电梯不能运行	1TS 厅门联锁开关回路故障	短接线号 103 和门联锁继电器线号 145
	2TS 厅门联锁开关回路故障	短接线号 102 和线号 105
	3T3 厅门联锁开关回路故障	短接线号 104 和线号 107
	4TS 厅门联锁开关回路故障	短接线号 106 和线号 109
	轿厢门到位开关故障	短接线号 108 和线号 224
安全回路、电气回路故障，电梯不能进行操作	SMJ 检修开关故障	短接线号 110 和线号 111
	AQK 安全钳开关故障	短接线号 112 和线号 113
	SDS 断绳开关故障	短接线号 114 和线号 147

子任务二 门机系统故障检查与排除

1．故障现象

还是将 MK 检修开关置“正常”侧，开关／数字转换开关置“开关”侧，开始按动各召唤按钮控制电梯运行操作。

发现故障现象：
按下各层内选、外呼信号电梯能正常运行，各按钮指示灯也正常点亮，但开关门按钮无效（门机系统不得电），正常运行时到指定楼层后也不自动开关门。

2．查找思路

单机程序设计功能中，如图 5-22、图 5-23 所示。当检修状态时（M30 得电），按住开门按钮则开门，松手即停。同时出现门感应器被挡有信号、轿厢称重感应器超载、关门 5 s 没关上等条件也会重新开门得电。当非检修状态时（M30 不得电），除上述情况外，运行过程中开门继电器得电、平层信号、门联锁等满足后，执行开门动作。

无论在检修或非检修状态时，满足平层、门联锁、非超载门感应器等条件都可执行关门动作。

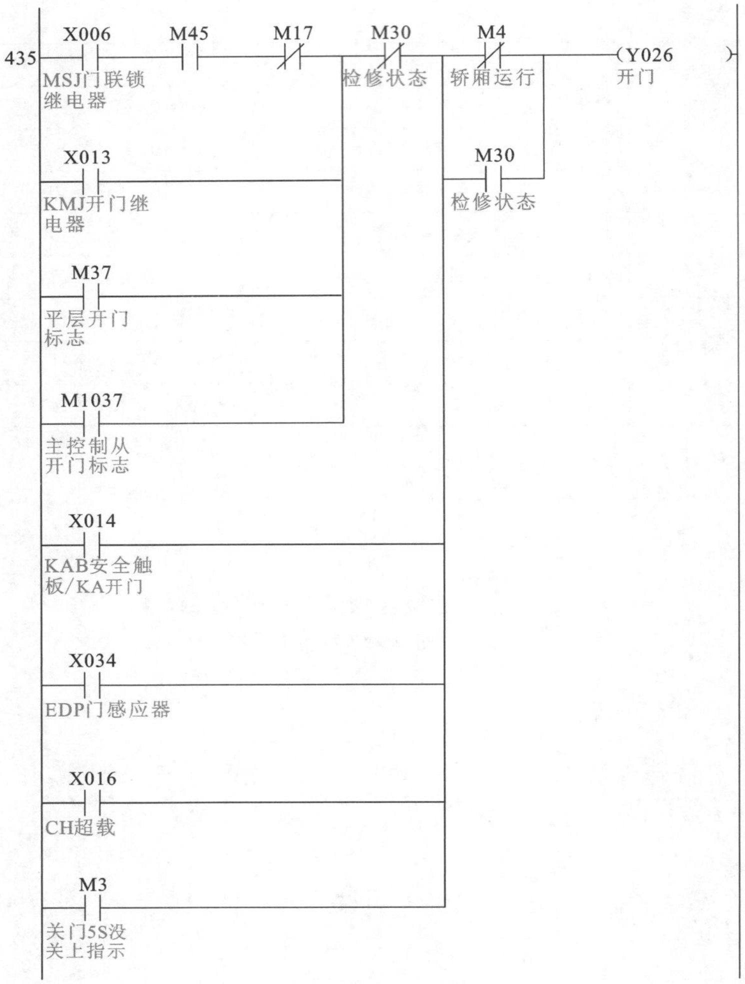

435
X006 MSJ门联锁继电器
M45
M17
M30 检修状态
M4 轿厢运行
Y026 开门
X013 KMJ开门继电器
M30 检修状态
M37 平层开门标志
M1037 主控制从开门标志
X014 KAB安全触板/KA开门
X034 EDP门感应器
X016 CH超载
M3 关门5S没关上指示

图 5–22 单机开门控制程序

在监控程序过程中，就要观察上述相关开关的通断情况，单个信号的缺失就可能直接影响程序的运行。

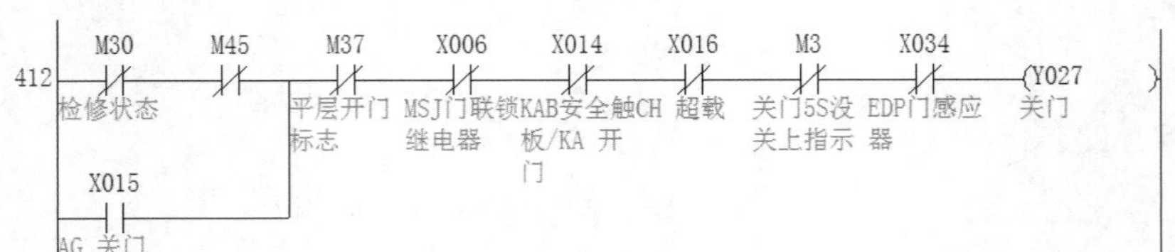

图 5–23 单机关门控制程序

在满足程序设计功能后，观察 PLC 的 Y026 和 Y027 的输出控制继电器电路，可以看开门继电器 KMJ 和关门继电器 GMJ 指示灯是否得电，以及必要的线圈互锁和开关门到位信号。PLC 控制门机正反转接触器线圈控制电路如图 5–24 所示。

如果 KMJ 和 GMJ 线圈能正常得电，下面分析门机电动机（直流电动机）主电路（见图 5–25），其中要注意连接 KMJ 和 GMJ 线圈触点的控制回路直流电源极性，电动机限流和关门减速也很重要。

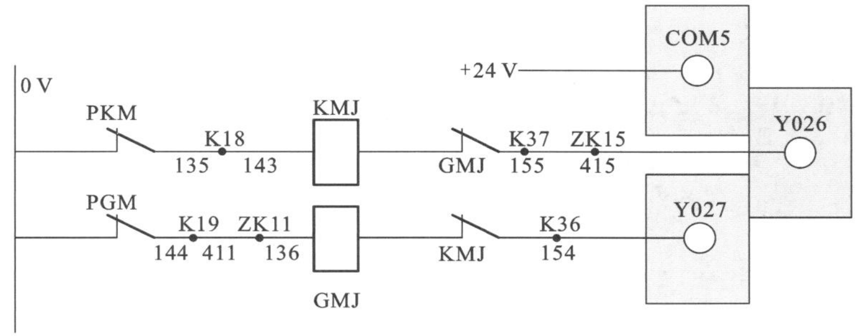

图 5-24 PLC 控制门机正反转接触器线圈控制电路

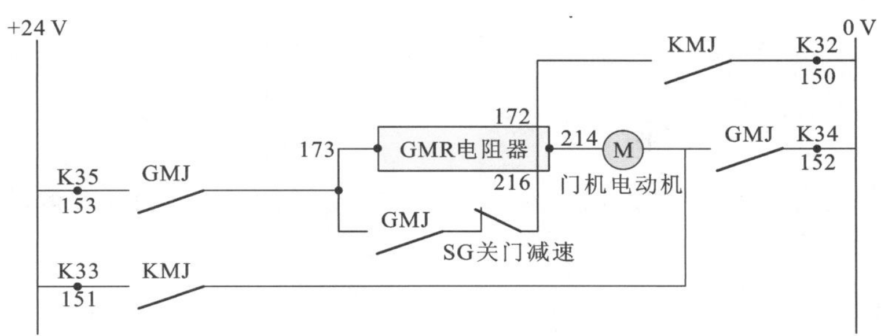

图 5-25 门机电动机主电路

轿厢部分电气元件连接图，如图 5-26 所示。虽然这些电气元件已经连接到电气控制柜端子排，但如果出现信号缺失，那么查找的难度很大，故障可能在端子，也可能在连接的插件头和连接线，也有可能在电气元件本身。

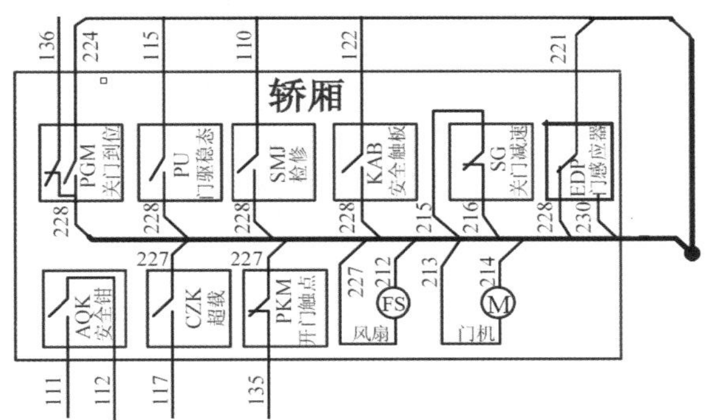

图 5-26 轿厢部分电气元件连接图

哈哈，我知道原因了，下面我要动手排故了！

3．故障排除

前一个子任务用静态电阻测量法进行测量排故，本子任务采用电位测量法来尝试一下。

按照前面故障排查思路确定检查步骤：

（1）检查测量门机正反转接触器控制电路：观察 KMJ 和 GMJ 线圈得失电情况，再逐个测量 KMJ 线圈、GMJ 线圈、互锁开关触点、开门到位开关、关门到位开关，以及 COM5 电源和公共端电源。

电位测量法（见图5-27）：在通电情况下测量各个电气元件的断电电位，因为在正常工作情况下，电流闭环电路上各点电位是一定的，电流是从高电位流向低电位，顺电流方向去测量电气元件上的电位大小应符合这个规律，所以用万用表去测量控制电路上有关点的电位是否符合规定值，就可判断故障所在点，然后再判断是为何引起电流值变化的，是电源不正确，还是电路有断路，还是电气元件损坏造成的。

（2）检查测量门机正反转主电路：逐个测量 KMJ 和 GMJ 的开关、连接直流门机电动机的回路、减速开关、直流电源。

（3）检查测量轿厢电气电路：逐个测量安全触板 KAB、门感应器 EDP、安全钳 AQK、超载 CZK、开门触点 PKM，以及风扇和电动机线圈等。

图 5-27 电位测量法测量电气元件工作状态下电位

最后在门机正反转主电路部分测量出开门继电器触点与+24 V电源开路，门机无电源供电了，导致门机电动机断电，不能开门。
只需短接线号151（门联锁继电器端子）和线号230（+24 V）电梯即可正常运行。

4. 其他故障现象分析与排除

THJDDT-5 高仿真电梯实训装置上门机控制系统的故障设置形式也很多，下面列举一些该装置上关于门机控制系统的故障现象、原因及排除方法，见表 5-4。

表 5-4 门机系统故障汇总

故障现象	故障原因	排除方法
门机电动机断电不能开门	KMJ(150)、KMJ(151) 开门回路开门继电器触点接触不良	短接线号 150（开门继电器端子）和线号 226
		短接线号 151（门联锁继电器端子）和线号 230
门机电动机断电不能关门	GMJ(152)、GMJ(153) 关门回路关门继电器触点不良	短接线号 152（门联锁继电器端子）和线号 226
		短接线号 153（门联锁继电器端子）和线号 230

续表

故 障 现 象	故 障 原 因	排 除 方 法
开门继电器或关门继电器不能吸合	KMJ(154)、GMJ(155) 开关门继电器回路的开关门继电器动断触点接触不良	短接线号 154（开门继电器端子）和线号 Y27
		短接线号 155（关门继电器端子）和线号 Y26
开门或关门继电器不能吸合	PKM(135 ～ 143)、PGM(136 ～ 144) 开关门到位。开关损坏不能闭合	短接线号 135 和开门继电器线号 143
		短接线号 136 和开门继电器线号 144

哈哈，通过两个子任务，排故的方法我已经掌握了！

徒儿，不能骄傲啊！我们还是要从真实的电梯，实战的要求来锻炼自己！

知识、技术归纳

电梯的排故是考验操作者机械和电气综合运用能力。操作者应能够设计 PLC 正确功能程序，按控制要求进行故障检查，依次排查电气回路、电气元件、机械元件安装等。无论曳引系统的故障、还是门机系统故障都是与相关电路联系的，比如都要关联到电压继电器、门联锁继电器等电气回路和安全回路。排故一定要看清故障现象，分析故障现象原因，理清查找思路，顺藤摸瓜式地把可能产生故障的点依次排查。

工程创新素质培养

参考 THJDDT—5 高仿真电梯实训装置使用手册，对本装置故障箱中设置的 48 个故障点，逐一练习。还可以发挥操作者的聪明才智，可在小组间相互设置故障点，相互考核排故。

任务三　真实电梯的故障排除与维护保养

任务目标

1. 了解真实电梯故障排除的现象分析和方法；
2. 了解电梯故障时的自救方法；
3. 了解真实电梯的日常维护与保养。

真实电梯的故障屡屡造成“电梯惊魂“的恐怖事件，电梯安全事故让人们似乎有些“谈梯色变”了。有数据显示，在所有的电梯事故和故障中，设计和制造的问题占 20%，80%以上的事故原因在于安装维保环节。

我国是电梯生产大国，产量居世界第一，但由于产能过剩，电梯市场竞争激烈，大型电梯制造商都将精力投入到制造上，给大量电梯维保企业让出了生存空间。而电梯维保企业准入门槛低、数量多、企业利润低，恶性竞争导致质量安全难以保障。重视电梯维保公司的资质和维保人员的专业素养是保证电梯安全运行的关键。

子任务一 常见真实故障现象分析

真实电梯常见的故障主要有机械故障和电气故障。

机械系统的故障比较少见，但机械系统发生故障时，造成的后果却较严重。机械系统的故障主要有润滑系统的故障、机件带伤运转、连接部位松动、平衡系统的故障等。

电气系统的故障常有门机系统故障、继电器故障、电气元件绝缘老化、外界干扰等。

若电梯还能运行，维修人员应到轿厢内亲自控制电梯上下运行数次，通过问、看、听、闻等实地考察、分析和判断，找出故障部位，并进行修理。修理时，应按照有关文件的技术要求和修理步骤，认真地把故障部件进行拆卸、清洗、检查、测量。符合要求的部件重新安装使用，不符合要求的部件一定要更换。修理后的电梯，在投入使用前必须经过认真地调试和试运行后，才能投入使用。

所谓问，就是询问操作者或报告故障的人员故障发生时的现象情况，查询在故障发生前是否做过任何调整或元件更换；

所谓看，就是观察每一个零件是否工作正常，看控制电路的各种信号指示是否正确，看电气元件外观颜色是否改变等；

所谓听，就是听电路工作时是否有异声；

所谓闻，就是闻电路元件是否有异味。

在完成上述工作后，便可采用下列方法查找电气系统的故障（见表 5–5）。

表 5–5 电气系统的故障汇总

序 号	故障现象	故障原因	排除方法
1	电网供电正常，电梯没有快车和慢车	（1）主电路或控制回路的熔断器熔体烧断； （2）电压继电器损坏，其他电路中安全保护开关的接点接触不良，损坏； （3）经电气控制柜接线端子至电动机接线端子的接线，未接到位； （4）各种保护开关动作未恢复	（1）检查主电路和控制电路的熔断器熔体是否熔断，是否安装，熔断器熔体是否夹紧到位。根据检查的情况排除故障。 （2）检查电压继电器是否损坏，检查电压继电器是否吸合，检查电压继电器线圈接线是否接通，检查电压继电器动作是否正常。根据检查的情况排除故障。 （3）检查电气控制柜接线端子的接线是否到位，检查电动机接线盒接线是否到位夹紧。根据检查情况排除故障。 （4）检查电梯的电流、过载、弱磁、电压、安全回路各种元件接点或动作是否正常。根据检查的情况排除故障

续表

序　号	故障现象	故障原因	排除方法
2	电梯下行正常，上行无快车	（1）上行第一、第二限位开关接线不实，开关接点接触不良或损坏； （2）上行控制接触器、继电器不吸合或损坏； （3）控制回路接线松动或脱落	（1）将限位开关接点的接线接实，更换限位开关的接点，更换限位开关。 （2）将下行控制接触器继电器线圈的接线接实，更换接触器、继电器。 （3）将控制回路松动或脱落的接线接好
3	电梯轿厢到平层位置不停车	（1）上、下平层感应器的干簧管接点接触不良，隔磁板或感应器相对位置尺寸不符合标准要求，感应器接线不良； （2）上、下平层感应器损坏； （3）控制回路出现故障； （4）上、下方向接触器不复位	（1）将干簧管接点接好，将感应器调整好，调整隔磁板或感应器的尺寸。 （2）更换平层感应器 （3）排除控制回路的故障。 （4）调整上、下方向接触器
4	轿厢运行到所选楼层不换速	（1）所选楼层换速感应器接线不良或损坏； （2）换速感应器与感应板位置尺寸不符合标准要求； （3）控制回路存在故障； （4）快速接触器不复位	（1）更换感应器或将感应器接线接好。 （2）调整感应器与感应板的位置尺寸，使其符合标准。 （3）检查控制回路，排除控制回路故障。 （4）调整快速接触器
5	电梯有慢车没快车	（1）轿门、某层门的厅门电锁开关接点接触不良或损坏； （2）上、下运行控制继电器、快速接触器损坏； （3）控制回路有故障	（1）调整修理层门及轿门电锁接点或更换接点。 （2）更换上、下行控制继电器或接触器。 （3）检查控制回路，排除控制回路故障
6	轿厢运行未到换速点突然换速停车	（1）开门刀与层门锁滚轮碰撞； （2）开门刀层门锁调整不当	（1）调整开门刀或层门锁滚轮。 （2）调整开门刀或层门锁
7	轿厢平层准确度误差过大	（1）轿厢超负荷； （2）制动器未完全打开或调整不当； （3）平层感应器与隔磁板位置尺寸发生变化； （4）制动力矩调整不当	（1）严禁超负荷运行。 （2）调整制动器，使其间隙符合标准要求。 （3）调整平层传感器与隔磁板位置尺寸。 （4）调整制动力矩
8	电梯运行时轿厢内有异常的噪声和振动	（1）导靴轴承磨损严重； （2）导靴靴衬磨损严重； （3）传感器与隔磁板有碰撞现象； （4）反绳轮、导向轮轴承与轴套润滑不良； （5）导轨润滑不良； （6）门刀与层门锁滚轮碰撞，或碰撞层门地坎； （7）随行电缆刮导轨支架； （8）曳引钢丝绳张力调整不良； （9）补偿链蹭导向装置或底坑地面	（1）更换导靴轴承。 （2）更换导靴靴衬。 （3）调整感应器与隔磁板位置尺寸。 （4）润滑反绳轮、导向轮轴承。 （5）润滑导轨。 （6）调整门刀与层门锁滚轮、门刀与层门地坑间隙。 （7）调整或重新捆绑电缆。 （8）调整曳引钢丝绳张力。 （9）提升补偿链或调整导向装置

续表

序号	故障现象	故障原因	排除方法
9	选层记忆并关门后电梯不能启动运行	（1）层轿门电联锁开关接触不良或损坏； （2）制动器抱闸未能松开； （3）电源电压过低； （4）电源断相	（1）修复或更换层轿门联锁开关。 （2）调整制动器使其松闸。 （3）待电源电压正常后再投入运行。 （4）修复断相
10	电梯启动困难或运行速度明显降低	（1）电源电压过低或断相； （2）电动机滚动轴承润滑不良； （3）曳引机减速器润滑不良； （4）制动器抱闸未松开	（1）检查修复。 （2）补油、清洗、更换润滑油。 （3）补油或更换润滑油。 （4）调整制动器
11	开门、关门过程中有门扇抖动、卡阻现象	（1）踏板滑槽内有异物阻塞； （2）吊门滚轮的偏心轮松动，与上坎的间隙过大或过小； （3）吊门滚轮与门扇连接螺栓松动或滚轮严重磨损； （4）吊门滚轮滑道变形或门板变形	（1）清扫踏板滑槽内异物。 （2）修复调整。 （3）调整或更换吊门滚轮。 （4）修复滑道门板
12	直流门机开、关门过程中冲击声过大	（1）开、关门限位电阻元件调整不当； （2）开、关门限速电阻元件调整不当或调整环接触不良	（1）调整限位电阻元件位置。 （2）调整限速电阻元件环位置或者调整限速电阻元件环接触压力
13	电梯到达平层位置不能开门	（1）开关门电路熔断器熔体熔断； （2）开关门限位开关接点接触不良或损坏； （3）提前开门传感器插头接触不良、脱落或损坏； （4）开门继电器损坏或其控制电路有故障； （5）开门机传动带脱落或断裂	（1）更换熔断器的熔体。 （2）更换或修复限位开关。 （3）更换或修复传感器插头。 （4）更换断电器、修复控制电路故障。 （5）调整或更换开门机传动带
14	按关门按钮不能自动关门	（1）开关门电路的熔断器熔体熔断； （2）关门继电器损坏或其控制回路有故障； （3）关门第一限位开关的接点接触不良或损坏； （4）安全触板未复位或开关损坏； （5）光电保护装置有故障	（1）更换熔断器熔体。 （2）更换继电器或检查电路故障并修复。 （3）更换限位开关。 （4）调整安全触板或更换安全触板开关。 （5）修复或更换门光电保护装置

子任务二 发生电梯故障时的自救

事例：有一天搭乘电梯，就遇上了电梯突然断电，虽然紧急供电系统几秒后就开始作用，可是电梯还是从十三层迅速往下坠。还好当时记起曾经看过电视教的，赶快把每一层的按键都按一下，好在电梯在五层终于停止了，真的有捡回一条命的感觉！

在电梯下坠时，你不会知道它会何时着地，且坠落时你很可能会全身骨折而死。故请记住电梯下坠时保护自己的几个动作，见表 5-6。

表 5-6 电梯下坠时保护自己的几个动作

自救方式	原因
不论有几层楼，赶快把每一层楼的按键都按一下	当紧急电源启动时，电梯可以马上停止继续下坠
如果电梯里有手把，一只手紧握手把	为了要固定你人所在的位置，使你不会因为重心不稳而摔伤
整个背部跟头部紧贴电梯内墙，呈一直线	为了要运用电梯墙壁，作为脊椎的防护
膝盖呈弯曲姿势	这点最重要，因为韧带是人体唯一富含弹性的组织，所以借用膝盖弯曲来承受重击压力，比骨头能承受的压力大得多

自救错误方式如图 5-28。

图 5-28 自救错误方式

师傅，如果我乘坐电梯时，电梯突然静止不动，我又该怎么办呢？

这是最常见的一种故障。自救原则就是按警铃或打手机求救，千万不要轻举妄动，造成人为伤害。当时间偏长，被困空间小而人数多时，可能会有呼吸困难，排除心理因素之后可以设法将电梯门掰开透点气，但千万不要自行从电梯中爬出，而是等待专业救援人员到场援助。

有些“自救”就等于“自杀”，还是保存体力、安静等待救援人员的到来。

★千万不能★

无论电梯停在楼层口还是两个楼层之间，即使你力气够大，将两扇门扒开，并可身手够敏捷地一跃而过，但万一此刻电梯启动，是不是能比电梯更快就无人知晓了。

★千万不能★

不要奢望像电影中一样，从电梯顶上逃脱，即使你有能力开了电梯顶，但顶上四周是黑漆漆的电梯井，墙壁阴湿粘滑，没有出口如何自救。

这是最恐怖的一种电梯故障，其中一个案例是发生在一个醉鬼身上，但回想自己平日乘坐电梯，与同事闲聊间电梯门开后，看也不看就踏入的情况还是很多的，就算没有同行者，就算开门瞬间发现了异常，能否及时收回跨出的那一只脚，恐怕对大多数人都还是个极大的考验。

子任务三 电梯的日常维护与保养

在日常乘坐的电梯里都能看见安全检验合格的标签见图 5–29（a），这是由国家质量监督检验检疫总局印发的，没有它的电梯，就不能乘坐。图 5–29（b）所示为工人在做曳引机的检查。

中华人民共和国劳动和社会保障部第 6 号令《招用技术工种从业人员规定》的第二条指出，用人单位招用从事技术复杂以及涉及到国家财产、人民生命安全和消费者利益工种（职业）的劳动者，必须从取得相应职业资格证书的人员中录用。因此，电梯安装维修工，必须持有国家职业资格证书。

（a）安全检验合格的标签

（b）工人在做曳引机的检查

图 5–29 电梯的日常维护与保养

要拿到电梯安装维修工高级工职业资格证书，要掌握的知识点和技能点很多。例如，可编程控制器与变频器技术、放大电路及逻辑电路的应用、微机控制电梯、电子电路安装调试、变

频器电路安装调试、电梯机械构件安装方法、电梯机械安装调试、电梯管理、安全与管理等。

电梯安装与维修资质最新要求，施工登记分为 A 级、B 级、C 级，企业的基本要求非常严格，你的企业要从事这一行业必须满足表 5–7 所示资质。

表 5–7 电梯安装与维修企业资质

施工等级	序号	基本要求
A 级	1	注册资金 250 万元以上
	2	签订 1 年以上全职聘用合同的电气或机械专业技术人员不少于 8 人。其中，高级工程师不少于 2 人，工程师不少于 4 人
	3	签订 1 年以上全职聘用合同的持相应作业项目资格证书的特种设备作业等技术工人不少于 40 人（客运索道或大型游乐设施 10 人），且各工种人员比例合理
	4	技术负责人必须具有电气或机械专业高级工程师以上职称，从事特种设备技术和施工管理工作 5 年以上，劳动合同聘用期 1 年以上，并不得在其他单位兼职
	5	专职质量检验人员不得少于 4 人

电梯使用单位要委托电梯制造单位或依照《特种设备安全监察条例》取得相应许可资质的单位对电梯进行日常维护保养或维修保养。电梯维修保养单位应至少每15天对其维护保养电梯进行一次日常维护保养，对其维修保养电梯的安全性能负责。

（1）例行性维护保养。维保人员每月对每一台电梯设备进行两次例行性维护保养工作，对主要电梯进行检查、调校并安排人员值守，确保电梯正常操作及安全运行（见图 5–30）。

（2）紧急维修服务。二十四小时应急维修服务，如遇电梯发生故障时，维保人员必须在 25 min 之内到达现场并进行抢修。

（3）电梯定期保养。电梯的八大组成部分都必须定期保养，每个保养项目的周期不一，管理人员要制定严格的保养周期表，表 5–8 列举电梯定期保养的主要项目。

图 5–30 例行性维护保养

表 5–8 电梯定期保养的主要项目

项　目	保 养 内 容	保 养 周 期	保 养 内 容	保 养 周 期
井道	按钮、各控制开关功能	每半月一次	指层灯、到站钟	每半月一次
	操纵箱、安全触板	每半月一次	光电保护及其他保护	每半月一次
井道	轿门触点及上下坎、滑轮、门刀	每半月一次	轿门机构开门机	每半月一次
	安全窗、安全钳开关	每二月一次	轿顶照明、风扇及检修盒	每二月一次
	感应器及井道信息装置	每二月一次	导靴（轮）、轿顶轮	每三月一次
	对重轮、安全钳、称重装置	每三月一次	厅门滑轮、滑块、上下坎	每半月一次
	强迫关门装置	每半月一次	厅门锁、锁紧装置	每半月一次
	手动开门装置	每半月一次	补偿链绳	每三月一次
	补偿轮及悬挂称重装置开关	每三月一次	随行电缆	每三月一次
	各限位开关、换速开关	每半月一次	极限开关	每半月一次
	缓冲器、底坑安全开关	每半月一次	照明开关及检修灯	每半月一次
	平层精度、平衡钢丝绳张紧装置	每半月一次	井道端站限位装置	每半月一次
机房	减速装置、制动器及电动机	每三月一次	曳引钢丝绳	每三月一次
	限速器及开关	每三月一次	测速装置	每三月一次
	张紧轮装置	每三月一次	主电源、照明电源	每半月一次
	应急电源检查	每半月一次	电气控制柜各项检查	每半月一次
	过流装置、短路保护	每半月一次	错、断相保护检查	每半月一次
	限速器	每六月一次	安全钳联运试验	每六月一次
综合	底坑卫生、井道卫生	每半月一次	机房卫生	每半月一次
	各润滑系统及油位检查	每半月一次	整机性能	每半月一次

知识、技术归纳

电梯的排故要通过问、看、听、闻等实地考察、分析和判断，找出故障部位，并进行修理。修理、拆卸、清洗、检查、测量都应按照有关文件的技术要求和步骤进行。电梯的安全工作更应该注重平时的保养与维护，定期、定人地按养护项目严格进行安全检查和维护。对于电梯安装、调试与保养维护也要持证上岗，企业资质要严格把关。普通乘客乘坐电梯时，出现故障也

不要慌乱，按自救方法做好自救。

工程创新素质培养

实际电梯的保养维护一定要严格参照《特种设备安全监察条例》进行，没有制度条例，不成方圆。

小　结

THJDDT–5 高仿真电梯实训装置的故障类型，可以通过故障箱、答题器、网络考核系统等方式进行设备排故实操练习，达到仿真模拟排故的效果。

电梯的排故考验操作者机械和电气综合运用能力。操作者应能够设计 PLC 正确功能程序，按控制要求进行故障检查，依次排查电气回路、电气元件、机械元件安装等。无论曳引系统的故障，还是门机系统故障都是与相关电路联系的，比如都要关联到电压继电器、门联锁继电器等电气回路和安全回路。排故一定要看清故障现象，分析故障现象原因，理清查找思路，顺藤摸瓜式地把可能产生故障的点依次排查。

实际电梯的排故要通过问、看、听、闻等实地考察、分析和判断，找出故障部位，并进行修理。修理、拆卸、清洗、检查、测量都应按照有关文件的技术要求和步骤进行。电梯的安全工作更应该注重平时的保养与维护，定期、定人地按养护项目严格进行安全检查和维护。对于电梯安装、调试与保养维护也要持证上岗，企业资质要严格把关。普通乘客乘坐电梯时，出现故障也不要慌乱，按自救方法做好自救。

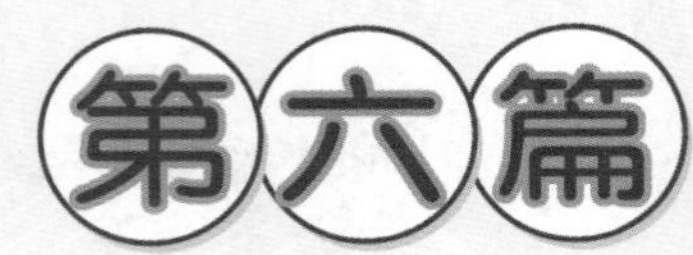

第六篇

项目拓展——电梯漫谈

摩天大楼越来越多、越来越高，目前，世界第一高楼迪拜塔高度达到 828 m（见图 6–1）。在保证安全、舒适的前提下，人们对电梯的运行速度要求越来越高。

目前，吉尼斯世界纪录记载的最高速电梯每分钟运行速度达到了 1 010 m，时速达到 60 km/h。这一记录即将被打破，2014 年上海中心大厦安装的电梯速度将达到 1 080 m/min。

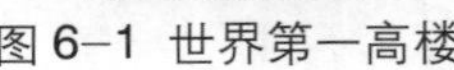
图 6–1 世界第一高楼

本篇将重点介绍高速节能电梯的核心技术以及发展前景广阔的电梯专用 PLC 控制器。

一、高速节能电梯技术

1. 超高速电梯技术

1857 年，世界上第一台商用载人电梯由奥的斯电梯公司安装（见图 6–2），当时这部电梯每分钟可爬升 40ft（英尺）（$1ft/min=5.08\times10^{-3}$ m/s），约为 0.2 m/s。

1994 年，当时亚洲第一高、世界第三高的上海东方明珠电视塔落成，塔高 468 m。该塔配置奥的斯公司电梯、自动扶梯 20 余台，其中安装 2 台 7.00 m/s 的高速电梯。

1998 年，位于上海浦东的金茂大厦落成，它是当时中国最高的摩天大厦，世界第四高。楼

高 420 m，88 层。金茂大厦配置电梯 61 台，自动扶梯 18 台，其中 2 台三菱电机公司额定载重量 2 500 kg、速度为 900 m/s 的超高速电梯是当时我国额定速度最快的在用电梯。

2004 年，建筑高度 508 m 的中国台北市 101 大厦竣工（见图 6–3），观景台所配置的 2 部三菱观光电梯，经过吉尼斯世界纪录见证中心认定后，成为目前世界上最快速的电梯，由地面直达 89 楼，只要 37 s，上升速度每分钟可达 1 010 m，约合 16.8 m/s。

2014 年，电梯速度的新纪录将诞生：18m/s。届时，将有 3 台三菱 18 m/s 的超高速电梯安装于上海中心大厦，提升高度为 565 m，只需 55 s 时间就可以达到，约合 1 080 m/min。

图 6–2 第一部商用载人电梯

图 6–3 中国台北市 101 大厦

一般认为：速度为1 m/s以下为低速电梯，速度为1～1.75 m/s为中速电梯，速度为1.75～2.5 m/s为快速电梯，速度为2.5～5 m/s为高速电梯，速度为5 m/s以上为超高速电梯。

电梯速度越来越快了，那都采用了哪些新技术呢？

据介绍，三菱18 m/s超高速电梯采用了大型PM曳引机，曳引机功率为310 kW，仅曳引机重量就达到20 t。该曳引机具备大容量、低振动、低噪声、省空间、节能、可靠性高等特点。通过在轿厢上下两侧四个地方设置主动滚轮导靴，即便在超高速运行时，也能实现低振动的完美乘坐享受。

（1）新型驱动电动机。新型驱动电动机，必须满足三个条件：紧凑、节能、能够降低振动和噪声。随着永磁同步电动机技术的发展，特别是容量上的不断提升，节能和低速大转矩的优点，将使其成为超高速电梯开发更新换代的主要驱动主机。目前，稀土永磁电动机的单台容量已超过 1 000 kW，最高转速已超过 300 000 r/min，最低转速低于 0.01 r/min，可以满足超高速电梯启动时的功率要求。通过采用永磁同步电动机，电梯主机一般能够降低 20% 的体积，功率能提高至少 15%，振动和噪声能降低 10 dB。

（2）带能量反馈技术的驱动主机。能量反馈技术可以说是继永磁同步电动机技术后电梯行业的又一重大技术突破。传统的电梯，在任何工况下，都是需要消耗电能的。但实际上，电梯在轻载上行、重载下行的工况下不需要消耗电能，可以看作是一个发电设备。超高速电梯的功率一般都比较大，甚至可以达到惊人的 500kW 以上，在这种规模的功率下，已经根本不适宜用制动电阻方式来消耗发电状态下产生的电流。所以超高速电梯必须开发具有能量反馈功能的变频系统。通过能量反馈技术，把电梯发电状况下和制动状况下运行必须释放出来的势能和动能转化为电能反馈到电网中去，实现电梯系统最有效的节能。

（3）安全钳的材料。超高速电梯速度均超过 5 m/s，如果速度失控，将会造成严重的人员伤亡和设备损失。当电梯在以 10 m/s 或以上速度运行中会触发安全钳，传统的铜钢制安全钳楔块会因与导轨的激烈摩擦而产生的高温而熔化掉，导致安全钳失效。在超高速电梯开发中，普遍采用耐摩擦高温的复合型陶瓷材料。例如，台北 101 大厦电梯采用昂贵的氮化硅陶瓷。

（4）抑制轿厢内噪声。超高速电梯的运行噪声，主要来源于高速运行中的轿厢与空气的摩擦产生的噪声，如何采取措施有效抑制轿厢内噪声是目前研究的课题之一。

（5）减少电梯运行过程中的振动。电梯运行过程中的振动，主要取决于两个因素：一是高质量的导轨安装，动态、实时的振动控制和智能控制技术的应用；二是采用电磁或磁悬浮式的动态振动控制导靴。目前已经开发出了超导导靴，实现了轿厢与导轨的非接触运行。

（6）轿厢内气压控制。瞬间的快速上升或下降会造成轿厢内的气压发生急剧变化而使搭乘人员很难适应，因此，必须控制轿厢内气压恒定。

2. 电梯节能技术

电梯节能的途径主要有两种：一是提高电梯的运行效率，这主要体现在交流变压变频调速技术和永磁交流同步无齿轮曳引机的推广应用；二是将电梯已转换到负载上的势能和动能再次反变换成电能回馈电网再生利用，使电梯在单位时间内消耗的电网电能下降，从而达到节能的目的。

1）交流变压变频调速技术

交流变压变频调速乘客电梯又称 VVVF 乘客电梯，VVVF 是 Variable Voltage Variable Frequency 的缩写。VVVF 乘客电梯速度调节平滑，能获得良好的乘坐舒适感，能明显地降低电动机的启动电流。与其他类型交流调速系统相比，其性能最好，运行效率最高，可以节能 30% ~ 50%。

采用永磁交流同步无齿轮曳引机的电梯又比采用齿轮减速机构曳引机的电梯节能，节能约 30%。

表 6-1 传统交流异步有齿轮系统与永磁交流同步无齿轮系统比较

传统交流异步有齿轮系统	永磁交流同步无齿轮系统
特点：有励磁电流； 利用线圈通电产生感应磁场，需要消耗电能； 低效率电动机； 配备减速机构	特点：有永磁体，无需消耗电能来产生磁场； 无减速机构，减少损耗； 结构紧凑，体积小，重量轻； 无需齿轮油，绿色环保； 转矩脉动小——振动小，噪声低

结论：传统交流异步有齿轮系统整机效率约为60%，永磁交流同步无齿轮系统的电动机的曳引机整机效率可达90%。

实测证明，采用永磁交流同步无齿轮曳引机的电梯，曳引部分可节能30%以上。

2）能量回馈技术

能量既不会凭空产生，也不会凭空消失，它只能从一种形式转化为另一种形式，或者从一个物体转移到另一个的物体，在转化或转移的过程中其总量不变。

运行中的电梯有时处于电动状态，有时处于发电状态。电梯处于发电状态有两种状况：一是采用变频调速的电梯启动运行直至达到最高运行速度的过程中，电梯系统会吸收电能，并将其转换为机械能存储在电梯系统中。电梯到达目标层前，由最高速逐步减速直到停止运动的过程，电梯系统中存储的机械动能就会逐步被释放。二是电梯是势能性负载系统，为了均衡拖动负荷，电梯曳引机拖动的负载由轿厢和对重装置组成，对重装置重量等于轿厢自重加轿厢额定载重量的50%。只有当轿厢载重量为额定载重量的50%时，轿厢和对重装置才是平衡的，否则轿厢和对重装置就会有重量差，使电梯运行时产生系统势能变化。

电梯重载上行或轻载下行时，电梯系统会吸收电能将其转换为机械能存储在电梯系统中，但电梯轻载上行或重载下行时电梯系统中存储的机械能就会被释放出来。电梯能量转换如图6–4所示。

根据能量守恒定律，电梯处于发电状态时，电梯系统存储的机械能（包含动能和势能）将通过曳引机和变频调速部件重新转换为电能。

对于采用交－直－交变频结构的电梯而言，传统电梯采用电阻元件耗能方式消耗能量（见图6–5）。目前，90%以上的电梯将这部分能量通过电阻元件发热的形式浪费掉。

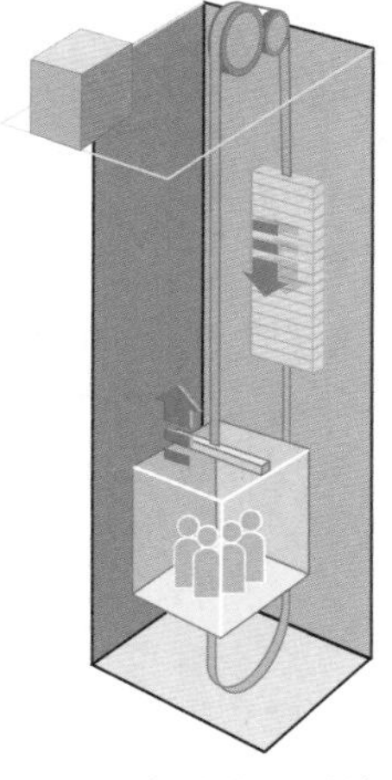

图6–4 电梯能量转换

图6–5 电阻元件耗能方式

采用能量回馈技术就能够把电梯系统存储的机械能重新转化为符合电网并网要求的交流电能并回送给微型电网供其他用电设备使用（见图6–6）。

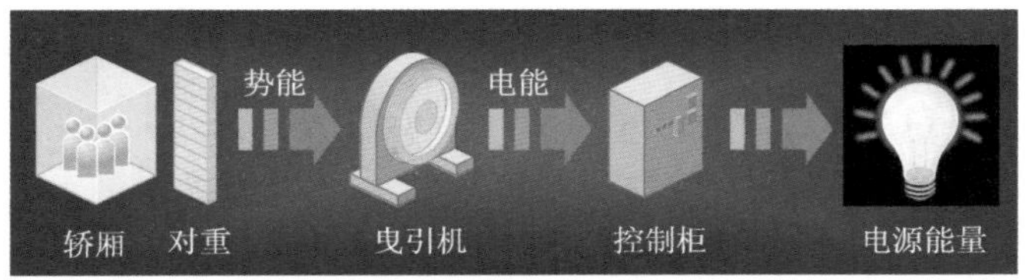

图6–6 能量回馈技术

3）混合动力电梯技术

跟混合动力的汽车一样，混合动力的电梯把运行中产生的再生电力储存在高效的镍氢电池中。动力运行时，再通过利用已被储存的再生电力，可减少的 20% 的耗电。另外，应用混合动力电梯技术，电梯在停电时还可延续低速运行，运送乘客至目的层。

混合动力电梯技术可采用“可变速电梯系统(Variable Speed Elevator System)”选配规格，该系统利用轿厢和对重装置的平衡，可根据乘梯人数的变化提高运行速度，与以额定速度运行的传统电梯相比，VSE 系统缩短乘客的等待时间及乘坐时间，使电梯更高效地在建筑物内运行，是应对等待时间长和运行速度慢的不良运输效果而设计的新型电梯系统。

另外，在最先端的能量回馈技术中应用等级控制变频器，通过三菱电机独自的电力变换方法，正在开发再生电力以低损耗、高效率进行变换的技术。通过采用三菱电机自行开发的新一代 SiC 变频器，与日型产品相比，变频器损耗减少约 90%。通过应用节能群控技术，在非拥挤时，对耗电量少的电梯优先进行派梯来实现节能，在不改变便利性的基础上，减少了耗电量。另外，可以在各种轿厢设计中使用节能、长寿命的 LED 灯照明，减少能源消耗。

4）先进电梯管理技术

(1) 轿厢照明 / 风扇自动关闭。当电梯处于休眠状态（没有呼梯需求时），轿厢的照明和风扇会自动关闭，从而达到节省电能目的。

(2) 智能化层站及操纵箱显示。当电梯处于待机状态时，层站及操纵箱显示会自动变暗或熄灭，从而能够节省电能。

(3) 防捣乱功能。若有人恶意按下多层电梯指令按钮，电梯会根据称量值，自动取消恶意指令。乘客也可自行将无效指令取消，避免电梯的无效运行，耗费大量电能。

(4) 智能化电梯运行控制（见图 6–7）。电梯在非高峰时段，使用频率较低，系统会根据使用需求，减少投入应用的电梯台数。呼梯频率较高的楼层，系统会自动核定，并实行优先分配，减少用户等候时间。

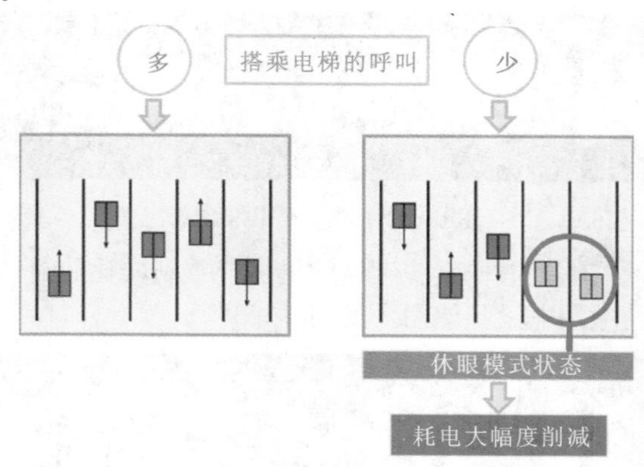

图 6–7 智能化电梯运行控制

(5) 采用先进的照明技术。LED 灯照明具有灯体基本不发热、使用寿命长、发光亮度高、耗电量少的优越性能，耗电量只有白炽灯的 1/8，荧光灯的 1/2，如图 6–8 所示。

（6）轿厢装饰视感明快的轿厢设计，结合环保的 LED 灯照明装置，节能效果更胜一筹，如图 6–9 所示。

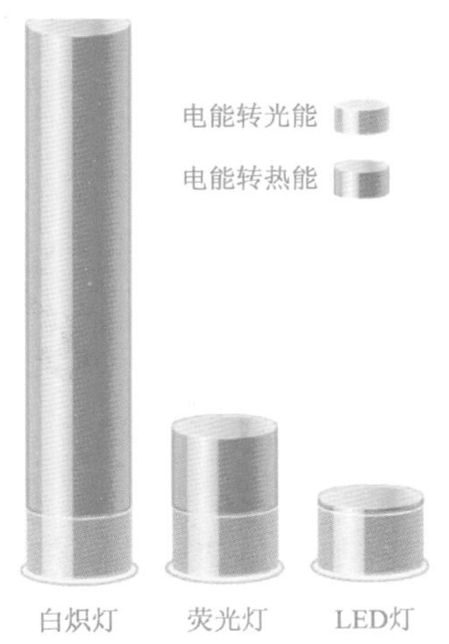

图 6–8 耗电量比较

图 6–9 节能化轿厢设计

二、电梯专用控制器

电梯控制经历了继电器控制、微机控制、PLC 控制等几个阶段，目前已经逐步进入电梯专用控制器时代了。国内电梯控制技术的发展大致经历的几个阶段，见表 6–2。

表 6–2 国内电梯控制技术的发展大致经历的几个阶段

控制系统	继电器 + 驱动	PLC+ 驱动	微机 + 驱动	控制驱动一体化
历史角色	80 年代以前为电梯控制主导，但随着集成电路的高速发展已退出历史舞台	在国外基本很少采用，国内仍被很多中小企业使用。但随着国内微机技术的成熟和成本下降，最终将淡出历史舞台	目前国内电梯企业控制系统的主流配置。驱动部分大多选用国际知名品牌的变频器	少数国际品牌电梯拥有这项技术，但它代表电梯控制未来发展方向。国内也有专业控制系统生产厂家已投入量产
特点	系统异常复杂； 难以掌握； 故障率高	简单可靠； 成本低； 保密性差； 功能较少	功能丰富； 性能良好； 成本偏高； 可靠性一般	性价比高； 功能丰富； 性能卓越； 接线简单； 调试简单； 可靠性高

深圳市汇川技术股份有限公司是专门从事工业自动化控制产品的研发、生产和销售的工控上市公司。主要产品有低压变频器、高压变频器、一体化及专机、伺服系统、PLC、HMI、永磁同步电动机、电动汽车电动机控制器等，产品广泛应用于电梯、起重、机床、金属制品、电线电缆、塑胶、印刷包装、纺织化纤等行业，公司在一体化及专机产品在多个细分行业处于业内首创或领先地位。

汇川在国内推出了电梯一体化控制器，使电梯的控制和驱动融合，系统运用更加简单可靠。产品广泛应用于客梯、扶梯、别墅梯和货梯。表 6–3 比较了目前汇川主要的四款电梯一体化产品。

表 6-3 汇川主要的四款电梯一体化产品

产品名称	性能特点	外形图
NICE900 门机一体化产品	适用于电梯门、冷库门、地铁门等门系统，它集成了开关门逻辑控制与电动机驱动控制，外部系统只需给出开关门指令，即可实现对整个门系统的控制。该产品可以驱动交流异步电动机与交流同步电动机，并支持速度控制模式与距离控制模式	
NICE1000 电梯一体化控制器	适用于别墅电梯、载货电梯。以它为核心的电梯电气系统，采用全并行的信号传递方式，具有高稳定性、简单易用性、免调试的优点	
NICE2000 扶梯一体化专用控制器	满足不同的扶梯厂家对各种扶梯控制系统不同的功能需求，代表未来控制器发展方向的新一代模块化高性能扶梯专用控制器	
NICE3000 电梯一体化控制器	将电梯控制与电动机驱动有机地结合在一起，是新一代智能化矢量型电梯一体化控制器	

我们重点介绍一下NICE3000电梯一体化控制器！

1．NICE3000电梯一体化控制器主要特点

（1）真正以距离控制为原则的直接停靠技术，N 条曲线（无段速）自动生成；

（2）基于模糊控制理论的八台以下电梯群控算法，方便实现楼宇智能管理；

（3）多 CPU 冗余控制、集成先进的 Canbus、Modbus、GSM 通信技术；

（4）控制驱动一体化，结构紧凑，方便实现小机房、无机房设计，使电梯的检验、维修、调试简单易行；

（5）专业的驱动器制造技术、强大的环境适应能力，全面对抗电网波动、粉尘、高温和雷电；

（6）无称重技术或专用称重补偿装置，提供了近乎完美的启动补偿，硬件、软件的容错设计，多类别的故障处理；

（7）高性能的矢量控制，充分发挥电动机性能，从而获得更佳的舒适感；

2．NICE3000电梯一体化控制器命名规则

NICE3000电梯一体化控制器命名规则：

NICE	–L	–	A	–	40	11
NICE 系列电梯一体化控制器	电梯专用		结构号		三相电压 400 V	电动机功率

NICE–L–A–40XX 用于异步曳引机的控制，适配推挽输出、开路集电极输出增量型编码器，控制器主控板自带推挽型编码器转接电路，无需使用 PG 转接卡；NICE–L–B–40XX 用于同步曳引机的控制，既可以适配 UVW 型编码器，也可以适配 SIN/COS 型编码器（ERN1387 编码器）。L 为电梯专用，L 后面加 1、2 等序号，表示同一型号的电梯一体化控制器的不同外观结构和安装方式。NICE3000 中 L1 为塑胶结构。

3．NICE3000电梯一体化控制系统组成

NICE3000 电梯一体化控制系统主要包括电梯一体化控制器、轿顶控制板（MCTC–CTB）、显示召唤板（MCTC–HCB）、轿内指令板（MCTC–CCB），总线（CANBUS 和 MODBUS）和上位机监控等，系统如图 6–10 所示。另外，可选择的提前开门模块（MCTC–SCB）、短消息控制板（MCTC–IE）等作为扩展模块。系统配置单元及功能见表 6–4。

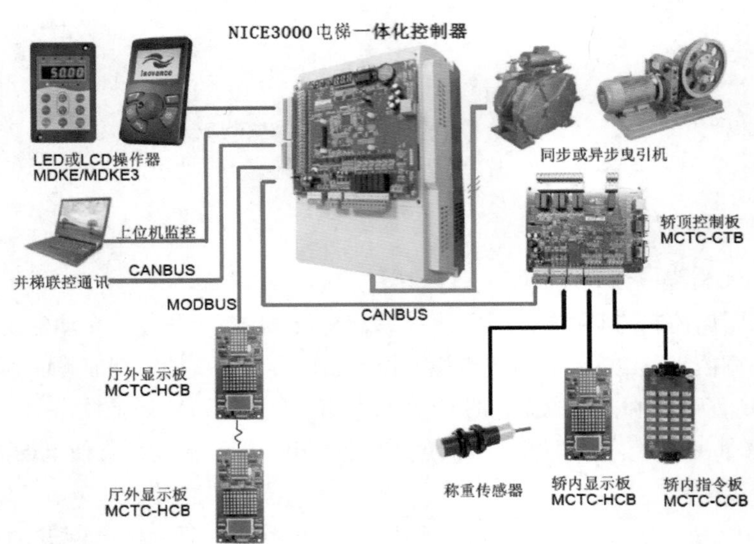

图 6–10 系统配置简图

表 6–4 系统配置单元及功能

配置单元	功能	
轿顶控制板 MCTC–CTB	电梯轿厢的控制板。它是 NICE3000 电梯一体化控制器中信号采集和控制信号输出的重要中转站。 它包括 8 个数字信号输入、1 个模拟电压信号输入、8 个继电器动合信号输出、1 个继电器动断信号输出，同时带有与轿内指令板有通信功能的两个数字信号输入输出端子，拥有与主控板 MCB 进行 Canbus 通信和与轿内显示控制板进行 Modbus 通信的端子，以及支持与上位机进行通信的 RS–232 通信模式。	
轿内指令板 MCTC–CCB	与轿顶控制板配套的轿内指令板。主要功能是按钮指令的采集和按钮指示灯的输出。 每块指令板包含 24 个输入接口，22 个输出接口，其中包括 16 个层楼按钮接口，以及其他 8 个功能信号接口。通过级联方式可以实现 31 层站的使用需求，并可通过并联满足电梯轿厢内主、副操纵盘的使用需求	
显示控制板 MCTC–HCB	和用户进行交互的重要单元之一。它在厅外接收用户召唤及显示电梯所在楼层、运行方向等相关信息，楼层显示板可同时作为轿内显示控制板使用	
提前开门模块 MCTC–SCB	完成开门再平层和实现提前开门的功能。 再平层功能：电梯停靠在层站时，由于钢丝绳的弹性变形或者其他因素造成平层波动，给人员和货物进出带了 不便，系统允许在开着门的状态下以再平层速度自动运行到平层位置。 提前开门功能：当电梯在自动运行停车过程中速度小于 0.3 m/s，并且此时在门区信号有效的情况下，通过封门接触器短接门锁信号，实现提前开门，提高电梯运行效率	
配称重传感器 MCTC–LDB	为系统提供轻载、满载、超载信号，并且完成模拟量称重补偿的作用，使电梯在不同载荷的情况下启动都比较平稳舒适	
短消息控制板 MCTC–IE	当电梯出现故障时，采集到故障信息后自动发送故障信息到指定手机上，提示维保人员该电梯发生故障，有利于电梯的维修及保养	
调试工具	操作控制及信息显示面板 OPR（操作面板）	进行功能参数修改、工作状态监控和操作面板运行时的控制（启动、停止）等操作

续表

配置单元	功能	
调试工具	主控制板MCB上的小键盘（小键盘）	小键盘由3位数码管与3位按键组成，主要负责主控板MCB控制器的信息显示，以及简单的命令输入
	NICE3000上位机监控软件	上位机监控管理，所有底层设备数据的采集和处理

4.NICE3000电梯一体化控制器功能参数

NICE3000有17组功能参数，每个功能组内包括若干功能码。功能码采用三级菜单，以FX−XX形式表示。为了更有效地进行参数保护，对功能码提供了密码保护功能。

NICE3000电梯一体化控制器有17组功能参数，每个功能组内包括若干功能码。功能码采用三级菜单，以FX−XX形式表示，含义是功能表中第FX组第XX号功能码，如F8−08表示为第F8组功能的第8号功能码。

为了便于功能码的设定，在使用操作面板进行操作时，功能组号对应一级菜单，功能码号对应二级菜单，功能码参数对应三级菜单。所有的一级菜单，即功能组的分类如表6−5所示。为了更有效地进行参数保护，对功能码提供了密码保护功能。

表6−5 NICE3000功能参数一级菜单

一级菜单	功能	一级菜单	功能
F0	基本参数	F9	时间参数
F1	电动机参数	FA	键盘设定参数
F2	矢量控制参数	FB	门功能参数
F3	运行控制参数	FC	保护功能参数
F4	楼层参数	FD	通信参数
F5	端子功能参数	FE	电梯功能设置参数
F6	电梯基本参数	FF	厂家参数
F7	测试功能参数	FP	用户参数
F8	增强功能参数		

5．系统调试

电梯安装完毕进入调试阶段，正确地调试是电梯正常安全运行的保障。电调调试之前需要检查电气部分和机械部分是否允许调试，保证现场的安全。调试时应最少两个人同时作业，出现异常情况应立即切断电源。NICE3000电梯一体化控制系统调试流程如图6−11所示。

NICE3000的运行速度曲线在功能参数设定后一般用户不用修改。

6．电梯并联控制

NICE3000电梯一体化控制系统具有并联控制功能，两台NICE3000电梯控制系统可通过CAN通信或监控口RS−485通信两种方式进行电梯信息交换与处理，从而实现两台电梯协调响应厅外召唤的功能，提高电梯使用效率。

NICE3000电梯系统的并联处理逻辑采用多原则综合处理，兼顾了召唤响应时间、电梯使用效率、轿内乘客等候时间等方面，充分发挥了电梯一体化控制器的优势。当有效的厅外召唤登记后，NICE3000电梯系统会实时地计算两台电梯响应该召唤的时间（考虑距离、电梯停靠开关门等因素)，以最合理的方式来响应各个召唤，从而最大程度地减少乘客的候梯时间。NICE3000 电梯一体化控制系统的并联方案中还包括并联脱离、高峰服务、服务层管理、集选管理等功能。

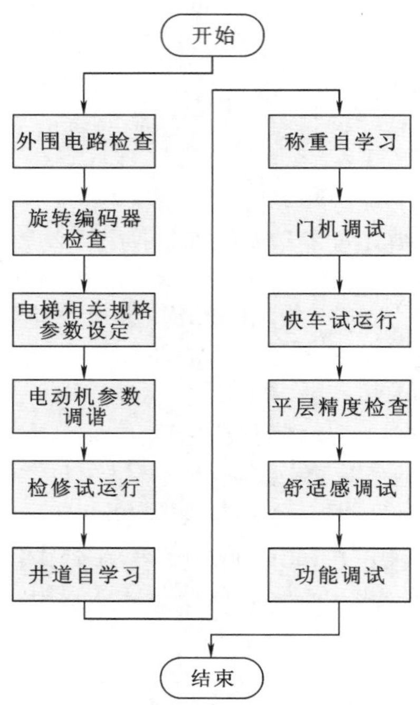

图 6-11 NICE3000 电梯一体化控制系统调试流程

在并联使用中，两台电梯分为主、从电梯，当两台电梯响应召唤条件完全相同时，NICE3000 电梯系统通过随机函数分配主梯或从梯响应，从而避免了两台电梯使用不均衡。

NICE3000 电梯一体化控制器的 CAN 通信并联群控示意图如图 6-12 所示。

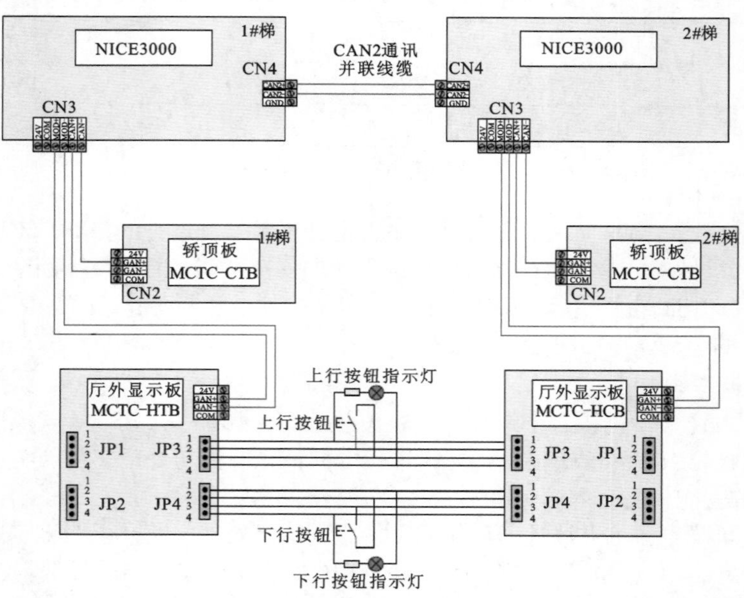

图 6-12 NICE3000 电梯一体化控制器的 CAN 通信并联 / 群控示意图

7. 电梯故障诊断

电梯一体化控制器还有近 60 项警示信息或保护功能。电梯一体化控制器时刻监视着各种输入信号、运行条件、外部反馈信息等，一旦异常发生，相应的保护功能动作，电梯一体化控制器显示故障代码。

NICE3000电梯一体化控制器详细内容参见配套光盘第6篇电梯专用控制器文件夹下“NICE3000电梯一体化控制器说明书.pdf”文件。

三、吉尼斯世界纪录电梯

世界最快的电梯

2004 年，中国台北市 101 大厦竣工，建筑高度 508 m，超过了马来西亚吉隆坡 452 m 高的双峰塔大楼，成为当时高度最高的建筑物，其人机界面如图 6–13 所示。大厦观景台配置了两台全球速度最快的三菱观光电梯，该电梯由东芝电梯建筑系统公司开发，通过了 2006 年版《吉尼斯世界纪录》的官方认证。

该电梯上行最高速率可达每分钟 1 010 m，相当于时速 60 km，从 1 层到 89 层的室内观景台，只需 39 s；从 5 层到 89 层的室内观景台，只需 37 s。下行最高速率可达每分钟 600 m，由 89 层下行至 5 层仅需 46 s，至 1 层仅需 48 s。另外，它也是世界最长行程的室内电梯。

这台全球速度最快的电梯中所采用的主要新技术包括：

（1）全球首个压力控制系统，能够通过使用抽气与排气风机调整电梯轿厢内的气压，从而防止电梯内的乘客听到“爆音”。

（2）主动式控制系统，能够根据来自于安装在轿厢内的传感器提供的振动数据通过在相反方向运输对立物质来消除振动。

（3）优化流线型的电梯轿厢的配置，从而能够减少轿厢由于在狭窄通道中高速运行而产生的笛音。这项技术以分析电梯运行中的通道气压与车厢表面气压为基础。

中国台北市 101 电梯特色如图 6–14 所示。

图 6–13 中国台北市 101 电梯人机界面

最大载重、速度最快的户外观光电梯

百龙旅游电梯位于世界自然遗产张家界武陵源风景区，于 2002 年 4 月竣工投入营运。百龙旅游电梯以“世界上最高的全暴露观光电梯，世界上最快的双层观光电梯，世界上载重量最大、速度最快的观光电梯”三项桂冠独步世界，于 2002 年载入吉尼斯世界纪录。

百龙旅游电梯依山体垂直而建（见图 6–15），垂直高差 335 m，运行高度 326 m，由 156 m 山体竖井和 171 m 贴山钢结构井架组成，由三台双层全暴露观光电梯并列分体运行，每台次载客 50 人次，运行速度 3 m/s，从山底到山顶，只需花 118 s，每小时可运送 3 000 名游客，共耗资 1.2 亿元。

控制屏
Control panel
曳引机以并列组成的双变频器驱动，特殊设计的两个微处理器用来稳定控制电动机并实现高可靠性。

振动控制系统
Vibration control system
导轨以每米小于0.4 mm的变形量制成，由新型导滑轮弹簧作用吸收振动。

安全装置
Safety device
在检测到轿厢以额定速度1.3倍行驶时，紧急安全装置动作并在3 s内使轿厢停止，井道底部装有缓冲器，若轿厢异常向下时，可吸收下坠轿厢的能量。

制振装置
Active damper
制振装置依靠安装在轿厢上的传感器测得的数据，反向移动平衡块以抵消振动。

气压控制系统
Atmospheric pressure control system
以吸气和排气装置调整轿厢内合适的气压，在低速时加压，高速时减压，维持气压的稳定性。

图 6–14 中国台北市 101 电梯特色

图 6–15 百龙电梯

最卖萌的电梯（见图6–16）。

电梯也会卖萌吗？你见过卖萌的电梯吗？电梯在日常生活中给人的印象都是长长的，高高的。但是在日本某火车站旁的一家百货商店里的自动扶梯因为只有四个台阶而被网友成为卖萌电梯，这样的垂直长度仅 83 cm 的电梯被吉尼斯收录为“全球第一短”。

图 6–16 最卖萌的电梯

四、电梯的梦想——天梯

百龙电梯能不能一直向上建，到达太空呢？

天梯，又称空间电梯，是一种低成本的将有效载荷从地球或其他星球的表面运输到空间的解决方案。

天梯的起源

天梯的设想来源于科幻小说，在 1979 年，著名的科幻作家亚瑟 .C. 克拉克将这种设想写进了他的科幻小说《天堂的喷泉》中：地球不停转动的过程中，如果你将一个平衡锤用缆绳拴住抛入太空，并且缆绳足够长，至少 10 万千米长，由地球旋转产生的强大离心力将使缆绳绷紧，这样就可以建造一架伸向太空的电梯了。

小说出版后，科学家发现这并不仅仅是幻想，因为其理论基础是坚实的，而所需的材料人类已经拥有，现在要做的就是实现理想。

天梯的组成

天梯主要由平衡锤、缆绳、货舱、地面基站等组成。天梯概念图如图 6–17 所示。

（1）平衡锤：平衡锤是一个比较重的物体，放置于同步轨道上方。

（2）缆绳：缆绳是一条十分长且结实的绳子，上粗下细，用于连接地面与平衡锤。

图 6–17 天梯概念图

（3）货舱：货舱用于装载货物，它可以顺着缆绳在空间和地面之间上下移动。

（4）地面基站：地面基站用于将缆绳固定在地面上，并为货舱的移动提供能源，能量通过激光传送到货舱。

核心部件

天梯的核心部件包括缆绳、机械升降机、锚站、平衡站、光束动力系统。目前缆绳仍是一个处在概念阶段的部件，但天梯的所有其他部件均可以利用现有的技术制造出来，到缆绳制造出来时，其他部件也差不多都准备好了，即可实现发射。

（1）缆绳：对于建造在地球上的天梯，平衡锤需要位于距离地面至少3.6万千米上空，使用3.6万千米长的缆绳与地面连接。这种缆绳必须十分结实，目前已有的材料中，只有碳纳米管可以胜任。同时缆绳和货舱还必须能够抵御来自风和闪电的袭击。

（2）机械升降机：机械升降机将顺着缆绳升入太空。升降机上的滚轮夹紧缆绳，滚轮胎面与缆绳之间的摩擦力往下拉缆绳，这样，摩擦力产生的反作用就会使升降机得以顺着天梯向上攀爬。

（3）锚站：天梯的下端将连在赤道附近的太平洋海域中的一个移动平台上，该平台将缆绳锚定在地球上，如图6–18所示。

图6–18 锚定平台

（4）平衡站：缆绳的最顶端将有一个很重的平衡站。在早期的天梯计划中，曾考虑捕捉一颗小行星并将它用作平衡站。但是，在太空电梯公司和科学研究所（ISR）最近关于天梯的计划中，多数还是考虑使用人造平衡站。实际上，可以用制造缆绳的设备（包括用来发射缆绳的太空船）组装成平衡站。

（5）光束动力系统：机械升降机将利用位于锚站或锚站附近的自由电子激光系统来提供动力。ISR称，这种激光会将2.4 MW的能量传送给附着在升降机上的光电池，这种光电池可能由砷化镓制成，然后光电池可以将这些能量转化成电能以供传统的钜磁直流电电动机使用。

一旦投入使用，升降机几乎每天都可以在天梯上往返运动。升降机的大小各异，最初为5 t，最大可达20 t。20 t重的升降机的有效载荷可达13 t，其内部有900 m^3的空间。升降机将以约190 km/h的速度顺着缆绳向上运载货物，所运货物从人造卫星到太阳能电池板，五花八门，最后它还将载人上天。

天梯的安全

位于100 000 km的高空中时，天梯将很容易受到包括天气、空间碎片和恐怖分子在内的许多危险因素的影响。随着天梯从计划阶段走向设计阶段，开发人员开始考虑这些危险因素及相应的克服办法。与空间站或宇宙飞船一样，天梯将需要具备避开碎片、人造卫星等轨道物体的能力。锚定平台将采取主动回避措施来保护天梯免遭此类物体的破坏。

为防御攻击，将天梯置于偏远位置将是降低恐怖分子攻击风险的最佳方法。举例来说，第一个锚定点将位于赤道附近的太平洋海域，与任何空中航线或海洋航线的距离至少为650 km。